Physiklernen mit dem Internet

Europäische Hochschulschriften
Publications Universitaires Européennes
European University Studies

**Reihe XI**
**Pädagogik**

Série XI Series XI
Pédagogie
Education

**Bd./Vol. 912**

PETER LANG
Frankfurt am Main · Berlin · Bern · Bruxelles · New York · Oxford · Wien

Burkhard Priemer

# Physiklernen mit dem Internet

## Das World Wide Web als Informationsquelle für Schüler zur Erarbeitung des Themas *Die Entstehung der Gezeiten*

PETER LANG
Europäischer Verlag der Wissenschaften

**Bibliografische Information Der Deutschen Bibliothek**
Die Deutsche Bibliothek verzeichnet diese Publikation in der Deutschen Nationalbibliografie; detaillierte bibliografische Daten sind im Internet über <http://dnb.ddb.de> abrufbar.

Zugl.: Berlin, Humboldt-Univ., Diss., 2004

ISSN 0531-7398
IISBN 3-631-52842-6



www.peterlang.de

# Vorwort

Als ich im Januar 1999 anfing, als wissenschaftlicher Mitarbeiter in der Gruppe Didaktik der Physik an der Humboldt-Universität zu Berlin zu arbeiten, war an die Abfassung einer Dissertation kaum zu denken. Vom Internet hatte ich wenig gehört und gesehen, und meine Computerkenntnisse gingen vermutlich nicht weit über das TIA Level 1 hinaus. Vielmehr war ich angetreten, gerade dies zu ändern, und das Lilienthal-Projekt mit der Planung, dem Aufbau und der Evaluation einer Internet-gestützten Lernplattform schien mir der geeignete Weg.

Dass dieses Werk nun vorliegt, verdanke ich in erster Linie Prof. Dr. Lutz-Helmut Schön, der mir neben einer Stelle in seiner Arbeitsgruppe auch Ideen und Anregungen bei der Suche nach einem Thema gab und jederzeit bei Fragen beratend zur Seite stand. Die Freiheiten, die er mir bei der Arbeit ließ, und die darauf basierende Möglichkeit, selbstständig und eigenverantwortlich zu arbeiten, habe ich immer sehr zu schätzen gewusst. Er war ebenfalls wesentlich daran beteiligt, dass aus der Idee einer Forschungsarbeit ein Grundgerüst für ein finanzierbares Vorhaben entstehen konnte. Dass aus dem Antrag dann schließlich das reale Projekt „Internetrecherche“ wurde, verdanke ich maßgeblich der VolkswagenStiftung. Diese hat das Projekt, auf dessen Grundlage diese Dissertation ruht, finanziell gefördert und in Person von Frau Dr. Bischler kompetent und hilfsbereit betreut und beraten.

Es ist darüber hinaus ein offenes Geheimnis, dass viele Kollegen beim Entstehen einer solchen Schrift mit zu leiden haben. Allen voran möchte ich Rolf danken, der sich stets darum bemühte, aufkommende „Höhenflüge seines kleinen Freundes“ zu bremsen. Trotzdem oder gerade deshalb hat er es geschafft, dass die Motivation und der Spaß bei der Arbeit nie verloren gingen. Seine eigene Dissertation sollte das Fundament meiner Arbeit darstellen, eines, das sich manchmal als komfortable Ausbaustrecke entpuppte, die sich problemlos verfolgen ließ, und manchmal aber auch als Dschungelpfad erwies, der mit Fallstricken versehen war.

Weiterhin gilt mein besonderer Dank Ursula und Thomas, die diese Arbeit über den gesamten Zeitraum begleitet haben und sich bereitwillig sowohl mit meinen Ideen und deren Realisierung als auch mit der Berechnung und Verschriftlichung der Ergebnisse beschäftigt haben. Gepaart mit ihrem psychologisch-pädagogischen Feingefühl, immer auch „etwas Gutes" zu sagen, haben sie die Arbeit maßgeblich unterstützt. Als große Bereicherung habe ich auch Johannes Hinweise empfunden, die nicht selten in Form von minutenlangen Einlassungen sauber und präzise an den Grundpfeilern meiner Arbeit gewackelt haben. Seine Kritik war aber immer gepaart mit einer selbstlosen Hilfsbereitschaft, alle entstandenen Schäden in handwerklicher Feinarbeit mit philosophischer Gründlichkeit ungeachtet des Aufwands zu beheben. Erheblich am Gelingen des Projektes beteiligt war schließlich auch Ralf, der als studentische Hilfskraft des Projektes eine große Zahl an „K-Aufgaben" wie Programmierungen und Bildbearbeitungen selbstständig und gewissenhaft erledigt hat, wodurch mir einige Sorgen erspart blieben.

Darüber hinaus bedanke ich mich bei Hartmut, Pascal, Herrn Dr. Jablko, Frau Dr. Brechel und Prof. Dr. Theis, die alle an verschiedenen Stellen wertvolle Hinweise unterschiedlichster Art geliefert haben, und natürlich bei den Schülern, die bereitwillig an der Untersuchung teilgenommen haben.

Viele Anregungen und Kommentare, die dieser Arbeit weitergeholfen haben, erhielt ich auf Konferenzen, Tagungen und Kolloquia, die ich gerne besucht habe und für die mir kein Weg zu weit war. Insbesondere das Berlin-Brandenburgische Doktorandenkolloquium unter der Leitung der Professoren Fischler, Mikelskis und Schön hat sich als sehr wertvoll erwiesen. Die Diskussionen in dieser Veranstaltung haben einen wesentlichen und unverzichtbaren Input geliefert, indem sie das Vorhaben auf ein realistischen Rahmen reduziert und mich immer wieder zu intensivem Nachdenken angeregt haben.

Während meiner Tätigkeit hatte ich darüber hinaus die Gelegenheit, im Rahmen eines EU-Programms meine Arbeit für vier Monate an der University of Leeds (England) fortzusetzen. Die kompetente und herzliche Betreuung durch Prof. John Leach und Prof. John Self hat nicht nur meine Horizonte wesentlich erweitert und der Arbeit starke Impulse gegeben, sondern ebenfalls zu vielen persönlichen Kontakten geführt.

Ganz am Ende des Vorworts, aber nicht an letzter Stelle, gilt mein herzlicher Dank Haike, die mit gesundem inhaltlichen Abstand die zu Hause vorgetragenen Ergebnisse und Interpretationen erfrischend kommentiert und eingeschätzt hat.

Berlin im Herbst 2003 Burkhard Priemer

# Physiklernen mit dem Internet

## Das World Wide Web als Informationsquelle für Schüler zur Erarbeitung des Themas „Die Entstehung der Gezeiten“

## Zusammenfassung

Diese Arbeit verbindet medien- und physikdidaktische Fragestellungen: Zum einen wird die Anwendung des Mediums Internet zum Lernen untersucht. Dies erfolgt exemplarisch anhand einer komplexen Problemstellung aus der Physik. Zum anderen wird mit „Gezeiten“ ein Thema aufgegriffen, das in traditionellen Lehrwerken für die Schule vernachlässigt wird.

In einer explorativen Laboruntersuchung mit 45 Schülern im Alter von 17 Jahren wird eine für die Schulpraxis relevante Aufgabenstellung betrachtet, welche die Nutzung des Internets als Informationsquelle zur Erstellung eines informativen Sachtextes zum Thema „Die Entstehung der Gezeiten“ beinhaltet. Beleuchtet werden Beziehungen zwischen drei grundlegenden Aspekten: 1. Voraussetzungen der Schüler (Vorkenntnisse in Physik, im Umgang mit Computern und epistemologische Überzeugungen), 2. Computer- bzw. Internetnutzung einschließlich angewandter Strategien der Navigation und Verfahren der Textproduktion und 3. erzielte Lernerfolge. Damit widmet sich diese Arbeit kognitiven Folgen konstruktiver Prozesse bei weitgehend selbstgesteuertem Lernen in gering definierten Lernumgebungen.

Die Untersuchung beruht auf einem Pre-Post-Testdesign, in dem Rechner-gestützte Fragebögen und eine elektronische Protokollierung der Computernutzung (Logfile-Aufzeichnung) verwendet werden. Letztere liefert u.a. das Datenmaterial für die Erfassung der Internet-Performanz und für die entwickelten Analyseverfahren, mit denen eine Nutzerklassifizierung hinsichtlich der Navigationsstrategien und der Textproduktion durchgeführt wird.

Die Ergebnisse zeigen, dass verschiedene Aspekte der Computernutzung der Probanden Auswirkungen auf den Lernerfolg haben. Zwar unterscheiden sich die Leistungen der aus den Logfiles generierten unterschiedlichen Nutzertypen nicht wesentlich voneinander. Sowohl die Verfahren der Text-produktion als auch die durch

Selbsteinschätzung gewonnenen Strategien der Internetnutzung sind aber Größen mit maßgeblichem Einfluss auf den Lernerfolg. Ähnliches gilt für verschiedene unabhängige Variable. Rein technische Kenntnisse im Umgang mit Computern haben sich als wenig bedeutend erwiesen, notwendige Kenntnisse liegen auf einem recht geringen Niveau. Domänenspezifische Vorkenntnisse, epistemologische Überzeugungen und Kompetenzen im kritischen Umgang mit Informationen haben hingegen große Bedeutung für Lernleistungen.

Unabhängig von den aufgedeckten Differenzen kann festgehalten werden: Das WWW hat sich als wertvolles Hilfsmittel zum Lernen erwiesen. Insgesamt ist es den Schülern der Untersuchung gut gelungen, selbstständig mithilfe des Internets ein komplexes Thema der Physik zu bearbeiten und Lernerfolge zu erzielen.

# Learning Physics with the Internet

## The World Wide Web as a Source of Information for Students to Work on the Topic "The Generation of Tides"

## Abstract

This work connects issues of electronically supported learning to physics education: Firstly, the use of the Internet in learning processes is investigated. This is done exemplarily by letting students work on a complex task in the field of physics. Secondly, by choosing "tides" a topic is selected that is neglected in most school textbooks.

In an exploratory laboratory investigation 45 students aged around 17 were asked to work on a problem of general relevance for school practice: to explain the phenomenon of ocean tides in an essay with the Internet as the only source of information. The study focuses on dependences between three fundamental aspects: 1. students' prior proficiency (knowledge in physics, in using computers, and epistemological believes), 2. their use of computers and especially the Internet including navigation strategies and methods of text production, and 3. learning outcomes. Thus, this work looks at cognitive effects of constructive processes during self-guided learning in weakly defined learning environments.

The investigation consists of a pre-post test-design that uses computer supported questionnaires and electronically recorded protocols of students' complete software use (log files). That way, data needed to capture Internet-performance and to analyze user types with respect to navigation strategies and methods of text production is collected.

The results show that different aspects of students' computer use do affect learning results. While different navigation strategies derived from log files do not seem to lead to different learning outcomes, both methods of text production as well as self assessed Internet work strategies show strong influences on physics achievement. Similar results were gained concerning different independent variables. Technical knowledge about computers have proven not to be significant, essential skills are on a relatively low level. On the other hand, domain knowledge, epistemological believes, and competencies in a discerning use of the Internet are crucial for learning.

Aside from the discovered differences it can be stated that the WWW is a valuable tool to support learning processes. All in all, the students participating in this study utilized the Internet successfully during their self-guided work on a complex physics problem and achieved good learning outcomes.

# Inhaltsverzeichnis

# Kapitel 1

# Einleitung

„After all, teachers are good at things our delivery technologies are not very much good at, and vice versa.“ (Winn, 1989)

Diese Aussage umreißt einen viel diskutierten Aspekt neuer Medien in der Bildung, indem die Eigenschaften und Eignungen von Technologien mit denen von Lehrenden verglichen werden. Dieser Zusammenhang ist von umfassender Bedeutung, weil insbesondere in der Schule Medien in der Regel als *Hilfsmittel des Lehrers* zur Unterstützung bzw. Begleitung von Präsenzunterricht eingesetzt werden. Die zentrale Rolle des Unterrichtenden bleibt davon unberührt, er entscheidet gemäß seiner Unterrichtsziele, ob er Medien einsetzt und welche er als geeignet ansieht. Auch das Internet zählt in diesem Sinne als Medium. Ersetzt man in Winns Statement „delivery technologies“ durch „Internet“, so lässt sich treffend auf das Lernpotenzial des Internets für die Schule schließen: Das World Wide Web (WWW) kann durch ein Spektrum vielfältiger multimedialer Quellen und Möglichkeiten Lernen unterstützen, das Netz kann aber nicht die Rolle des Lehrers übernehmen.

Obwohl das Internet seit vergleichsweise kurzer Zeit in Bildungseinrichtungen genutzt wird, zeichnen sich realistische Einschätzungen der Anwendungsmöglichkeiten ab. Dies beruht nicht zuletzt darauf, dass inzwischen eine Reihe von Vor- und Nachteilen hinsichtlich des Nutzens des WWW für Lehr- und Lernprozesse bekannt und wissenschaftlich belegt sind. Beispielsweise gelten der schnelle und einfache Zugriff mithilfe des Internets auf eine weltumspannende Datenbank, die vielfältigen Möglichkeiten synchroner und asynchroner Kommunikation und die problemlosen Verfahren der Publikation als neue Errungenschaften, aus denen vielfältige Lernmöglichkeiten erwachsen. Andererseits sind aber auch eine Reihe an Gefahren bekannt, die in der Regel darauf zurückgeführt werden können, dass das Internet kein genuines Lernmedium darstellt: Das WWW ist keine von Didaktikern entwickelte Lernumgebung! Deshalb kommt es um so mehr darauf an, das Internet dann in Unterrichtssettings zu integrieren, wenn sich ein didaktischer Wert entfalten kann.

Ein gängiger und einfach umzusetzender Ansatz ist beispielsweise die Nutzung des Internets als Informationsmedium, bei der im einfachsten Fall von Kommunikations- und Publikationsmöglichkeiten abgesehen wird. Denkbar sind eine Reihe von Szenarien, in denen das Netz zur Vorbereitung von Referaten, schriftlichen Arbeiten, Hausaufgaben, zum Fördern und Fordern leistungsschwacher und -starker Schüler oder zur Vor- und Nachbereitung von Unterricht wertvolle Dienste leisten kann. Anwendungen dieser Art in der Schule müssen nicht unbedingt in speziellen Projekten erfolgen, sondern können vielmehr Bestandteil eines traditionellen Unterrichts sein.

Auf der Grundlage eines interdisziplinären Forschungsansatzes einer schulrelevanten Lehr-Lern-Forschung widmet sich diese Arbeit der Anwendung des Internets als Informationsmedium im Fach Physik. Dabei spielt neben lernpsychologischen Aspekten die Physik eine zentrale Rolle. Dies spiegelt sich in der Aufgabenstellung wider, die dieser Untersuchung zu Grunde liegt: die Erstellung eines Sachtextes zum Thema Gezeiten mithilfe des WWW. „Ebbe und Flut“ ist ein Lerngegenstand, der in den meisten traditionellen Lehrwerken für die Schule vernachlässigt oder nur sehr oberflächlich behandelt wird, obwohl dieses Thema z. B. durch seinen fachübergreifenden Charakter oder seine phänomenorientierten Zugangsmöglichkeiten aus didaktischer Sicht von hohem Wert ist. Im Internet lassen sich zu Gezeiten eine Vielzahl an Quellen finden, deren Qualität jedoch im Einzelfall immer kritisch geprüft werden muss. Aus beiden Aspekten heraus erwächst gleichermaßen ein fach- sowie ein mediendidaktisches Interesse.

Vor diesem Hintergrund befassen sich bislang nur sehr wenige didaktische Untersuchungen mit einer Internetnutzung von Schülern. Anhand eines Themas aus der Physik widmet sich die vorliegende Arbeit deshalb explorativ diesem Feld und geht mit einer komplexen Aufgabenstellung deutlich über die Betrachtung einer bloßen Informationssuche im WWW hinaus.

Auf diese Weise soll ein Beitrag zur Diskussion des Einsatzes neuer Medien in der Schule geleistet werden, der zunächst die Nutzung des WWW von Schülern deskriptiv erfasst, um darauf aufbauend sowohl Gefahren als auch Chancen aufzuzeigen und einzuschätzen. Dies geschieht mit Blick auf Theorie und Praxis und führt letztendlich zu Erkenntnissen, die helfen können, den Wert des Internets für die Schule zu beurteilen.

„After all, delivery technologies are good at things our teachers are not very much good at.“

# Teil I

# Theoretische Hintergründe

In der Beschreibung der theoretischen Grundlagen dieser Arbeit werden gezielt Schwerpunkte gesetzt. Kurze Aufbereitung erfahren die Abschnitte, die einen eher grundsätzlichen Blick auf Lernen in Informationsnetzen richten. Inzwischen gibt es hierzu eine hinreichend große Zahl an Veröffentlichungen. Aspekte des Lernens mit dem Internet (Kapitel 2) und die Diskussion der Voraussetzungen und Faktoren, die Lernen mit Hypertexten beeinflussen (Kapitel 3), werden deshalb nur so detailliert dargestellt, wie es für das Verständnis der vorliegenden Forschungsarbeit notwendig ist. Dabei wird an verschiedenen Stellen anhand der Diskussion der Forschungslage die vorliegende Arbeit eingeordnet.

Ausführlich wird die Erfassung und Beschreibung der Computer- und Internetnutzung durch Logfiles erläutert (Kapitel 4). Logfile-Aufzeichnungen und Auswertungen werden zunehmend in den verschiedenen Disziplinen der Hypermedia-Forschung als Standardwerkzeug zur Analyse von Navigationsverhalten eingesetzt. Auch die vorliegende Arbeit stützt sich in wesentlichen Teilen auf diese Verfahren. Da bisher wenige deutschsprachige Arbeiten (der Didaktik) zu diesem Thema erschienen sind, erfährt dieser Aspekt eine besondere Berücksichtigung. Entsprechend werden Ziele, Vor- und Nachteile und Verfahren der Logfile-Analyse sowie die Identifizierung von Mustern der Navigation vorgestellt. Den zweiten Schwerpunkt bildet das Thema Gezeiten (Kapitel 5), das den physikalischen Gegenstand der durchgeführten Untersuchung darstellt. Die Ausführungen widmen sich sowohl fachinhaltlichen als auch didaktischen Aspekten. Da das Medium Internet im Zentrum dieser Arbeit steht, wird abschließend ein Blick auf Webseiten geworfen, die dieses Thema behandeln.

# Kapitel 2

# Lernen mit dem Internet

Das Internet ist heute ein vielgenutztes Medium in Bildungseinrichtungen. Sowohl Schulen und Hochschulen als auch Unternehmen in der Wirtschaft bedienen sich der Möglichkeiten des Internets zur Aus- und Weiterbildung. Neben verschiedenen Verfahren der (synchronen und asynchronen) Kommunikation stehen dem Anwender z. B. Wege des Informationsabrufs bzw. des Datentransfers sowie der Publikation zur Verfügung. Damit ist bereits ein Teil des Spektrums benannt, auf dessen Grundlage das Internet Lehr-Lernprozesse unterstützen kann. Eine Internetnutzung erfolgt vielfach im Verbund mit weiteren lokalen multimedialen Anwendungen (z. B. auf CD-ROM), sodass Lernende auf eine Kombination von on- und offline verfügbarem Material der (Lern-) Umgebungen zurückgreifen können. Beispiele dafür sind virtuelle Universitäten und ihr Pendant in der Wirtschaft, so genannte „Corporate Universities", Content bzw. Learning Management Systeme und nicht zuletzt auch zahlreiche Schulprojekte und Initiativen. Diese Beispiele belegen die vielfältige und intensive Implementierung multimedialer Internet-gestützter Lernsysteme im Bildungswesen. Die entwickelten Produkte finden Eingang in die Fernlehre, werden in Konzepte einer Kombination von Fern- und Präsenzlehre integriert oder dienen als Bereicherung oder Ergänzung der Präsenzlehre.

„Lernen mit dem Internet“ lässt sich dem populären und unscharf definierten Begriff des E-Learning zuordnen. Ein m. E. ganz gelungener Versuch diesen Begriff zu erfassen, stammt von de Leeuwe (2003): „The delivery of formal and informal learning and training activities, processes, communities and events via the use of all electronic media like Internet, intranet, extranet, CD-ROM, video tape, DVD, TV, cell phones, personal organizers et cetera.“ (Dichanz und Ernst, 2002, 48, diskutieren den Begriff E-Learning ausführlich und kommen zu dem Vorschlag, von ES-Learning zu sprechen, einem Electronically Supported Learning.) Inzwischen wird aufgrund der technischen Möglichkeiten kabelloser Datenübertragung E-Learning zu M-Learning erweitert, dem mobilen Lernen „anytime and anywhere“. Hieran kann im Übrigen erneut beobachtet werden, dass die technische Entwicklung den passenden Bildungskonzepten vorauseilt. „The hardware has been ahead of the software, and the software has been adhead of theory“ (Wolfe, 2000, 20). Dies trifft auch auf die Nutzung neuer Medien in Bildungseinrichtungen zu und bot Anlass zu Kritik von verschiedenen Seiten. Trotz dieser Einwände kann aber festgehalten werden, dass die Nutzung des Internets in vielen Bereichen des Bildungswesens große Bedeutung erlangt hat und dort nicht mehr wegzudenken ist. Das Internet ist ein bildungsrelevantes Medium. Auch mit der vorliegenden Arbeit wird bei allen notwendigen Beschränkungen versucht, den Wert des Internets in diesem Sinne herauszuarbeiten.

Die Anwendung des Internets für Lehr-Lernprozesse ist eine jüngere Entwicklung eines inzwischen langjährigen Einsatzes von Computern in der Bildung. Etwa seit den 50er- und 60er-Jahren befassen sich Forscher verschiedener Disziplinen mit dem Lehren und Lernen mit elektronischen Medien. Zahlreiche Abhandlungen zu diesem Themenkomplex spiegeln die Ansichten von Befürwortern (Perelman, 1992: „The establishment of multimedia will have as profound an impact on all future communications as the invention of writing had on human language“, zitiert nach Schulmeister, 1996, 6) und Skeptikern (Clark, 1994: „Media will never influence learning“, zitiert nach Kerres, 1998, 274) wider. Beide Positionen zeigen das große Spektrum auf, welches sich hinsichtlich des Umgangs mit neuen Medien gebildet hat.

Computern wird als didaktische Funktion die Unterstützung von Lernprozessen zugeschrieben, ein Grund, weshalb sie berechtigterweise als Medien bezeichnet werden können (Euler 1989). Der Computer kann „zunächst einmal Lehrprozesse objektivieren und damit die Rolle des personalen Mittlers übernehmen (unterrichtstechnologischer Aspekt) oder er kann Lehrprozesse anreichern (medienintegrativer Ansatz)“ (Brink, 1997, 8). In beiden Ansätzen spiegelt sich das Ziel wider, Lernen zu fördern.

Die Beantwortung der Frage, welche Bedeutung dem Internet im Speziellen dabei zukommt, ist Gegenstand dieses Kapitels. Von einer generellen Diskussion des Computereinsatzes in der Schule wird deshalb abgesehen. Vielmehr geht es in dieser Arbeit darum, den Blick auf die reine Internetnutzung zum Lernen (ohne Zuhilfenahme weiterer Lernmedien) zu richten. Dazu wird zunächst das Lernpotenzial des Internets grundsätzlich beleuchtet. Die Diskussion folgt einer schrittweisen Einengung der Thematik gemäß der Relevanz für die vorliegende Arbeit: Betrachtet wird die Anwendung des Internets in der Schule, dessen Einsatz als Informationsmedium und schließlich die an Lernende gestellten Anforderungen. Daran anknüpfend wird der Blick auf die Didaktik der Physik gerichtet, um fachinhaltlichen Aspekten gerecht zu werden. Mit diesem Vorgehen werden alle für die vorliegende Arbeit wichtigen und zu berücksichtigenden Grundlagen behandelt.

Zuvor sollen jedoch die Begriffe „Lernen“ und „Internet“ näher spezifiziert werden, da sie im Zentrum dieser Betrachtungen stehen und in der gesamten Arbeit verwendet werden. Der Begriff des Lernens wird (im Zusammenhang mit elektronischen Medien) auf sehr vielfältige Weise gebraucht und entzieht sich deshalb einer allgemein gültigen Definition. Insofern ist die folgende Erläuterung, die diesen Begriff für die vorliegende Arbeit abgrenzt, als Umschreibung zu verstehen. Es wird von einer „umfassenden Konzeption von Lernen“ ausgegangen, welche Wissenserwerb, Denkprozesse und Problemlöseprozesse beinhaltet (Weinert & Kluwe, 1984, 210). Auf diese Weise soll ein großes Spektrum von lernrelevanten Aspekten berücksichtigt werden, welche „relativ dauerhafte Veränderungen von Fertigkeiten und Fähigkeiten“ (Sageder, 1993, 61) bewirken.

An vielen Stellen dieser Arbeit werden die Begriffe „Internet“ und „WWW“ synonym verwendet, obwohl das World Wide Web nur einer von verschiedenen Diensten des Internets ist. Die Arbeit folgt damit dem allgemeinen Sprachgebrauch, der in der Regel keinerlei Missverständnisse nach sich zieht. An den Stellen, an denen eine Unterscheidung notwendig ist, wird explizit darauf hingewiesen.

## 2.1 Das Lernpotenzial des Internets

Vom Einsatz neuer Medien wird vielfach eine direkte und „automatische“ positive Auswirkung auf die Bildungsqualität erwartet. Diese Hoffnungen, welche die Einführung neuer technischer Möglichkeiten in der Lehre wiederholt begleiten (vgl. Schulfernsehen oder Sprachlabore) und sich beim Internet erneut gezeigt haben, sind aus didaktischer Sicht stark übertrieben (vgl. Schrage, 1994). „What's wrong with education cannot be fixed with technology“, sagt Steven Jobs, einer der Apple-Begründer (zitiert nach Stangl, 2000, 226). Auch unter Verwendung technischer Hilfsmittel bleibt Lernen ein mit der Person fest verbundener u. U. mühevoller Prozess. Medien können jedoch im Verbund mit entsprechenden Konzepten dazu genutzt werden, um durch möglichst optimale Voraussetzungen auf den Lerner zugeschnittene Lernsituationen und -umgebungen zu schaffen. Ausschlaggebend für Lernerfolge sind aber nicht die Medien als solche, sondern die Konzepte, die den Wert der Medien für das Lernen nutzbar machen (vgl. Nix, 1990). Konsequenterweise kommen umfassende Metaanalysen zum Computereinsatz in der Lehre auch zu dem Schluss, dass die Qualität einer Medienkonzeption und keinesfalls das Medium an sich für den Lernerfolg entscheidend ist (siehe z. B. Kulik & Kulik, 1991; Chen & Rada, 1996). Dies trifft auch auf das Internet zu.

Wie bei anderen Medien entfaltet sich deshalb der pädagogische Wert des Internets und sein Lernpotenzial erst durch das Beschreiten didaktisch sinnvoller Wege. Es ist Ziel mediendidaktischer Forschung, den Mehrwert des WWW für die Bildung zu finden, aufzuzeigen und zu evaluieren.

Die medialen Anwendungsmöglichkeiten des Internets in der Bildung lassen sich prinzipiell in drei Bereiche gliedern (siehe z. B. auch Gertsch, 1999, 11):

- *Informationsmedium:* Webseiten (und andere Dateien) einer großen Anzahl von Autoren und Organisationen ermöglichen Zugang zu fast jedem beliebigen Thema in verschiedensten Darstellungsformen (Text, Ton, Bilder, Video, Applets, Software usw.).
- *Kommunikationsmedium:* Mithilfe von E-Mail, Chat, Newsgroups, Diskussionsforen usw. können User über die weltweite Vernetzung der Computer miteinander kommunizieren.
- *Publikationsmedium:* Die Möglichkeiten des Internets erlauben es, schnell und einfach elektronisch zu publizieren.

Es ist offensichtlich, dass alle genannten Eigenschaften neben den spezifischen Vorteilen, die sie innerhalb von Lernsituationen entfalten können, auch mit einer Reihe von Nachteilen verbunden sein können. Beispielsweise macht die Flut an ungeordneten Quellen im WWW das Auffinden bestimmter Informationen (selbst mit Suchhilfen) u. U. sehr schwierig. Elektronischen Kommunikationsmitteln wird angelastet, durch ihre Anonymität eine soziale Vereinsamung von Nutzern zu bewirken. Schließlich führt auch das Publizieren ohne Kontrollinstanzen (wie sie z. B. in Verlagen bestehen) zu einer Vielzahl an Webseiten, die zweifelhaften, falschen oder sogar illegalen Inhalt verbreiten. Gepaart mit einer gewissen „Leichtgläubigkeit“ von Jugendlichen gegenüber der Richtigkeit von Informationen im Internet (vgl. Goldman & Wiley, 2002, 5; Priemer & Schön, 2001; White, 2000) können Schwierigkeiten entstehen, die sich nur durch die Vermittlung so genannter Internetkompetenzen lösen lassen. Schüler müssen zu kritischen Mediennutzern werden. „Without specific training, many students are unprepared to differentiate sound information from unsound materials. [...] They can confuse advertising and fiction with historical information, or they may simply become overwhelmed by the daunting task of locating and organizing the vast quantities of information that they can retrieve with a single click" (Britt & Gabrys, 2000, 73).

Unter der Überschrift „Enttäuschender Stand der Lehrmaterialien im Netz" bemängelt Schulmeister (2001, 233) die Qualität von bildungsrelevanten Materialien im Internet. Er führt aus, dass „die Lernprogramme und Lernmaterialien, die unseren Studierenden heute im Internet zum Lernen angeboten werden, überwiegend aus Texten bestehen, gelegentlich gefolgt von Testfragen und -aufgaben nach dem behaviouristischen Prinzip des Lückentexts oder des Multiple-Choice Test" (Schulmeister, 2001, 309). Die mittelmäßige Qualität der Informationen im Internet ist auch in der vorliegenden Untersuchung zu Tage getreten (Kapitel 5.3). Allerdings muss berücksichtigt werden, dass viele Seiten im Internet nicht in erster Linie als Lernmaterialien erstellt wurden und deshalb keinerlei oder nur einer sehr naiven didaktischen Aufbereitung unterliegen. „Das Internet ist kein genuines Lehr- oder Lernmedium. Indem es uns jedoch erlaubt, Informationen abzurufen oder anzubieten, mit anderen Menschen weltweit zu kommunizieren und zu kooperieren, stellt es eine Bereicherung aller gängigen Unterrichtsmodelle dar: Didaktisch und pädagogisch begleiteter Internet-Einsatz kann die kritische Rezeption und kreative Produktion von Informationsangeboten anregen, die Kommunikation zwischen Lernenden und Lehrenden intensivieren, informelle und handlungsorientierte Lernformen fördern sowie Selbsterfahrung und soziales Lernen in unterschiedlichen Rollen und Beziehungsarrangements nach sich ziehen" (Döring, 2000, 471).

Dem Internet kann demnach sehr wohl ein beachtliches Lernpotenzial zugeschrieben werden, wenn die Anwendung dieses Mediums in pädagogische bzw. didaktische Konzepte integriert wird. Auch Astleitner (1997, 253) bescheinigt unstrukturierten Hypertexten, also auch dem Internet, bei Bereitstellung von externen tutoriellen Hilfen eine hohe Lernwirksamkeit. Mandl, Reinmann-Rothmeier und Gräsel (1998, 20) führen dazu aus: „Als Pool und Ressource für Lernmaterial bietet das Internet viele Möglichkeiten, den Unterricht mit interessantem Anschauungsmaterial und aktuellen Informationen anzureichern. Allerdings erübrigen bestehende Online-Angebote im

Internet keineswegs die Entwicklung von Angeboten speziell für schulische Anwendungen; hier besteht derzeit noch ein hoher Entwicklungsbedarf. In inhaltlich-didaktischer Hinsicht ist das Internet als Informationsmedium entsprechend zu ergänzen – als Transportmedium kann es jedoch hervorragend genutzt werden.“ Es gibt international verschiedene Ansätze, mit Software das Internet „bildungsadäquater“ zu gestalten (Noda et al., 2003; White, 2000).

Die vorliegende Arbeit hat sich zum Ziel gesetzt, trotz der nur mittelmäßigen Güte vieler Quellen des WWW den Einsatz des Internets im Fachunterricht zu untersuchen. Dem liegt die Überzeugung zu Grunde, dass zum einen durch Unterricht begleiteter Interneteinsatz Schülern Kompetenzen im Umgang mit Informationen vermitteln kann, die sie zu kritischen Nutzern machen. Auf diese Weise können Schüler einen angemessenen Umgang mit Quellen erlernen, eine Qualifikation mit hohem Wert. Zum anderen folgt die Arbeit damit schlicht den Bedingungen der Schulpraxis. Das Internet wird in seiner der derzeitigen Form genutzt. Trotz der möglichen zukünftigen Entwicklung spezifischer didaktischer Materialien für das Netz wird das WWW auch in Zukunft ein buntes Spektrum unterschiedlichster Quellen bleiben, mit dem sich Schüler zurechtfinden müssen.

Vielfach wird aufgrund der aufgezeigten Nachteile und zur Optimierung der Initiierung und Begleitung von Lernprozessen eine Lernumgebung aufgebaut, die eine Integration elektronischer Medien in traditionelle Unterrichtssettings vollzieht. Neue Medien sind danach im Verbund mit klassischen Unterrichtsmedien zu sehen, die sie ergänzen, nicht aber grundsätzlich ersetzen sollen. Das Konzept dieser Verzahnung bzw. des Wechsel- und Zusammenspiels zwischen neuen und traditionellen Medien wird vielfach als „Blended Learning“ bezeichnet. Solche hybriden Lernformen gelten als besonders geeignet, da sie die Vorteile der unterschiedlichen Medien und die angewendeten Methoden miteinander kombinieren können. An dieser Stelle wird bereits ein Sachverhalt deutlich, der in Kapitel 6.4 noch näher ausgeführt wird: Ziel von Medienforschung ist es nicht (mehr), neue und traditionelle Medien vergleichend zu untersuchen, sondern deren sinnvolle

Verbindung bzw. deren einzelne Stärken und Schwächen zu identifizieren. In der vorliegenden Arbeit wird die Ansicht vertreten, dass das Internet sich zwar durchaus von anderen Lernmedien und Formen wesentlich unterscheidet (beispielsweise nicht-linearer Aufbau, multicodale und multimodale Darstellung, z.T. sozial isoliertes Lernen, Lernerkontrolle in Bezug auf Inhaltsauswahl, Lerntempo und Lernort, flexibler Informationszugriff, Inkonstanz des Datenmaterials). Die auf diesen Unterschieden beruhenden Eigenschaften dürfen aber nicht grundsätzlich als vor- oder nachteilig angesehen werden. Mit dem Ansatz, die Wirkung und den Wert der genannten Unterschiede in bestimmten Lernsituationen auszuloten, kann einem zufrieden stellenden Verständnis des Lernpotenzials des Internets gedient werden.

## Internet in der Schule

Mit Unterstützung von Politik und Wirtschaft sind inzwischen alle Schulen in Deutschland „am Netz“. Obwohl diese Tatsache allein noch nichts über die Anzahl Internet-fähiger Rechner in den Schulen und deren Zugänglichkeit, die Kompetenzen von Schülern und Lehrern im Umgang mit dem Internet oder die tatsächliche Nutzung des WWW im Unterricht aussagt, ist zumindest eine Grundvoraussetzung zur Anwendung des Internets in der Schule geschaffen. Entsprechende Anreize werden durch zahlreiche Projekte und Fördermöglichkeiten sowie spezielle Internetportale für Schüler und Lehrer geschaffen. (Analoge Entwicklungen existieren auch in anderen Ländern. Ein kurzer Überblick über internationale Entwicklungen wird in Priemer und Zajonc, 2002, 154, gegeben.)

Eine weitere Grundvoraussetzung dafür, dass das Internet über Pilot-Projekte engagierter Lehrer hinaus ein selbstverständlich genutztes Medium im Alltagsunterricht werden kann, ist die Einstellung der Schüler. Diese stehen der Internetnutzung in der Schule z.Zt. sehr motiviert gegenüber. Die JIM-Studie 2001 des Medienpädagogischen Forschungsverbunds Südwest (Feierabend & Klingler, 2002) hat gezeigt, dass 60% der 12- bis 19-jährigen

Schüler das Internet für Schule und Ausbildung für nützlich halten. Knapp 80% äußern den Wunsch, den PC öfter in der Schule anwenden zu können.

Ob diesem Wunsch entsprochen wird und das Internet verstärkt im Unterricht Einsatz findet, obliegt in der Regel der Entscheidung der Lehrenden. Allerdings ist beispielsweise die Anzahl der Lehrer, welche die Webangebote der Initiative „Schulen ans Netz“ aufrufen, bislang relativ gering. (Geht man von 720.000 vollzeitbeschäftigten Lehrern in Deutschland aus und legt die Angabe von Lehrer-Online zu Grunde, die im März 2003 rund 23.000 Mitglieder verzeichneten, so sind etwa 3% der Lehrkräfte registrierte Besucher dieser Website.) Wenngleich sich die tatsächliche Nutzung des Internets von Lehrern über die genannten speziellen Portale hinaus schwer beziffern lässt und wesentlich höher sein dürfte, ist der praktizierte Einsatz des WWW im Schulunterricht derzeit noch eher zurückhaltend. Zu gering scheint für viele Lehrer der Nutzen zu sein, das Internet als Medium über die Vorbereitung hinaus zur Durchführung von Unterricht zu nutzen. Das liegt nicht zuletzt daran, dass die Aus- und Fortbildung von Lehrern hinsichtlich eines didaktisch sinnvollen Einsatzes des WWW immer noch hinter den Bedürfnissen zurückbleibt. Damit bleibt für einige Lehrer die Frage unbeantwortet, wann das Internet ein sinnvolles Medium für den Unterricht in der Schule sein kann.

Zur Beantwortung dieser aufgeworfenen Frage werden verschiedene Möglichkeiten des Einsatzes des WWW im Unterricht im Folgenden betrachtet. Döring (2000, 445) unterscheidet didaktische Einsatzmöglichkeiten des Internets hinsichtlich dreier Lehr-Lern-Settings, 1. Selbstlernen, 2. Präsenzunterricht und 3. Fernunterricht, und zweier Paradigmen der Unterrichtsgestaltung, 1. Vermittlungs- und 2. Problemlösungsparadigma (Tab. 2.1).

Anhand der Einträge in Tabelle 2.1 wird das Spektrum der Einsatzmöglichkeiten des WWW für die Lehre aufgezeigt. Für die allgemein bildenden Schulen sind vor allem die zwei erstgenannten Settings, das Selbstlernen und der Präsenzunterricht, von Interesse.

**Tabelle 2.1:** Übersicht wichtiger Unterrichtsmodelle (aus Döring, 2000, 445).

| | Vermittlungs-Paradigma | Problemlöse-Paradigma |
|---|---|---|
| Selbstlernen | *Explizites Selbstlernen* als schrittweises Bearbeiten von Lehrmaterialien (Lehrbücher, Skripte, Lehrprogramme). Steuerung durch Medien | *Implizites Selbstlernen* durch Operieren mit offenen interaktiven Lernmaterialien (multimediale Umwelten, Simulationen). Steuerung durch die Lernenden |
| Präsenzunterricht | *Dozentenorientierter (frontaler) Unterricht* mit Vorträgen, Referaten, Unterrichtsgesprächen, Präsentationen. Steuerung durch die Lehrkraft | *Gruppenzentrierter Unterricht* durch Diskurs und gemeinsame Arbeit an Aufgaben in kleinen Präsenzgruppen. Steuerung durch die Gruppe |
| Fernunterricht | *Fernkurs* als schrittweises Bearbeiten von Lehrmaterial unter Begleitung und Kontrolle eines Lehrers. Steuerung durch Medien/Lehrkraft | *Kooperatives Fernlernen* durch Diskurs und gemeinsame Arbeit an realitätsnahen Aufgaben in kleinen verteilten Gruppen. Steuerung durch die Gruppe |

## Das Internet als Informationsmedium in der Schule

Die vorliegende Untersuchung beschränkt sich auf Selbstlernen in Problemlösesituationen, da die selbstgesteuerte Internetnutzung (offene Lernumgebung) von einzelnen Schülern zur Bearbeitung einer komplexen Fragestellung untersucht wird (vgl. Kap. 6). Darüber hinaus steht die Nutzung des Internets als Informationsquelle im Vordergrund. Von den Möglichkeiten der Publikation (z. B. WWW-Projekte) bzw. Kommunikation (z. B. E-Mail-Projekte) wird aus untersuchungstechnischen Gründen abgesehen. Dies soll aber nicht deren (pädagogischen) Wert infrage stellen. Die Suche nach Informationen und deren Ver- und Auswertung stellt aber sicherlich den häufigsten Einsatz dar, der zudem die wenigsten technischen Voraussetzungen und Kenntnisse sowie den kleinsten zeitlichen Aufwand erfordert.

Beispiele einer schul- bzw. unterrichtsbezogenen Anwendung des Internets als Informationsquelle sind:

- die Vor- und Nachbereitung von Unterricht,
- das Anfertigen von Hausarbeiten,
- die Förderung und Forderung leistungsschwacher und -starker Schüler,
- die Recherche für Referate oder schriftliche Arbeiten und
- die Ergänzung von Unterricht durch zusätzliche Informationsquellen.

An dieser Stelle wird bereits deutlich, dass die genannten Internetanwendungen vielfach außerhalb der Unterrichtsstunden stattfinden können und entweder in Einzel- oder in Partnerarbeit ausgeführt werden. Die durchgeführte Untersuchung richtet sich ebenfalls nach diesen Anforderungen: Unabhängig von Ort und Zeit können sich Schüler mithilfe des Internets ein Thema aus der Physik erschließen.

Suchmaschinen finden praktisch zu jedem Schlagwort eine Quelle im Internet. Verschiedene Aspekte von Themen (zu denen Informationen im Internet gesammelt werden) zeichnen sich aber besonders für eine Bearbeitung mit dem Internet aus (nachfolgende Aufzählung aus Priemer & Zajonc, 2002, 157):

*Aktualität:* Mit der Möglichkeit, schnell, unkompliziert und zeitnah Informationen abrufen zu können, bietet das Internet kostengünstig die Gelegenheit, Material für aktuelle Themen für den Unterricht zu gewinnen. Dabei kann auf das ganze Spektrum an Quellen, von wissenschaftlichen Datenbanken über die Webpräsentationen von Wirtschaft und Bildung bis hin zu privaten Homepages zugegriffen werden. Sowohl Schulbücher als auch die Tagespresse alleine können dies in der angegebenen Weise nicht leisten. Allerdings müssen umgekehrt Schüler erst lernen, Seiten auch auf ihre Aktualität hin zu überprüfen.

*Multimedialität:* Die im Internet angebotene mediale Vielfalt umfasst neben Texten, Bildern, Videos, Applets und Animationen auch verschiedenartigste Software. Für den Lehrer bietet sich dadurch eine Fülle an Material für die Vorbereitung und die Durchführung von Unterricht, welches auf „herkömmlichem" Weg nur schwer erhältlich ist. Für Schüler ist damit der Vorteil (und auch die Anforderung) verbunden, sich individuell für die ihnen am geeignetsten erscheinende Darstellungsform zu entscheiden. Mithilfe des Internets eröffnet sich für Schüler so ein kostengünstiger zweiter oder dritter „Zugang" zu einem Thema, auch wenn die didaktische Qualität der angebotenen Lehrmaterialien offensichtlich keiner Qualitätssicherung unterliegt.

*Additivität* bzw. *Komplementarität:* Die Datenmenge im Internet bietet zu fast jedem Thema Informationen in Form von Zahlen, Fakten, Zusammenfassungen usw. Gerade Themen, die in gängigen (Schul-) Büchern nicht oder nicht ausreichend behandelt werden, können via Internet mit geringem Aufwand aufbereitet werden. Dies ist insbesondere für verschiedenste Randgebiete und in unterschiedlichen Niveaus möglich.

*Interdisziplinarität:* Aufgrund der zahlreichen Links der meisten Webseiten zu weiteren Quellen des gleichen oder eines ähnlichen Gebietes können sinnstiftende Zusammenhänge aufgebaut werden. Dadurch wird der interdisziplinäre Charakter vieler Themen deutlich: z. B. wird die Relevanz für benachbarte Gebiete aufgezeigt, Ergänzungen werden vermittelt und Anwendungen präsentiert.

Die genannten Aspekte geben Kriterien an die Hand, die es erleichtern, Themen auf „Internettauglichkeit" zu überprüfen. Auf diese Weise kann abgewogen werden, ob sich das WWW prinzipiell als Informationsquelle eignet.

Grundsätzlich ist immer zu prüfen, ob das Medium Internet tatsächlich Gewinn bringend für das Erreichen von Lernzielen der jeweiligen Lernsituation ist. Wird dies bejaht, so sind eine Reihe von Einflussfaktoren und Grundvoraussetzungen zu berücksichtigen, die im Folgenden und darüber hinaus in Kapitel 3 diskutiert werden.

## Anforderungen an Internet-nutzende Lerner

Die bisherige Diskussion hat bereits gezeigt, dass Lernen mit dem WWW mit hohen Anforderungen an die Lernenden verbunden ist. „First, contrary to the rhetoric of cheerleaders, and despite its overall promise, the Web places greater demands on students than traditional modes of instruction“ (Wolfe, 2000, 2). Dieser Anspruch zeigt sich beispielsweise an den Kompetenzen, die für einen Umgang mit der Vielzahl verschiedener und unstrukturiert angeordneter Quellen notwendig sind. Weiterhin erfordert die sich ständig verändernde Lernumgebung „Internet“ eine Anpassungsbereitschaft, die eine vergleichsweise hohe Flexibilität bei dem Lernenden voraussetzt. Er kann in der Regel nicht auf einen zeitlich unveränderlichen Bestand an Dokumenten gesicherter Qualität zurückgreifen. Schließlich ist auch die Kommunikation mit elektronischen Mitteln eine andere als die traditionelle, sodass auch hier neue Anforderungen zu bewältigen sind.

Was macht einen Lerner aus, der diesen Anforderungen gerecht wird? Anderson (2000, 56) prognostiziert einem Lernenden mit u. a. folgenden Eigenschaften den meisten Erfolg beim Lernen mit dem Web: Der Lerner

- kann mit mehrdeutigen und unpräzisen Darstellungen und Informationen umgehen und arbeiten,
- ist bzgl. des Cognitive Controls (Persönlichkeitsmerkmale, welche die Wahrnehmung von Umweltreizen beeinflussen und steuern) feldunabhängig,

- kann je nach Bedarf und Anforderungen tiefen- und oberflächen-orientiert vorgehen,
- hat einen hohen Grad an metakognitivem Bewusstsein und
- weist die Fähigkeit auf, selbstgesteuert arbeiten zu können.

Inwiefern diese Eigenschaften typisch für die Arbeit mit dem Internet sind und nicht allgemein einen erfolgreichen Lerner charakterisieren, wird von der Autorin nicht näher diskutiert. Tatsächlich dürften Personen mit diesen Merkmale in den meisten Lernsituationen begünstigt sein. Interessant scheint aber die Folgerung, dass beim Lernen mit dem Internet im Gegensatz zu traditioneller Instruktion diese Eigenschaften nicht nur hinreichend, sondern auch notwenig sind.

## 2.2 Das Internet in physikdidaktischen Projekten

„The Web is particularly well suited to promoting scientific reasoning" (Wolfe, 2000, 92). In der Hypermedia-Forschung werden vielfach naturwissenschaftliche Inhalte als Lerngegenstand gewählt, da die zu Grunde liegende mathematisch-logische Struktur dieser Domänen der Untersuchung von Lernprozessen förderlich ist (Wengenmayr, 2001; Jonassen, 1992, 195). Darüber hinaus ist die Physik eine Grundlagenwissenschaft, die Basis einer Reihe weiterer Disziplinen ist und deshalb ein hohes Maß an Relevanz besitzt. Wissen und Fähigkeiten, die in der Physik erworben werden, lassen sich in vielen Fällen auf andere Lernsituationen übertragen. Dies zeichnet physikalische Inhalte für die Implementierung in hypermedialen Umgebungen aus (Zajonc, 2002, 25).

Aus diesem Grunde ist es auch nicht verwunderlich, dass Computer-basiertes Lernen in Schule und Hochschule vor allem im Fach Physik schon seit geraumer Zeit Anwendung findet und wissenschaftlich evaluiert wird. Da an dieser Stelle keine ausführliche Diskussion dieses Aspektes der Computernutzung erfolgen kann, sei exemplarisch auf einen Beitrag von Urhahne, Prenzel, von Davier, Senkbeil und Bleschke (2000) verwiesen. Die Autoren geben einen Literaturüberblick über die pädagogisch-psychologischen Theorien und Anwendungen zum computerunterstützten Lernen. Mikelskis et al. beleuchten darüber hinaus in einer sechsteiligen Artikelreihe den Computer als multimediales Werkzeug zum Lernen von Physik (Mikelskis, Seifert & Winter, 1997a; Krahmer, Winter & Mikelskis, 1997; Mikelskis, Seifert & Winter, 1997b; Seifert, Mikelskis & Winter, 1997; Mikelskis, 1997a; Mikelskis, 1997b). Aufgezeigt wird ein weites Spektrum an Einsatzmöglichkeiten des Computers unter Angabe von Beispielen.

Das Internet, das im Zentrum dieser Untersuchung steht, spielt eine wesentliche Rolle bei vielen modernen Formen des computerunterstützten Lernens (in Physik). Zahlreiche Projekte nutzen das WWW als integralen Bestandteil. (Eine Auflistung für die Chemie- und Physikdidaktik in Deutschland aus dem Jahr 2000 geben Priemer, Weber und Zajonc, 2001.) Darüber hinaus übermitteln praktisch alle Lernplattformen, die Tools zur Kommunikation oder zum Datenaustausch anbieten, Informationen über das Netz. Für das Fach Physik seien stellvertretend „physik multimedial“ (Schecker, 2002), „Physik 2000“ (Kesper & Schön, 2002), „IngMedia“ (Backhaus, Goessner & Hagemann, 2002), „FiPS – Früheinstieg ins Physikstudium“ (Schweikert, Roth, Menzel & Jodl, 2000) sowie „Lilienthal“ (Zajonc & Schön, 2000) genannt. Die entwickelten Produkte weisen vielfältige mediale Möglichkeiten auf, die bis zur Fernsteuerung von Experimenten reichen.

Während die angeführten Projekte vornehmlich auf die Fernlehre bzw. die Integration neuer Medien in die Präsenzlehre der Hochschulen zielen, widmen sich andere Projekte der Zielgruppe der Schüler. Schulintern sind beispielsweise durch die Initiative engagierter Lehrer zahlreiche Webseiten entstanden, die sich fachinhaltlichen Themen widmen (siehe hierzu z. B. Clinch & Richards, 2002). Für physikrelevante internationale Kooperationen, an denen auch deutsche Schulen beteiligt sind, seien die Projekte „e-Hermes“ und „YouRA“ (Lewinsky et al., 2001, 137) bzw. GLOBE (Global Observations to Benefit the Environment) exemplarisch erwähnt. In projektorientierter Arbeit werden im zuletzt genannten Zusammenschluss von Schulen beispielsweise Messungen in der Umwelt von Schülern ausgeführt, ausgewertet und kooperativ mit Partnern auf der ganzen Welt diskutiert.

In diesem Zusammenhang soll kurz ein Blick auf Projekte in den U.S.A. eingeschoben werden, da viele Entwicklungen und Forschungstätigkeiten, die auch für Deutschland von Interesse sind, hier zu einem früheren Zeitpunkt stattgefunden haben. Großen Zuspruch haben dort Projekte gefunden, die als Ersatz oder Ergänzung von klassischem Unterricht angelegt sind und sich wesentlich auf elektronische Kommunikation stützen. In der Erweiterung des breit angelegten KIE Projektes (Knowledge Integration Environment, University of California at Berkeley) durch das WISE Projekt (The Webbased Inquiry Science Environment) wird z. B. ein pädagogischer Ansatz unter vier Richtlinien verwirklicht: Lebensnahes Lernen durch für Schüler relevante Themen, Visualisieren und Präsentieren von erlernten Konzepten, Zusammenarbeit unter den Schülern und Fördern kritischer Reflexion und Abwägung verschiedener Argumente (Linn & Slotta, 2000).

Viele Projekt-begleitende Evaluationen richten sich auf die Nutzung speziell erstellter Plattformen bzw. Lernumgebungen und der darin integrierten Module bzw. multimedialen Elemente. Gegenstand der Forschung ist z. B. die Erfassung der Akzeptanz aufgebauter hypermedialer Lernumgebungen und deren Komponenten bzw. die Navigation darin (siehe z. B. Heuer, 2003; Hucke, 2000; Mikelskis, 1999; Petri & Schecker, 2002; Schumacher, Theyßen & Sumfleth, 2002; Zajonc, 2002; Zastrow, 2001). Eine detaillierte Untersuchung der „reinen Internetnutzung“ steht dabei selten im Zentrum der Forschungsarbeiten. Der Stand der fach- bzw. mediendidaktischen Forschung speziell zum Einsatz des Internets zum Physiklernen ist z. Zt. deshalb noch nicht weit fortgeschritten.

Aus diesem Grund richtet die vorliegende Arbeit das Hauptaugenmerk auf die *ausschließliche Nutzung des WWW* von Schülern zur *weitgehend selbstgesteuerten Erarbeitung eines komplexen Themas* der Physik. Dabei wird bewusst die Einzelarbeit von Schülern in den Vordergrund gestellt (und nicht projektorientierte Unterrichtsformen), um Aussagen zu generieren, die leicht auf alltägliche Lernsituationen mit dem Internet in Schulen übertragbar sind.

# Kapitel 3

# Beeinflussende Faktoren des Lernens (mit dem Internet)

Es gibt eine Vielzahl an Untersuchungen zur Analyse der Faktoren, die Lernen in Informationsnetzen beeinflussen. Astleitner (1997) hat diese einer Metaanalyse unterzogen, deren Ergebnisse hier kurz vorgestellt werden, da sie wesentlichen Einfluss auf die vorliegende Arbeit haben und helfen, diese wissenschaftlich einzuordnen. Darüber hinaus wird einer der dargestellten Aspekte, die Eigenschaften der Informationsnetzbenutzer, vertiefend betrachtet. Die individuellen Voraussetzungen der Schüler sind nämlich von großer Relevanz für die vorliegende Untersuchung.

## Das hypothetische Variablenmodell von Astleitner

Aus der Analyse einer Vielzahl von Untersuchungen zum Navigationsverhalten in Hypertexten hat Astleitner (1997, 102) ein *hypothetisches Variablen-*

*modell* entwickelt, welches die Aspekte des Informationszugriffs in Informationsnetzen in ein Gesamtmodell integriert. Einige der angeführten Aspekte werden im empirischen Teil dieser Arbeit, insbesondere bei der Beschreibung der Ziele der Untersuchung (Kap. 6.1), wieder aufgegriffen.

Grundlage der Betrachtungen sind Navigationsprozesse eines so genannten *browsing-spezifischen Lernens*, d. h. eines Lernens in Informationsnetzen ohne Navigationshilfen mit variierendem Zielbezug. Diese Voraussetzung ist für die vorliegende Untersuchung erfüllt: Mit dem Internet wird ein vorwiegend unstrukturierter Hypertext verwendet, der praktisch keine speziellen auf die Aufgabenstellung zugeschnittenen Navigationshilfen bietet.

Astleitner berücksichtigt verschiedene Aspekte des Informationszugriffs (situations- und personenspezifische Antezedenzien): Eigenschaften des Informationsnetzes, Aufgabenstellung, externe tutorielle Eingriffe und Eigenschaften des Informationsnetzbenutzers (vgl. Abb. 3.1 auf der nächsten Seite). Von diesen Faktoren wird angenommen, dass sie die *browsing-spezifische Problemlösung* beeinflussen. Dieses problemlösende Vorgehen wiederum bestimmt das Zugriffsverhalten und somit letztendlich die Lernergebnisse. Astleitner schließt einen direkten Einfluss dieser Aspekte untereinander nicht explizit aus, nimmt aber an, dass diese Kausalkette mehr oder weniger häufig in der dargestellten Reihenfolge durchlaufen wird.

*Eigenschaften des Informationsnetzes.* Je nach Gestalt des verwendeten Informationsnetzes können Einflüsse der Knoten und der Verknüpfungen ausschlaggebend für Navigationsprozesse und Lernerfolge sein. Kerres (1998, 373) berichtet, dass Hypertext insbesondere dann zu empfehlen ist, wenn „die Lerninhalte weniger stark aufeinander aufbauen, die Benutzung auch als Nachschlagewerk vorgesehen ist oder hohes Vorwissen angenommen werden kann" (vgl. auch Unz, 2000, 74). Zur Bearbeitung der Aufgabenstellung steht den Probanden dieser Untersuchung das Internet zur Verfügung. Die Eigenschaften dieses Mediums und des darin verfügbaren Hypertextes, z. B. hinsichtlich dessen Struktur und variierender Granularität, können in diesem Sinne trotz

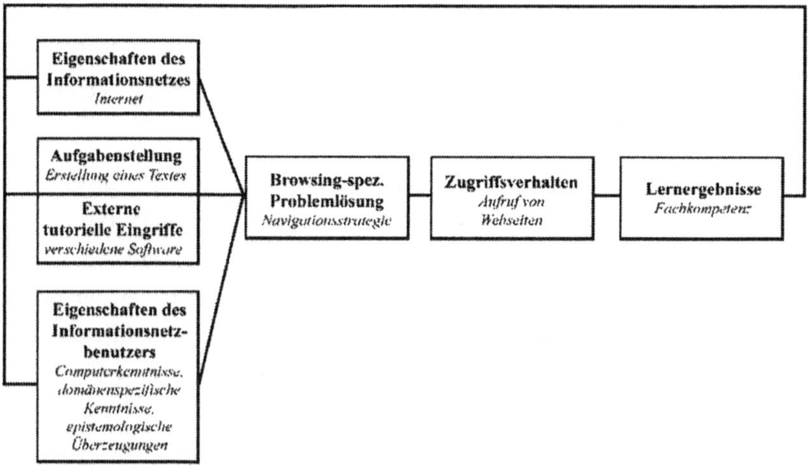


**Abbildung 3.1:** Hypothetisches Variablenmodell von Astleitner (1997, 102) mit den für die vorliegende Untersuchung relevanten Aspekten.

permanenter Veränderung als konstant angenommen werden und sind hinlänglich bekannt (vgl. Hammond & Trapp, 2000, 153).

*Aufgabenstellung.* Die Art der Aufgabenstellung bestimmt wesentlich die Navigation in Hypertexten: Es kann davon ausgegangen werden, dass Nutzer unterschiedlich Browsen, je nachdem, ob sie z. B. einzelne Fakten suchen oder eine komplexe Themenstellung bearbeiten. In der durchgeführten Untersuchung liegt zuletzt genanntes vor. Die Probanden nutzten das WWW, um einen sachorientierten informativen Text zu einem Thema aus der Physik zu erstellen und Fragen zu diesem Thema zu beantworten.

*Externe tutorielle Eingriffe.* Astleitner (1997, 108) fasst zusammen, dass bei browsing-spezifischem Lernen vor allem vorangestellte und nachgestellte Kohärenzbildungshilfen (z. B. Zusammenfassungen oder Themenüberblicke) und Strategietrainings relevant sind. Derartige Unterstützungen und Eingriffe liegen bei der durchgeführten Arbeit nicht vor. Im weitesten Sinne können für diese Untersuchung noch Hilfen wie Textverarbeitungsprogramme und Möglichkeiten für handschriftliche Notizen hinzugezählt werden.

*Eigenschaften des Informationsnetzbenutzers.* Den Eigenschaften des Nutzers wird ein großer Einfluss auf das individuelle Navigationsverhalten zugeschrieben. Zu diesen Faktoren, deren Untersuchung Gegenstand einer beachtlichen Anzahl an Forschungsarbeiten ist, zählen z.B. Informationsnetz- und fachspezifisches Wissen, strategisches Wissen, Handlungskontrolle und Leistungsmotivation (Astleitner, 1997, 107). Die vorliegende Untersuchung greift die ersten beiden Aspekte auf und erfasst darüber hinaus epistemologische Überzeugungen der Probanden (nähere Ausführungen zu diesen Eigenschaften des Nutzers enthalten die nächsten Abschnitte). Die Auswahl der in der Untersuchung erhobenen Variablen wird im Detail in Kapitel 6 begründet.

*Browsing-spezifische Problemlösung.* „Als *browsing-spezifische Problemlösung* werden jene Informationsverarbeitungsprozesse angesehen, die die Zielerreichung, die räumliche Orientierung und den Wissenserwerb gewährleisten und die Wahl eines bestimmten Knotens festlegen" (Astleitner, 1997, 103). Dies kann auch allgemeiner als Navigationsstrategie bezeichnet werden (vgl. Zajonc, 2002, 29). In der vorliegenden Arbeit werden Regelmäßigkeiten und Muster der Navigation, die Verwendung von Suchanfragen und das Verfahren der Suche sowie Typisierungen des Nutzerverhaltens (wie z. B. die Klassifikation von Canter, Rivers & Storrs, 1985; siehe Kap. 4.4) untersucht.

*Zugriffsverhalten.* Merkmale des Aufrufens von Knoten und der Bearbeitung von Knoten werden unter dem Begriff Zugriffsverhalten zusammengefasst. Dazu zählt z. B. die Dauer und die Häufigkeit eines Knotenaufrufs, der Umfang der Exploration des Hypertextes sowie der Grad der Redundanz (Wiederholungsbesuche von Seiten im Informationsnetz). Anhand der Aufzeichnung von Logfiles (siehe Kap. 4) wird in der vorliegenden Untersuchung dieses Zugriffsverhalten detailliert aufgezeichnet und ausgewertet.

*Lernergebnisse.* Lernen in Hypertexten hat letztlich den Erwerb intellektueller Fertigkeiten zum Ziel. In dieser Arbeit sind vor allem Zuwächse in der fachlichen Kompetenz, aber auch den Lernvorgang begleitende Einstellungen und Ansichten von Schülern von Interesse.

Die Ausführungen ordnen die vorliegende Untersuchung anhand dieses allgemeinen Modells in das Gebiet der Hypermedia-Forschung ein. Im Vordergrund stehen nutzerorientierte Fragen (Unz, 2000, 56) wie z. B. Betrachtungen der Interaktion von Nutzern mit dem System, angewendete Strategien, vollzogene Navigationsprozesse, deren Zusammenhänge mit Lernervariablen, externen Faktoren und vor allem dem Lernerfolg.

Es ist eines der Ziele dieses Abschnitts darzustellen, dass Lernen (mit neuen Medien) durch sehr viele verschiedene Faktoren beeinflusst wird. „Domain expertise and expertise in using hypertext play an important role as internal variables, whereas type of task and type of hypertext structuring play a prominent role as external variables“ (Unz & Hesse, 1999, 287). Im Folgenden werden ergänzend die Eigenschaften des Informationsnetzbenutzers kurz erläutert, die für die Untersuchung eine besondere Bedeutung haben. Dies sind domänenspezifische Vorkenntnisse, Computerkenntnisse, epistemologische Überzeugungen sowie Verfahren der Textproduktion.

## 3.1 Domänenspezifisches Vorwissen

„Die Bedeutung des Vorwissens als Prädiktor für den Lernerfolg ist empirisch belegt“ (Niegemann, 2001a, 23). Diese Aussage wird durch eine Vielzahl von Arbeiten bestätigt (siehe z. B. Shin, Schallert & Savenye, 1994, zitiert nach Unz & Hesse, 1999, 283; Unz, 2000, 63; Chi, Glaser & Farr, 1988; Brink, 1997, 142) und zieht sich durch praktisch alle gängigen Lerntheorien (mit Ausnahme des Behaviorismus) mit vergleichbarer Argumentation. Es besteht demnach insgesamt ein weitgehender Konsens darüber, dass neue Informationen nur dann sinnvoll verarbeitet werden können, wenn Vorwissensstrukturen aktiviert werden.

Vorwissen bildet damit eine wesentliche Eingangsgröße für nachfolgendes Lernen und kann deshalb auch als wichtiger Einfluss beim Lernen mit dem Internet gelten.

## 3.2 Computerkenntnisse

Kenntnissen im Umgang mit Computern wird ein relativ schwacher Einfluss auf Lernerfolge mit neuen Medien beigemessen (Fitzgerald & Semrau, 1998; Ford & Chen, 2000). Auch Marchionini (1995, 67) erachtet Expertise im Umgang mit dem System für weniger wichtig als Expertise in der Domäne. „Only very brief introductions are necessary for users to be able to apply minimal search system features to find information. Although these information seekers did not apply all the power of the system and used naive information-seeking strategies, they were able to use these powerful search systems to find information relevant to their needs." Noch klarer äußert sich Astleitner (1997, 260): „Rein hard- und software-technisches Wissen ist relativ unwichtig."

Auch wenn an dieser Stelle nicht unerwähnt bleiben darf, dass die Ergebnisse der internationalen Forschung hier ein z. T. uneinheitliches Bild geben (vgl. Unz, 2000, 63; Unz & Hesse, 1999, 283), kann davon ausgegangen werden, dass technische Computerkenntnisse beim Umgang mit dem Internet ein eher untergeordneter Einfluss unterstellt werden kann.

## 3.3 Epistemologische Überzeugungen

Unter epistemologischen Überzeugungen in Bezug auf Naturwissenschaften werden in dieser Arbeit Ansichten über „nature of science" verstanden.

Dies umfasst u. a. Vorstellungen über die Praxis des naturwissenschaftlichen Arbeitens (z. B. Generierung von Wissen, verwendete Methoden und Verfahren, soziale Diskurse der Wissenschaftlergemeinschaft), dem epistemologischen Status von naturwissenschaftlichem Wissen (z. B. Bedeutung und Gültigkeit gewonnener Aussagen, Gesetzmäßigkeiten und Theorien), die Strukturierung und Klassifikation von Wissen (z. B. Aufbau naturwissenschaftlicher Domänen) und die persönliche Bedeutung naturwissenschaftlicher Inhalte für den Lernenden (z. B. Erlernbarkeit, Relevanz für das tägliche Leben).

Insbesondere im angloamerikanischen Raum erfolgte eine breite und intensive Diskussion hinsichtlich Schüleransichten über die Naturwissenschaften, die aber zu keinen einheitlichen Ergebnissen geführt hat (vgl. Aikenhead, 1987; Driver, Leach, Millar & Scott, 1996; Edmondson & Novak, 1993; Reif & Larkin, 1991; Songer & Linn, 1991). Zu heterogen sind offensichtlich die Vorstellungen von Laien über Naturwissenschaften, sodass sich keine allgemeingültigen Ansichten erkennen lassen. Einigkeit besteht allerdings in der Auffassung, dass sich die Vorstellungen – so vielfältig diese auch sein mögen – nicht mit denen von Naturwissenschaftlern decken. Eine Tatsache, an der traditioneller naturwissenschaftlicher Unterricht wenig zu ändern scheint. McComas (1998, 53) listet in einem Beitrag mit dem Titel „The principal elements of the nature of science: dispelling the myths“ 15 gängige und weit verbreitete Vorstellungen auf, wie sie von Laien wiederholt geäußert werden. Diese decken alle Teilaspekte epistemologischer Überzeugungen ab, wie sie oben angeführt werden. Es lässt sich daher zusammenfassen, dass „die empirisch-rationale Darstellung der Physik im Schulunterricht, das Ausblenden ihrer historischen Bedingtheit und Veränderlichkeit“ (Höttecke, 2001, 21) zu einem insgesamt recht unzutreffenden Naturwissenschaftsbild bei Schülern führt.

Es gibt eine Reihe von Ansätzen, die versuchen, erkenntnistheoretische Aspekte stärker in Unterricht zu integrieren. Diese berücksichtigen zum Beispiel historische Aspekte, involvieren Schüler in Diskurse und Kontroversen, nutzen Spiele, entwerfen Unterricht über den epistemologischen Status von

Wissen oder simulieren das Arbeiten von Wissenschaftlern. Dabei werden im Wesentlichen die folgenden Aspekte berücksichtigt (McComas, Clough & Almazroa, 1998, 6):

- „Scientific knowledge while durable, has tentative character.
- Scientific knowledge relies heavily, but not entirely, on observation, experimental evidence, rational arguments, and skepticism.
- There is no one way to do science (therefore, there is no universal step-by-step scientific method).
- Science is an attempt to explain natural phenomena.
- Laws and theories serve different roles in science, therefore students should note that theories do not become laws even with additional evidence.
- People from all cultures contribute to science.
- New knowledge must be reported clearly and openly.
- Scientists require accurate record keeping, peer review and replicability.
- Observations are theory-laden.
- Scientists are creative.
- The history of science reveals both an evolutionary and revolutionary character.
- Science is part of social and cultural traditions.
- Science and technology impact each other.
- Scientific ideas are affected by their social & historical milieu."

Die große Bedeutung individueller Ansichten über Wissen und Lernen für Lernerfolge wurde in verschiedenen internationalen Untersuchungen nachgewiesen (siehe z. B. Anderson, 2000; Spiro, Coulson, Feltovich & Anderson, 1988; Halloun, 2001; Hammer, 1995; Schommer, 1998; Songer & Linn, 1991). Halloun (2001) kommt zu dem Schluss, dass Schüler mit Expertenansichten über Physik und Lernen von Physik überwiegend „naturwissenschaftliche Realisten" und „kritische Lerner" sind, während „Laien" eher als „naive Realisten" und „passive Lerner" bezeichnet werden können. Es muss dazu angemerkt werden, dass die Verwendung der Begriffe, deren Interpretation als auch die Zuordnung von Schülern zu diesen Gruppen nicht unumstritten ist. Im Rahmen dieser Arbeit ist es jedoch nicht möglich, genauer auf den erkenntnis- und wissenschaftstheoretischen Hintergrund einzugehen (siehe dazu Meyling, 1990; Loving, 1998, 137; Kircher, 1995). Darüber hinaus konnte in der zitierten Untersuchung von Halloun (2001) festgestellt werden, dass der Grad der Expertise bzgl. epistemologischer Überzeugungen signifikant mit dem Abschneiden in Physiktests korreliert. Mit anderen Worten bedeutet dies, dass epistemologische Überzeugungen eine personengebundene Variable darstellen kann, die einen möglichen Lernerfolg im Physikunterricht vorhersagt.

Die grundsätzliche und prinzipielle Bedeutung epistemologischer Überzeugungen in der ausgeführten Allgemeinheit – und insbesondere deren Einflüsse auf Lernerfolge – ist in Deutschland vergleichsweise wenig untersucht (Höttecke, 2001, 7; Kircher, 1995, 241), wenngleich auch Teilaspekte, wie z. B. das Modellverständnis von Schülern (Kircher, 1995, Mikelskis-Seifert, 2002), intensiver erforscht sind. Verschiedene Studien (z. B. TIMSS III) haben aber gezeigt, dass viele Schüler auch in Deutschland bzgl. der Naturwissenschaften ein so genanntes traditionell-empiristisches Weltbild vertreten (Baumert et al., 2000, 64). Nach diesem sind beispielsweise der Natur Gesetze immanent, die von Physikern mehr oder weniger systematisch und schrittweise entdeckt werden. „Die Vorstellung von Wissenschaft als einer Konstruktionsleistung ist in diesem Weltbild ein Fremdkörper" (Baumert et al., 2000, 66).

Zusammenfassend kann festgehalten werden, dass die Ansichten der Schüler über die Naturwissenschaften und Lernen in den Naturwissenschaften vielfach unzureichend und nicht adäquat sind (Höttecke, 2001, 20; Lederman & O'Malley, 1992). Darüber hinaus haben epistemologische Überzeugungen einen nicht zu vernachlässigenden Einfluss auf das Denken, das Handeln, das Lernen, die Motivation und letztlich auch die akademische Leistung. Dies gilt natürlich auch bei der Anwendung des Mediums Internet zum Lernen.

## 3.4 Schreiben und Textproduktion

Die kognitive Schreibforschung beschäftigt sich seit rund 25 Jahren intensiv mit dem Verarbeiten und Verstehen von Texten bzw. mit dem Lernen mit Texten. Ein erstes grundlegendes und vielfach herangezogenes Modell der Textproduktion stammt von Hayes und Flower (1980). Die Autoren gehen davon aus, dass Schreiben ein zielgerichteter problemlösender Prozess ist, der durch drei Komponenten bestimmt wird. Erstens dem *Schreibprozess*, der aus den Subprozessen des Planens (Planning), des Übertragens in eine schriftliche Form (Translating) und dem Prüfen (Reviewing) besteht. Umrahmt wird dieser Schreibprozess zweitens von der *Aufgabenumgebung* und drittens dem *Langzeitgedächtnis*.

Während dieses Modell eher den Prozess bzw. die Phasen der Textproduktion in den Vordergrund rückt, unterscheidet Bereiter (1980) unterschiedliche Fähigkeiten der Textproduktion, die er hierarchisch anordnet: Associative Writing (assoziatives Schreiben: flüssig schreiben und Bereitstellung von Wissen), Performative Writing (produktbezogenes Schreiben: Betrachtung nicht nur des Inhalts, sondern Ausrichtung auf Zielprodukt), Communicative Writing (kommunikatives Schreiben: Entfalten sozialkognitiver Fähigkeiten, wie z. B. die Berücksichtigung der potentiellen Leserschaft), Unified Writing (reflektiertes Schreiben: kritische Betrachtung des Textes unter formalen und inhaltlichen Gesichtspunkten) und Epistemic Writing (epistemisches Schreiben: reflexives Denken während der Textproduktion). Zweifelsohne ist epistemisches Schreiben die höchste Stufe, bei der sich Schreib- und Problemlöseprozesse mischen. Das Schreiben wird Teil eines Denkprozesses und kann daher als Wissen-entwicklend und Wissen-hervorbringend betrachtet werden. Dieser Aspekt der kognitiven Aktivität und der Wissenskonstruktion ist ein Kriterium, nach dem Schreiben auf epistemische Effekte untersucht werden kann. Bereiter und Scardamalia (1987) unterteilen in diesem Sinne Strategien der Textproduktion in „Knowledge Telling“ (Wissenswiedergabe in vertrauter Textform, Reproduzieren von Inhalten beim Schreiben) und „Knowledge Transforming“ (Erkennen und Entwickeln neuer Zusammenhänge, Problemlösen beim Schreiben).

Der pädagogische Wert des Textproduzierens und insbesondere die Wirkungen auf Lernerfolge standen im Zentrum einer Reihe von Untersuchungen. Deren Ergebnisse sind insgesamt jedoch nicht einheitlich, sodass sich kaum eine empirisch abgesicherte Aussage treffen lässt.

Berichtet werden epistemische Effekte des Schreibens z. B. von Aebli (1985). Das Schreiben von Texten als Teil einer Aufgabe gilt insbesondere deshalb als sinnvoll, weil es eine intensive Auseinandersetzung mit dem Lerngegenstand erfordert. „Die klarere logische Gliederung geschriebener Texte hat zur Folge, daß ihr Erkenntniswert auch für den Verfasser größer ist, als wenn er die gleiche Sache nur mündlich vorträgt, und daß er sie besser behält“ (Aebli, 1985 zitiert nach Stork, 1993, 73). Zu ähnlichen Ergebnissen kommen auch Bell und Bell (1985, 218), die in ihrer Untersuchung den Schluss ziehen, dass Schreiben für Lehr- und Lernprozesse besonders geeignet ist: In einer vergleichenden Untersuchung erzielte die Experimentalgruppe, die verstärkt Texte produzierte, bessere Leistungen in Problemlöseprozessen als die Kontrollgruppe. Für den mathematisch naturwissenschaftlichen Bereich sei schließlich noch auf Arbeiten von Gallin und Ruf (1995, zitiert nach Nieswandt, 1997, 51) hingewiesen, die feststellen konnten, dass die Nutzung des Schreibens im Mathematikunterricht bei Schülern sowohl das Interesse und Verständnis wecken als auch regelmäßige Leistungssteigerungen hervorbringen kann.

Dennoch scheint mit dem Schreiben allein noch kein Lerneffekt garantiert zu sein. Eigler, Jechle, Merziger und Winter (1990, 230) bezweifeln, dass mit dem Schreiben automatisch „epistemische Effekte“ verbunden sind, da diese ihrer Meinung nach nicht eindeutig nachgewiesen werden konnten. Einflüsse des Textproduzierens auf das Wissen sollten nach Empfehlung der Autoren beispielsweise bei Bereitstellung externer Wissensspeicher untersucht werden. Dies entspricht einer „üblicheren“ Schreibsituation und führt dazu, dass Textproduktion und Textrezeption eng miteinander verbunden sind und in Wechselwirkung miteinander stehen können (Eigler, Jechle, Kolb & Winter, 1995, 149). Auch Nieswandt (1997, 337) konnte anhand der in einer Untersuchung in Schulen im Fach Chemie gewonnenen Daten die aufgestellte Hypothese nicht bestätigen, dass mit dem Schreiben unmittelbar verstehendes Lernen und die Konsolidierung des gelernten chemischen Sachverhalts verbunden ist.

Vor dem Hintergrund dieser teilweise widersprüchlichen Ergebnisse sollen verschiedene Fragen nach der Texterstellung und den damit verbundenen Lernerfolgen für die vorliegende spezielle Lernsituation mit dem WWW beantwortet werden. Dabei wird mit Eigler, Jechle, Kolb und Winter (1995) davon ausgegangen, dass zur Textproduktion externe Quellen (hier das Internet) zur Verfügung stehen sollten. (Voss und Wiley, 1997, sehen in dem Lernen mit verschiedenen heterogenen Quellen sogar Vorteile gegenüber dem Lernen mit einem Lehrbuchtext.) Goldman und Wiley (2002) haben in einer vergleichbaren Untersuchung (Erstellung eines Essays über die Gründe der Eruption des Vulkans Mount Saint Helens) festgestellt, dass Probanden in der Regel nicht gleichzeitig sowohl auf die Relevanz des Inhalts einer Seite als auch auf die Qualität der Quelle achten: „Students did not seem to consider content and source simultaneously“ (Goldman & Wiley, 2002, 11). Darüber hinaus besuchten die Studenten etwa gleich viele „zuverlässige“ (reliable) wie „unzuverlässige“ (unreliable) Seiten des Hypertextes. Aus der geringen Probandenzahl (16 Teilnehmer) und dem extrem kleinen Hypertext (sieben konstruierte Seiten) folgt allerdings eine eingeschränkte Aussagekraft der Ergebnisse.

Die vorliegende Untersuchung möchte zu Gunsten einer größeren Realitätsnähe der Aufgabenstellung den Probanden sowohl den Zugriff auf das gesamte Internet gewähren (keinerlei Einschränkungen) als auch die Erstellung der Texte nicht von der Recherche abkoppeln. (Bei Goldman & Wiley, 2002, wurden die Texte nach dem Zugriff auf externe Quellen erstellt.) Unter diesen schulrelevanten Bedingungen soll untersucht werden, wie sich die Textproduktion mit dem WWW als Informationsquelle auf den Wissenserwerb auswirkt.

# Kapitel 4

# Erfassung der Computernutzung durch Logfiles

Die Aufzeichnung der Computernutzung in automatisch generierten elektronischen Protokollen entwickelt sich zu einem zunehmend genutzten Verfahren bei Untersuchungen der Interaktion zwischen Mensch und Computer. Die auf diese Weise erstellten Dateien werden in der Regel als Logfiles bezeichnet. Dieses Kapitel bietet einen einführenden Überblick über Verfahren der Logfile-Aufzeichnung und -Analyse in erster Linie, weil diese Arbeit wesentlich auf diesen Methoden basiert. An einigen Stellen erfolgen zu Gunsten einer Vervollständigung Ergänzungen darüber hinaus, da sich bisher nur wenige deutschsprachige Publikationen der Didaktik diesem Thema widmen. Neben einer Erläuterung der Begrifflichkeiten werden sowohl Vor- und Nachteile von Logfile-Auswertungen als auch grundlegende Methoden, mathematische Beschreibungen des Nutzerverhaltens und Ansätze der Typisierung von Nutzeraktivitäten dargestellt. Besonders ausführlich werden diejenigen Abschnitte erläutert, auf welche die vorliegende Untersuchung zurückgreift.

Nutzerverhalten in Hypertexten kann mithilfe von Logfiles erfasst, gespeichert, beschrieben, analysiert und bewertet werden. (Gelegentlich wird in diesem Zusammenhang auch von passiver Protokollierung gesprochen, da vom Nutzer diesbezüglich keinerlei Aktivitäten verlangt werden.) Das Verfahren sowie die aufgezeichneten Protokolle werden häufig vereinfachend unter den Begriffen „Logfiles", „Data" oder „Web Mining", „User Tracking", „Dribble File", „Event Record" oder „Traces", „Interaction History", „History Transcripts", „Audit Trails" bzw. „Navigation Trails" zusammengefasst. Eine strenge Trennung oder Definition dieser Begriffe hat sich (noch) nicht durchgesetzt, üblicherweise wird aber unter den vier am häufigsten verwendeten Begriffen Folgendes verstanden:

*Logfiles:* Logfiles sind automatisch generierte Dateien, die alle Aktionen eines Web-Servers aufzeichnen. Enthalten sind beispielsweise URL und Zeitpunkt der aufgerufenen Seiten, IP-Adresse und Browsertyp des Nutzers.

*Data Mining:* Der Begriff stammt aus dem Amerikanischen und umschreibt ganz allgemein die Erfassung von Informationen über einen Nutzer zur späteren Auswertung. Unterschieden wird Data und Text Mining, je nachdem, ob numerische oder sprachliche Informationen gesammelt werden. (Gelegentlich wird unter dem „Data Mining Problem" aber auch das Entdecken und Extrahieren von interessanten und zuvor unbekannten Informationen aus großen Datenbasen verstanden.)

*Web Mining:* Mit Web Mining wird eine weitere Form des Data Mining umschrieben, die sich auf Informationsgewinnung aus dem Internet stützt. Unterschieden wird häufig in Web Usage Mining, der Analyse der Nutzung bestimmter Internetseiten, Web Structure Mining, der Analyse des Aufbaus von Webangeboten, und dem Web Content Mining, der Analyse des Inhalts von Web-Sites.

*User Tracking:* User Tracking verfolgt alle Aktivitäten eines Hypertext-Nutzers, beispielsweise welche Internet-Seiten besucht wurden und über welche Seiten ein Anwender auf ein Webangebot gestoßen ist (Banner, Suchmaschinen oder andere Internetseiten). Die Aufzeichnung der Internetnutzung durch User Tracking bietet Webseitenbetreibern die Möglichkeit, mithilfe so genannter Cookies den Browser bestimmter Nutzer zu identifizieren, um individuell zugeschnittene Nutzerprofile zu erstellen.

Die angeführten Erklärungen der Begriffe zeigen durch ihre Überschneidungen, dass sie sich nicht ohne weiteres zur Kategorienbildung eignen. Auch erfolgt in der Literatur keine einheitliche Verwendung der Begriffe. Dies rührt her von der ebenso unterschiedlichen Verwendung dieser Nutzerprotokolle in Wirtschaft und Universität, im Rahmen von Webadministration, Forschung, Überwachung und weiteren Anwendungen. Da sich im akademischen Umfeld der Begriff „Logfile“ für die Aufzeichnung jeglicher Computernutzung durchzusetzen scheint, wird er in der vorliegenden Arbeit ebenfalls verwendet.

## 4.1 Ziele von Logfile-Analysen

Computernutzung wird aus unterschiedlichsten Gründen aufgezeichnet: Zum Zwecke einer Gewinnmaximierung zeichnen beispielsweise kommerzielle Anbieter das Nutzerverhalten von Kunden auf Webseiten auf, um den Internetauftritt zu optimieren und potentielle Kunden gezielter ansprechen zu können. Zur Überwachung können Eltern bzw. Arbeitgeber die Computernutzung aufzeichnen, um dann den Zugriff auf „unerlaubte“ Internetseiten einzuschränken. Darüber hinaus finden sich Anwendungen der Logfile-Analysen in akademischen Kontexten: z. B. in der Psychologie, der Erziehungswissenschaft, dem Bibliothekarswesen und der Informatik.

Die interdisziplinäre Hypermedia-Forschung betrachtet ebenfalls die Navigation von Probanden in elektronischen Lernumgebungen. Zu diesem Zweck werden Protokolle der Computernutzung angelegt, analysiert, bewertet und gewonnene Variablen in Relation zu anderen Parametern gesetzt. Zwei Blickwinkel sind dabei von besonderem Interesse: „Die Lernweganalyse kann zwei Interessen verfolgen, die unterschiedliche Kriterien für ihr Vorgehen anlegen müssen: Es kann einerseits um grundsätzliche Erkenntnisse über Lernwege und ihre Determinanten gehen. Dann wird man auf eine Typisierung (oder zumindest: Parametrisierung) von Lernwegen nicht verzichten können. Eine andere Fragestellung liegt vor, wenn die Qualitätsprüfung und -sicherung *eines* bestimmten Mediums (im Sinne formativer Evaluation) im Vordergrund steht. Hier ist der Informationsverlust durch das Aggregieren von Lernwegen zu Typen ggfs. unangemessen hoch“ (Kerres, 1998, 225). Die vorliegende Untersuchung folgt erstgenanntem Aspekt.

## Bezugsobjekt der Datenaufzeichnung

Grundsätzlich können folgende Aspekte des Abrufverhaltens der Nutzer von Knoten in Hypertexten betrachtet werden (nach Roßmanith, 2001, 132):

- *ein* Nutzer *einer* Anwendung (Software, Modul, Webserver), 1:1-Betrachtung
- *ein* Nutzer auf *verschiedenen* Anwendungen, 1:$n$-Betrachtung
- *viele* Nutzer *einer* Anwendung, $n$:1-Betrachtung
- *viele* Nutzer auf *verschiedenen* Anwendungen, $n$:$n$-Betrachtung.

In den meisten wissenschaftlichen Untersuchungen steht das Verhalten mehrerer Probanden in einem vorgegebenen Hypertext im Vordergrund ($n$:1-Betrachtung). Mithilfe dieser Studien sollen in der Regel Lernumgebungen evaluiert bzw. die Lernstrategien von Probanden identifiziert und bewertet werden. Dies ist nicht ganz unproblematisch, da sich beide Aspekte bedingen: „This is an example of a chicken-or-egg problem of user-centered design: We cannot discover how users can best work with systems until the systems are built, yet we should build systems based on knowledge of users and how they work" (Marchionini, 1995, 75).

Die vorliegende Untersuchung lässt sich ebenfalls als $n$:1-Betrachtung auffassen: eine bestimmte Anzahl Probanden nutzt das „eine" Medium Internet. Allerdings steht die Bewertung von Strategien der Navigation im Zentrum der Untersuchung, eine Optimierung des Systems „Internet" wird nicht verfolgt. (Beispielsweise durch die Implementierung von Metadaten und der Entwicklung allgemein gültiger Standards wird aber von zahlreichen Forschergruppen auch auf dem Feld der Optimierung des Internets gearbeitet.)

## Tools der Datenaufzeichnung

Die Zielsetzung der Logfile-Analyse bestimmt die Wahl des geeigneten Instrumentes. Prinzipiell lassen sich nach Leard und Hadwin (2001, 7) drei Typen von Aufzeichnungsverfahren unterscheiden:

*Customized Logging Tools:* auf eine bestimmte Anwendung zugeschnittene Client-seitige Software, welche die Nutzung nur dieser Anwendung aufzeichnet und auswertet (Ein einfaches Beispiel ist die Verlaufsaufzeichnung bzw. Historyliste von Standardbrowsern.)

*Web Server Logging Tools:* Web Server zeichnen Server-seitig die Nutzung von Internetseiten auf. (Gespeichert werden in der Regel die IP-Adresse, von der die Anforderung kam, wann der Aufruf erfolgte, welche Datei aufgerufen wurde, ob der Aufruf erfolgreich war, von welcher Webseite aus der Aufruf gestartet wurde und welchen Browser der Benutzer verwendet.)

*Keylogging Tools:* eine Client-seitige von speziellen Anwendungen unabhängige zusätzliche Software, die alle Aktionen eines Nutzers aufzeichnet (In der vorliegenden Untersuchung wurde eine solche Software verwendet; vgl. Kapitel 7.2.)

Inzwischen gibt es eine Vielzahl an Produkten, die Logfiles aufzeichnen und analysieren. Diese Entwicklung wird langfristig zumindest z. T. das bislang übliche Verfahren ablösen, dass je nach Forschungsfrage spezielle Tools für die Datensammlung und Analyse entwickelt und programmiert werden müssen. Allerdings haben sich einheitliche Standards noch nicht durchgesetzt, wenngleich dies verschiedentlich gefordert wird (siehe z. B. Hadwin & Leard, 2001). Einige Programme bieten bereits die Möglichkeit, sowohl die Erfassung als auch die Auswertung von Logfiles weitgehend den Untersuchungszielen der Forscher anzupassen (Noller, Naumann & Richter, 2001; Fuller, Simonson, Tiwari & Rebelsky, 2002). Neben reinen Häufigkeitsauswertungen und Zeitmessungen (Anzahl besuchter Seiten, Zeit auf Knoten usw.) und der Berechnung vorgegebener Parameter (z. B. zur mathematischen Beschreibung der Struktur von Pfaden) bieten verschiedene Programme weitere Analysehilfsmittel, die auch die Überprüfung der Logfiles auf bestimmte Muster oder Regelmäßigkeiten zulassen (siehe hierzu Kap. 4.3). Die ausgewerteten Daten der Logfiles können in der Regel graphisch und durch Text, im „Replay“ (Wiedergabe des Ablaufs der besuchten Knoten und der Aktivitäten der Nutzer) und als Rohdaten dargestellt werden. Weiterhin lassen sich Daten ebenfalls in Files konvertieren, die von „üblicher“ Standardsoftware wie Tabellenkalkulations- und Textverarbeitungsprogrammen oder von Webbrowsern gelesen werden können.

## 4.2 Vor- und Nachteile von Logfile-Analysen

Bevor auf Methoden und Verfahren der Logfile-Analyse näher eingegangen wird, sollen schlaglichtartig Vor- und Nachteile aufgezeigt werden. Aus dieser Darstellung wird ersichtlich, welche Möglichkeiten aber auch Einschränkungen beachtet werden müssen. Letztere gelten allerdings z. T. ebenfalls für andere „nicht-elektronische“ Verfahren der Erfassung von Nutzerverhalten, beispielsweise für die Verwendung von Fragebögen.

## Vorteile von Logfile-Analysen

- Die Aufzeichnung der Computernutzung erfolgt unbemerkt, unsichtbar und fast ohne Beeinflussung des Nutzers (vgl. z. B. Kleining, 1999). (Eventuell kann die Kenntnis über die Aufzeichnung der Computernutzung das Verhalten der Probanden beeinflussen.) Dies ist ein wesentlicher Unterschied zu vielen traditionellen Erhebungsmethoden.
- Die Erfassung ist objektiv, eindeutig, vollständig und detailgenau. Aufgezeichnet werden können z. B. besuchte Seiten, Zeit auf Seiten, genutzte Links, eingegebene und gelöschte Zeichen, kopierte Texte und Abbildungen, Mausbewegungen usw.
- Das Nutzerverhalten kann ohne zusätzlichen Zeitaufwand, weder für den Forscher noch für den Probanden, aufgezeichnet werden.
- Logfiles können durch das Lernmedium selbst „live“ erfasst werden. Zusätzliche Werkzeuge oder Instrumente sind nicht erforderlich.
- Die Aktivitäten des Nutzers können unter authentischen Verhältnissen und Bedingungen erfasst werden. Dies ist insbesondere für Felduntersuchungen von Bedeutung.
- Mit Logfile-Aufzeichnungen können Daten einer großen Anzahl von Probanden mit relativ geringem Aufwand erhoben und ausgewertet werden. Die Erfassung der Daten erfolgt automatisch, und die Auswertungsprogramme können schnell eine große Anzahl an Daten verarbeiten (siehe z. B. Degenhardt, 2001).
- In der Regel ist die elektronische Aufzeichnung technisch leicht realisierbar und zuverlässig.

## Nachteile von Logfile-Analysen

- Logfiles sind in der Regel sehr umfangreich und enthalten in den meisten Fällen für einzelne Untersuchungsfragen überflüssige Daten. Aus diesem Grund müssen Logfiles je nach Fragestellung vor einer Analyse durch zusätzliche spezielle Programme bereinigt werden.

- Parallel ablaufende Prozesse (z. B. das gleichzeitige Arbeiten mit mehreren Fenstern) werden in Logfiles streng nach der zeitlichen Reihenfolge der einzelnen Aktivitäten eindimensional hintereinander festgehalten. Allein aus der Betrachtung der Logfiles ist es u. U. im Nachhinein schwierig, solche parallelen Prozesse zu identifizieren (Hadwin & Leard, 2001).

- Verschiedene Aktionen der Nutzer (z. B. Nachdenken, handschriftliche Notizen, Warten, Verlassen des Arbeitsplatzes, Kommentare, Suchen und Lesen auf einer Seite) können nicht aufgezeichnet werden (Körber, 2000, 15). Es ist deshalb u. U. schwierig, die komplette Mensch-Maschine-Interaktion allein durch Reaktionen des Systems zu beschreiben.

- Logfiles unterscheiden in der Regel nicht zwischen vom Nutzer oder vom System erzeugten Aktivitäten. Automatismen, die nicht aktiv vom Nutzer ausgelöst werden, sondern vom Programm erzeugt werden (z. B. Pop-Up Windows), werden genauso aufgezeichnet wie Nutzergesteuerte Aktionen (Hadwin & Leard, 2001).

- Werden Zeiten auf verschiedenen Knoten eines Hypertextes zur Analyse herangezogen, so bleibt fraglich, ob der Nutzer geistig oder physisch anwesend ist, ob die Granularität (Umfang und Größe) der betrachteten Knoten vergleichbar ist oder ob nicht weitere Faktoren (z. B. Lesegeschwindigkeit) die Aktivitäten des Nutzers beeinflussen (Zajonc & Priemer, 2001).

- Ein Rückschluss von den Logfile-Daten auf zu Grunde liegende (kognitive) Prozesse ist schwierig (siehe Kap. 8.3.1 und 8.2.1). Die Motivation der Nutzer für bestimmte Aktivitäten, beispielsweise die Wahl bestimmter Knoten, kann mit Logfiles nicht erfasst werden. Einzelne Aktionen von Nutzern, die mit Logfiles aufgezeichnet werden, lassen sich darüber hinaus oftmals nur im Zusammenhang mit anderen Aktionen deuten und ergeben für sich genommen nicht unbedingt Sinn (Hadwin & Leard, 2001).

Mit Kenntnis der Schwierigkeiten lassen sich einige der aufgezeigten Probleme z. T. durch geeignete Maßnahmen (wie z. B. ergänzende Erfassungen oder Stichprobenuntersuchungen wie der Methode des „lauten Denkens“, schriftliche Protokollierungen bzw. Fragebögen, Interviews oder Video-Aufzeichnungen) einschränken. Aus diesem Grund sollte der Einsatz von Logfiles als Datenerhebungsmethode nicht grundsätzlich als Ersatz „herkömmlicher“ Verfahren, sondern als deren Ergänzung bzw. Erweiterung gesehen werden.

## 4.3 Verfahren von Logfile-Analysen

Die Auswertung der Logfiles erfolgt in der Regel in fünf Schritten (siehe Abb. 4.1 aus Wilde, Hippner & Merzenich, 2002; vgl. auch Degenhardt, 2001):

- *Datenauswahl:* Heranziehen der relevanten Logfiles
- *Datenaufbereitung:* Bereinigen der Daten hinsichtlich der betrachteten Fragestellung und Identifizierung von Nutzern und Sitzungen (Ein bereinigter Logfile ist als Beispiel im Anhang angeführt.)
- *Datenintegration:* Einbinden zusätzlicher Informationen oder Daten über die Nutzer
- *Mustersuche:* Überprüfung der Daten auf Muster und Regelmäßigkeiten mit verschiedenen mathematischen Verfahren
- *Interpretation:* Bewertung und Interpretation der Ergebnisse

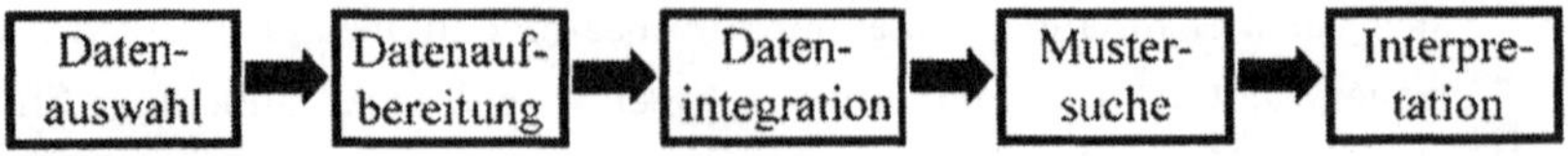


**Abbildung 4.1:** Ablauf der Logfile-Analyse (aus Wilde, Hippner & Merzenich, 2002).

Grundsätzlich können drei prinzipielle Verfahren der Mustersuche unterschieden werden (Noller, Naumann & Richter, 2001; Hadwin & Leard, 2001; Niegemann, 2001b), die üblicherweise in der angegebenen Reihenfolge durchlaufen werden: Auswertungen von Einzelereignissen (Nutzung einzelner Seiten, Zeit auf einzelnen Knoten), Auswertungen von Mustern (Folgen von Seiten; Linearität von Seitenfolgen) und Auswertungen der vollständigen Navigation (Beschreibung gesamter Nutzungsprozesse). Zur Beschreibung werden verschiedene mathematische Verfahren angewendet, die im Folgenden kurz skizziert sind. Dabei geht es in dieser Arbeit darum, das Spektrum möglicher Analysetechniken aufzuzeigen und prinzipielle Ansätze zu skizzieren. Schwerpunkt der Darstellung sind dabei graphentheoretische Verfahren, da diese in der vorliegenden Untersuchung verwendet werden.

## Häufigkeits- und Zeiterfassungen

Erfasst und gezählt werden z. B. Häufigkeiten von Knotenbesuchen im Hypertext (Anzahl aller Seiteneindrücke „PageImpressions", Anzahl aller unterschiedlichen Seiteneindrücke), vom Nutzer verbrachte Zeit im Hypertext (Zeit pro Knoten, Gesamtbesuchsdauer) sowie Elaborationstiefe (maximale Eindringtiefe in hierarchisch strukturierten Hypertexten) (vgl. Barab, Bowdish & Lawless, 1997).

Reine Häufigkeitsstatistiken werden hauptsächlich zur Evaluation von Websites genutzt ($n$:1-Betrachtungen). Zur Interpretation von Nutzerverhalten sind diese statistischen Daten in der Regel nicht ausreichend, da kaum Zusammenhänge zu weiteren relevanten Daten zu erkennen sind (vgl. Kap. 8.2.1).

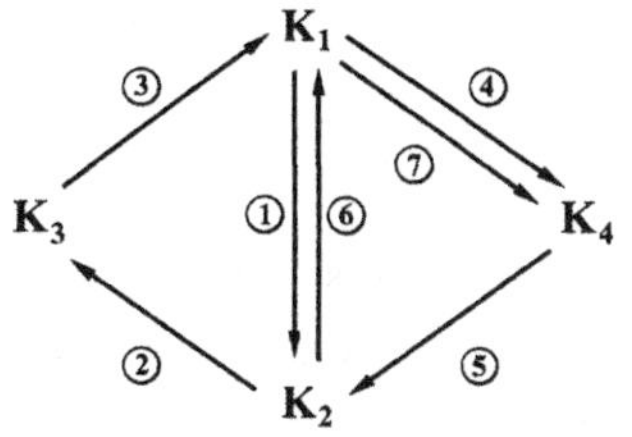


**Abbildung 4.2:** Beispiel eines Navigationspfads bestehend aus einer Folge besuchter Knoten.

## Graphentheorie

Ein Graph ist definiert als ein Tupel bestehend aus einer endlichen nicht leeren Menge von Knoten und einer Menge von Kanten (zwei-elementige Teilmenge der Menge der Knoten). Prinzipiell kann ein Navigationspfad durch einen Hypertext als gerichteter Graph aufgefasst werden. Die Knoten des Graphen entsprechen den Seiten im Hypertext, die Kanten den Links zwischen den Seiten. Neben der Darstellung als Graph lässt sich ein Pfad auch als Matrix (Adjazenzmatrix) mathematisch beschreiben. Ist $n$ die Anzahl der nummerierten Knoten $K_1$ bis $K_n$ des Hypertextes, dann ist die den Pfad beschreibende ($n$ x $n$)-Matrix $A$ folgendermaßen definiert: Das Element $a_{ij}$ ist gleich der Anzahl der Kanten, die $K_i$ mit $K_j$ verbinden.

*Beispiel.* Es sei ein Navigationspfad gegeben, der aus folgenden Knotenbesuchen in der angegebene Reihenfolge besteht (vgl. Abb. 4.2): $K_1$, $K_2$, $K_3$, $K_1$, $K_4$, $K_2$, $K_1$, $K_4$.

Dann ist $A$ eine 4 x 4 Matrix der Gestalt:

$$(a_{ij}) = A = \begin{pmatrix} 0 & 1 & 0 & 2 \\ 1 & 0 & 1 & 0 \\ 1 & 0 & 0 & 0 \\ 0 & 1 & 0 & 0 \end{pmatrix}$$

Auf diese Weise lässt sich nicht nur der Pfad eines Nutzers beschreiben, sondern auch der gesamte Hypertext (siehe Botafogo, Rivlin & Shneiderman, 1992).

Die Graphentheorie liefert eine Reihe von Maßen zur Beschreibung der Navigation bzw. des Hypertextes. Diese werden im Folgenden der Vollständigkeit halber benannt, aber nicht näher ausgeführt: Anzahl der Knoten und Kanten, Distanz von Knoten, Dichte (siehe z. B. Unz, 2000, 91), Kompaktheit, Stratum (Botafogo, Rivlin & Shneiderman, 1992), Eindringtiefe, Varianz der Elaboration (Niegemann, 2001b), Zentralität von Knoten (Modjeska & Marsh, 1997; zu so genannten „Landmarks“ siehe Valdez, Chignell & Glenn, 1988), Knotengewicht, Glaubensgrad, Größe, Informationsgehalt, Verständlichkeit (Astleitner, 1997, 104) usw.

Winne, Gupta und Nesbit (1994) versuchen beispielsweise, mit graphentheoretischen Maßen („Bridge“, „Cut Point“) Teilgraphen in durchlaufenen Netzen zu finden, um Phasen der Navigation voneinander trennen zu können. Weiterhin nutzen sie Distanzmaße zur Charakterisierung der Ähnlichkeit von Knoten und „Multiplicity“ zum Vergleich von Knotenfolgen. Der Ansatz, damit kognitive Prozesse abbilden und beschreiben zu können, erscheint m. E. aber fragwürdig. Denn zum einen ist die Analyse der Pfade stark auf den speziellen verwendeten Hypertext zugeschnitten (Muster könnten Artefakte darstellen). Zum anderen ist die Identifizierung der kognitiven Prozesse durch graphentheoretische Maße wenig eindeutig (vgl. Kap. 8.3.1).

Neben der Struktur des Graphen und der Knoten lassen sich auch die Kanten bzw. die Links näher beschreiben und klassifizieren (Astleitner, 1997, 105).

Für diese Arbeit von Interesse sind sechs einfach zu identifizierende und interpretierende Indizes zur Beschreibung von Mustern in Navigationspfaden, die von Canter, Rivers und Storrs (1985, 96) vorschlagen wurden (Abb. 4.3).

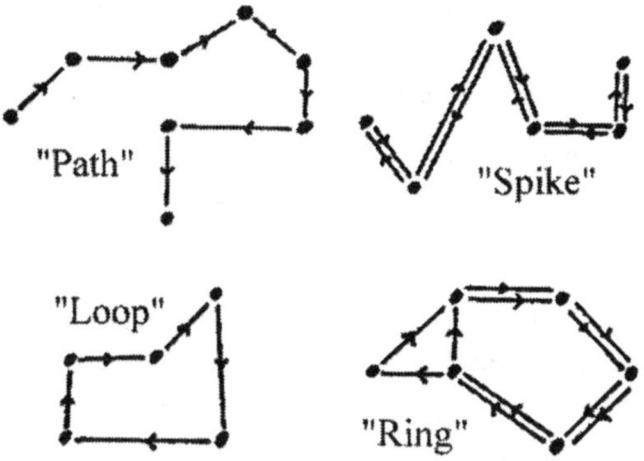


**Abbildung 4.3:** Navigationsmuster nach Canter, Rivers und Storrs (1985).

*Anzahl an Pfaden (Path):* Ein Path ist eine Folge (Kette) von Kanten, in der kein Knoten zweimal auftritt (PQ: „*Path Quantity*").

*Anzahl an Ringen (Ring):* Ein Ring ist eine Folge von Kanten, die zu einem Startknoten zurückführt und in sich selbst weitere Ringe enthalten kann (*RQ*: „Ring Quantity").

*Anzahl an Schleifen (Loop):* Ein Loop ist ein Ring, der keine Teilringe enthält (*LQ*: „Loop Quantity").

*Anzahl an Stacheln oder Ähren (Spikes):* Ein Spike liegt vor, wenn eine Folge von Kanten ab einem bestimmten Knoten in entgegengesetzter Reihenfolge zurückverfolgt wird (*SQ*: „Spike Quantity").

*Explorationsgrad:* Quotient aus unterschiedlichen besuchten Knoten (NV: „Nodes visited") und Gesamtzahl aller im Hypertext vorhandener Knoten (*NT*: „Nodes total"):

*Redundanzgrad:* Quotient aus unterschiedlichen besuchten Knoten (NV) und Gesamtzahl aller aufgerufenen Knoten mit Wiederholungen (*NS*: „Nodes seen").

Diese Basisparameter haben sich aufgrund ihrer Einfachheit in einer Reihe von Untersuchungen bewährt und werden deshalb auch in dieser Arbeit verwendet (siehe Kap. 7.3.1). Deren Vorteil ist, dass sie sich leicht aus den Logfiles gewinnen lassen und keine besonderen Voraussetzungen an die Experimentalsituation (z. B. den verwendeten Hypertext) stellen. Weiterhin gibt es Validierungen dieser Maße.

Wenzel (2001, 44) schlägt darüber hinaus vor, die ersten vier dieser Maßzahlen durch ihr jeweiliges Maximum zu teilen, damit interindividuelle Vergleiche einfacher möglich werden. Weiterhin definiert er zusätzliche Parameter zur Beschreibung von Effizienz und Effektivität (Wenzel, 2001, 180). Dazu werden zunächst die für eine Aufgabenstellung relevanten Knoten festgelegt (*RN*: „relevant Nodes"). Diese Einstufung der Relevanz von Knoten unterliegt allerdings subjektiven Einflüssen des Beurteilers. Relevante Knoten werden auch als „Authorities" und Seiten, die auf diese „Authorities" verweisen, selbst diese Informationen aber nicht enthalten, als „Hubs" bezeichnet. „Good hubs point to many good authorities, and good authorities are pointed at by many good hubs" (Lempel & Moran, 2000). Wird ein relevanter Knoten mindestens 7 Sekunden besucht – Wenzel diskutiert und kritisiert diese gesetzte Schranke –, so zählt dieser Besuch als Informationsaufnahme (*I*). Bei Wenzel werden mehrfache Informationsaufnahmen eines Knotens nur einmal gezählt. Dann gilt:

*Effektivität:* Quotient aus Informationsaufnahmen (*I*) und Anzahl besuchter relevanter Knoten (*RN*)

*Effizienz:* Quotient aus Informationsaufnahmen (*I*) und Gesamtzahl aufgerufener verschiedener Knoten (*NV*)

Es gibt darüber hinaus eine Reihe weiterer Möglichkeiten, mit graphentheoretischen Methoden Muster in Pfaden z. B. nach bildlichen Kriterien festzulegen. Zum Beispiel unterscheidet Horney (1993) fünf Muster: lineares Durchwandern, Seiten-Trips, Sterne, erweiterte Sterne und chaotisches Navigieren. Ähnlich definieren Tauscher und Greenberg (1997) Nabe-Speichen-

Muster: Von einem zentralen Knoten (in einem kreisförmig organisierten Bild die Nabe) gehen einzelne Pfade ab, die den nacheinander verfolgten Optionen entsprechen (radiale Speichen). Nach eher hierarchischen Kriterien klassifizieren Stanton und Baber (1992) Navigation durch die Attribute „top-down“ (hierarchisch höher liegende Seiten werden zuerst besucht), „sequenziell“ (Seiten werden nach einer vorgeschlagenen Reihenfolge besucht) und „elaborativ“ (Zick-Zack-Bewegungen zwischen Seiten auf verschiedenen hierarchischen Stufen).

Insgesamt bieten Verfahren der Graphentheorie weitreichende Möglichkeiten, Hypertexte und Nutzerverhalten quantitativ zu erfassen und zu beschreiben. Sie stellen damit einen erfolgsversprechenden Zugang zur Analyse von Logfiles dar (Niegemann, 2001b; Leard & Hadwin, 2001), da mit diesen Methoden die geringsten Einschränkungen verbunden sind, wenn Wege durch einen Hypertext quantifiziert werden sollen. Graphentheoretische Verfahren sind deshalb Grundlage vieler Logfile-Analysen und werden aus diesem Grund auch in dieser Untersuchung verwendet.

## Weitere Verfahren

Zwei weitere prinzipielle Verfahren der Datenanalyse werden ergänzend angeführt: die Wahrscheinlichkeitstheorie und neuronale Netze in Verbindung mit Fuzzy Logik.

*Wahrscheinlichkeitstheorie.* Anhand verschiedener Modelle der Wahrscheinlichkeitstheorie werden Linknutzungen bzw. Übergänge zwischen Knoten mit Wahrscheinlichkeiten beschrieben.

Beispielsweise kann untersucht werden, inwiefern bestimmte Knoten eines Hypertextes von zentraler Bedeutung sind, wenn sie besonders oft besucht werden. Mithilfe der Wahrscheinlichkeitstheorie lässt sich bestimmen, ob es sich dabei um zufällige oder systematische (durch die Nutzer gesteuerte) Effekte handelt.

Prinzipiell steigt die Wahrscheinlichkeit des Aufrufs eines bestimmten Knotens $K_1$ mit der Anzahl an Links, die auf ihn verweisen. Diese Wahrscheinlichkeit ist aber wiederum abhängig davon, wie groß die Wahrscheinlichkeit ist, einen Knoten $K_2$ aufzurufen, der auf den ursprünglichen Knoten $K_1$ verweist. Insgesamt nimmt also die Wahrscheinlichkeit des Aufrufens von Knoten $K_1$ ab, je weiter dieser vom Ausgangsknoten des Nutzers entfernt ist.

Die Wahrscheinlichkeit $P_j$ für einen Klickpfad $j$ der Länge $g$ ergibt sich aus den Wahrscheinlichkeiten $p_f$ der $g$ Übergänge:

$$P_j = \prod_f p_f \quad (f = 1, \ldots, g).$$

Der Erwartungswert $E(K_i)$ für die Häufigkeit eines Aufrufs des Knotens $K_i$ lässt sich aus der Häufigkeit $H(K_i)_j$ des Auftretens eines Knotens in einem Klickpfad $j$ und der Wahrscheinlichkeit $P_j$ dieses Klickpfads bestimmen:

$$E(K_i) = \sum_j H(K_i)_j \cdot P_j.$$

(Es sei $i = 1, \ldots, n$ die Anzahl der Knoten und $j = 1, \ldots, m$ die Anzahl der Pfade einer bestimmten Länge.)

Aus dem Vergleich zwischen erwarteten und tatsächlichen Knotenaufrufen kann geschlossen werden, ob bestimmte Knoten „überzufällig" häufig besucht werden.

Derartigen Ansätze sind nicht trivial, da bedingte Wahrscheinlichkeiten betrachtet werden müssen (Niegemann, 2001b; Wenzel, 2001, 37). Hinzu kommt, dass Nutzer unterschiedlich lange Pfade aufweisen und u. U. so wenig Schritte in einem Hypertext absolvieren, dass für einige Knoten die Aufrufwahrscheinlichkeit praktisch null wird. Insgesamt ist eine solche mathematische Beschreibung nicht ohne größeren Aufwand zu verwirklichen, insbesondere dann, wenn umfangreichere Navigationspfade betrachtet werden.

Ein weiteres Verfahren der „probabilistischen Linkvorhersage“ und Pfadanalyse nutzt Markow-Ketten (Sarukkai, 2000; Levene & Loizou, 2001, Lempel & Moran, 2000; Qiu, 1993). Dabei werden Knoten als Zustände und Links als Übergänge interpretiert. Die fundamentale Eigenschaft dieses Modells ist die Abhängigkeit vom jeweils vorausgegangenen Zustand. Befindet sich ein Nutzer beispielsweise auf einem Knoten, so kann dieser Zustand durch einen Vektor $s$ beschrieben werden. Der Wechsel zu einem neuen Knoten wird dann durch eine Matrix $A$ ausgedrückt, die den Ausgangszustand $s$ in den neuen Zustand $s'$ überführt:

$$s' = sA.$$

Gibt es $n$ Knoten, so ist $s$ ein $n$-dimensionaler Vektor und $A$ eine $(n \times n)$-Matrix. Die Einträge der Matrix können z. B. mithilfe der Maximum-Likelihood Methode bestimmt werden. Dabei wird berücksichtigt, wie oft ein Nutzer von einem Knoten aus (Zustand 1) einen Link zu einem anderen Knoten (Zustand 2) gewählt hat.

Auf diese Weise ist es möglich, zu „Vorhersagen“ von Webserverbesuchen zu gelangen, adaptive Systeme zu konstruieren, „Touren“ durch Hypertexte zu generieren und nutzerspezifische Sammlungen aus Authorities und Hubs zu konstruieren. Problematisch bleiben aber weiterhin die für dieses Verfahren notwendigen großen Datenmengen und der erhebliche Rechenaufwand für umfangreichere Hypertexte.

*Neuronale Netze und Fuzzy Logik.* Neuronale Netze sind Programme, welche die vermutete Funktion eines simplen biologischen Nervensystems bestehend aus einem Netz von Neuronen simulieren sollen. Anstelle eines zentralen Prozessors treten mehrere simulierte Prozessoren, die miteinander verbunden sind und die Datenauswertung „gemeinsam“ durchführen. Diese Systeme haben die Eigenschaft, „lernen“ zu können, Informationen zu „erinnern“ und Beziehungen zwischen Daten „aufzubauen“. Nach dem „Training“ eines solchen Programms mit Eingangs- und Ausgangsdaten (z. B. Daten über Verhalten eines Nutzers im Hypertext und Lernerfolge) beginnt das

System, sich selbst zu organisieren und sich den Daten „anzupassen“. Auf diese Weise ist es möglich, Klassifikationen zu erstellen, Vorhersagen zu treffen und Modelle zu entwickeln.

Ein möglicher Ansatz zur Analyse von Logfiles mit neuronalen Netzen untersucht zunächst die Daten auf Muster und Regelmäßigkeiten (Mullier, 2000; Micarelli & Sciarrone, 1996). Dabei liegen bei Mullier die von Canter, Rivers und Storrs (1985) definierten Indizes (Spike, Path, Ring, Loop) zu Grunde, deren zeitliches Auftreten bei fortschreitender Navigation erfasst und ausgewertet wird.

Diese Muster der Navigation werden wiederum mithilfe von Verfahren der Fuzzy-Logik interpretiert und in Zusammenhang mit zusätzlichen Informationen über einen Nutzer bzw. seine Aufgabe gebracht. Vom Prinzip her werden eine Reihe von „Fuzzy Regeln“ zusammengestellt, die in ihrer Gesamtheit den Grad der Detailliertheit der zu beschreibenden Browsing-Muster festlegen. Je mehr derartige Regeln aufgestellt werden, desto besser lassen sich „ähnliche“ Muster voneinander trennen. Eine große Anzahl an Regeln macht es allerdings notwendig, das System mit einer großen Menge an Informationen (z. B. Daten über den Nutzer) zu „trainieren“. Insgesamt werden auf diese Weise Relationen zwischen Mustern der Navigation und weiteren Parametern aufgestellt.

Angestrebt wird damit, objektiv erfassbares Nutzerverhalten und Regelmäßigkeiten darin in Zusammenhang zu Aufgabentypen, Nutzervoraussetzungen und Präferenzen zu bringen, um durch speziell konstruierte adaptive Systeme Lernerfolge wahrscheinlicher zu machen. Allerdings ist das Verfahren komplex, seine Anforderungen umfangreich und die Ergebnisse u. U. schwierig zu interpretieren.

## 4.4 Identifizierung von Strategien mithilfe von Logfile-Analysen

In der Hypermedia-Forschung gibt es eine Vielzahl von Ansätzen, Navigation von Nutzern und deren durchlaufene Muster und angewendete Strategien zu beschreiben und zu kategorisieren. Dies liegt nicht zuletzt an der Tatsache, dass die Begriffe Navigation und Strategie zum einen nicht einheitlich verwendet werden und zum anderen sehr viele unterschiedliche Klassifikationsverfahren denkbar sind. In der Regel liegen diesen Verfahren qualitative Merkmale zu Grunde, wie z. B. zielorientiertes versus unsystematisches Vorgehen, ohne dass eine Methode angegeben wird, wie derartige Typen quantitativ erkannt werden können. Deshalb bleibt ein großer Interpretationsspielraum hinsichtlich der Genauigkeit dieser Typeneinteilungen. Des Weiteren wird die Navigation erheblich davon beeinflusst, mit welcher Zielsetzung gearbeitet wird: handelt es sich beispielsweise um reine Informationssuche oder um Lernen mit Hypertexten. Typeneinteilungen sind immer in Verbindung mit Aufgabenstellungen zu sehen.

Strategie soll in dieser Arbeit gemäß Ballstaedt, Mandl, Schnotz und Tergan (1981, 250) als „zielgerichtete Aktivitäten des Individuums“ verstanden werden, „mit der Absicht, das Verstehen, Behalten und Erinnern zu verbessern.“ Dabei wird mit Astleitner (1997, 97) davon ausgegangen, dass Strategien selbst trotz ihrer „zusätzlichen“ Belastung des Arbeitsgedächtnisses nicht lernhinderlich sind.

Im Folgenden werden verschiedene Klassifikationen kurz vorgestellt. Es wird dabei nicht angestrebt, einen vollständigen Überblick zu bieten (siehe hierzu Astleitner, 1997; Unz, 2000). Vielmehr soll aus der Darstellung ersichtlich werden, in welchen unterschiedlichen Dimensionen Nutzeraktivitäten prinzipiell beschrieben werden können. Zu Gunsten einer besseren Übersicht wird grob zwischen der prinzipiellen Struktur, verschiedenen Phasen, Verhaltensmustern und Typen der Navigation unterschieden, obwohl die Grenzen zwischen diesen Aspekten fließend sind. In der vorliegenden Untersuchung wird eines der vorgestellten Verfahren genutzt. Aus diesem Grund wird die entsprechende Typisierung besonders detailliert behandelt.

## Struktur der Navigation

Um Muster und Regelmäßigkeiten in Navigationsprozessen erkennen zu können, muss zunächst festgelegt werden, wie Navigationspfade analysiert werden können und aus welchen Teilprozessen diese bestehen.

Bates (1990, zitiert nach Unz, 2000, 87) beschreibt Suchaktivitäten durch die elementaren Basiseinheiten *Moves* (z. B. die Nutzung eines Links), *Taktiken* bestehend aus einer Reihe von Moves (Formulierung einer Suchanfrage), *Stratagem* als komplexe Menge an Aktionen, die Taktiken nach sich ziehen (Suche nach Zitaten), und *Strategien* als Gesamtplan (Informationssuche). Bei Marchionini (1995, 72) wird zusätzlich der Aspekt berücksichtigt, inwieweit Nutzer Navigationsentscheidungen bewusst treffen. Ausgehend von *Information Seeking Patterns* (Muster, die Nutzer oftmals unbewusst ausführen, z. T. als Zusammenfassung von Strategien oder Taktiken) wird die Navigationsanalyse verfeinert in *Strategies* (von Nutzern bewusst ausgewählte Ansätze, Probleme oder Aufgaben zu lösen), *Tactics* (Routinen oder Entscheidungen innerhalb von Strategien) und *Moves* (einzelne Schritte).

Beiden Ansätzen liegt eine hierarchische Anordnung zu Grunde: Patterns bestehen aus Strategies, Strategies aus Tactics, Tactics aus Moves. Schwierigkeiten ergeben sich jedoch, in Folgen von Moves diese verschiedenen Klassen zu erkennen, gegeneinander abzugrenzen und zu unterscheiden.

## Phasen der Navigation

Statt Nutzerverhalten in unterschiedlich detaillierte Teilprozesse zu unterteilen, kann der gesamte Navigationsvorgang auch mit Blick auf aufeinander folgende Teilphasen analysiert werden. Guthrie (1988) benennt beispielsweise fünf Komponenten des Informationszugriffs: Zielbildung, Knotenwahl, Informationsextraktion, Integration und Recycling. Ganz ähnlich unterscheidet Marchionini (1995) in „Accept Information Problem", „Define and Understand the Problem", „Choose a Search System", „Formulate a Query", „Execute Search", „Examine Results" und „Extract Information". Darüber hinaus nennen Shneiderman, Byrd und Croft (1997) speziell für die Suche: Formulierung der Suchanfrage, Start der Suche, Beurteilung der Ergebnisse und Verfeinerung und Modifikation der Suche. Körber (2000, 11) ergänzt dazu eine Phase des Browsens auf Seiten, die nicht zur Suchmaschine gehören.

Das Erkennen der entsprechenden Phasen sowie deren gegenseitige Abgrenzung untereinander anhand der Logfile-Daten stellt eine wesentliche Schwierigkeit dar. All diese Einteilungen spiegeln weiterhin idealisiert beschriebene Phasen wider. Der Suche nach Informationen kann jedoch nicht immer solch ein chronologischer Verlauf derartiger Phasen und Muster unterstellt werden. Vielmehr laufen diese Prozesse in der Regel nicht-linear, komplex miteinander verwoben und z. T. parallel nebeneinander ab.

## Muster des Knotenaufrufs

Eng an die verschiedenen Phasen des Arbeitens und Lernens in Informationsnetzen sind Muster von Knotenaufrufen gekoppelt, die im Folgenden beschrieben werden. Diese Muster präzisieren das Nutzerverhalten durch eine genauere Klassifikation von Folgen von Moves und kommen damit den Anforderungen einer quantitativen Logfile-Analyse näher.

Choo, Detlor und Turnbull (2000) nennen sechs Verhaltensmuster: *Starting* beschreibt den Beginn der Suche, z. B. das Aufrufen von Startseiten wie Suchmaschinen oder Portale. Die Navigation rund um eine relevante Quelle wird als *Chaining* bezeichnet, z. B. das Folgen von Links von Startseiten aus. Will sich ein Nutzer einen Überblick über gefundene relevante Quellen verschaffen, so spricht man vom *Browsing*, z. B. werden dabei Inhaltsverzeichnisse usw. überflogen. *Differentiating* umfasst darauf aufbauend die Auswahl der überflogenen Dokumente für eine nähere Betrachtung, es werden z. B. Seiten gespeichert („Bookmarks" bzw. „Favoriten") oder Ausdrucke erstellt. Will sich ein Anwender auf dem Laufenden halten, indem er z. B. aktuelle Quellen wiederholt besucht oder an Newsgroups teilnimmt, so wird dies als *Monitoring* bezeichnet. *Extracting* umschreibt schließlich das systematische Bearbeiten eines Dokuments, z. B. die Informationsentnahme aus bestimmten Quellen. Ähnlich dazu unterscheidet Marchionini (1995) in Scanning, Observing, Navigating und Monitoring und Waterworth (1992) in Starten, Verketten, Differenzieren, Beobachten, Extrahieren und Evaluieren.

Reed, Oughton, Ayersman, Ervin und Giessler (2000) beschreiben einen Ansatz, mit dessen Hilfe die Linearität der Navigation gemessen werden kann. Allerdings sind die zu Grunde liegenden Definitionen leider sehr eng an den verwendeten (hierarchisch organisierten) Hypertext geknüpft, sodass eine Verallgemeinerung – wie sie für solche Untersuchungen wünschenswert wäre – nur schwer möglich ist. Insbesondere für die Beschreibung der Navigation im Internet ist der vorgeschlagene Weg wenig brauchbar.

Im Gegensatz zu den angeführten Phasen der Navigation sind die Muster der Knotenaufrufe weniger allgemein, z. T. mathematisch erfassbar, bieten eine detaillierte Beschreibung und lassen damit weniger Interpretationsspielraum. Dennoch können auch diese Muster u. U. schwierig gegeneinander abzugrenzen sein.

## Typen der Navigation

Ziel vieler Logfile-Analysen ist, Typen von Nutzern und Strategien zu unterscheiden, diese zu beschreiben und in Zusammenhang zu weiteren Variablen wie z. B. Lernstilen oder Lernerfolgen zu stellen. Auch die vorliegende Untersuchung widmet sich z. T. diesem Vorgehen.

Typisierungen versuchen, eine möglichst eindeutige und reproduzierbare Zuordnung von Eigenschaften von Personen zu Typen zu finden. Hierfür werden verschiedene theoretische und empirische Verfahren verwendet. Ferner sollten die gefundenen Typen leicht zu interpretieren sein. Bei Typisierungen handelt es sich aber in der Regel immer um Extrembeispiele, welche die wenigsten Probanden vollständig erfüllen. Vielmehr zeigen Nutzer in den meisten Fällen verschieden starke Ausprägungen der Merkmale der erkannten Typen. Entsprechend sind auch die im Folgenden beschriebenen Typen einzuschätzen.

Auf empirischen Weg haben Lawless und Kulikowich (1998) mithilfe einer Clusteranalyse drei Typen generiert: *Knowledge Seekers*, die basierend auf dem Inhalt Quellen wählen, die ihr Verständnis des behandelten Stoffes fördern, *Feature Explorers*, die besonders viel Zeit mit multimedialen Elementen wie Videos, Applets usw. verbringen, und *Apathetic Hypertext Users*, die nicht zu einer der beiden Gruppen gehören und oberflächlich und scheinbar ohne logische Struktur vorgehen. Diese Typisierung ist in ihrer ersten Form bereits vor zehn Jahren aufgestellt worden und spiegelt zu einem gewissen Grad Zeiten wider, als Arbeiten mit Hypertexten und die Anwendung von „Features“ noch neu waren. Es wäre interessant zu untersuchen, ob dieser „Neuigkeitseffekt“ immer noch so stark ausgeprägt ist und die Typen weiterhin so deutlich auftreten. Leider lässt sich der Ansatz der beiden Autoren auch nicht verallgemeinern, da die in die Clusteranalyse eingehenden Variablen auf den speziell verwendeten Hypertext zugeschnitten sind. In der vorliegenden Untersuchung wird versucht, dieses Problem dadurch zu umgehen, indem verallgemeinerbare und auf jeden Hypertext anwendbare Variablen für eine Clusteranalyse verwendet werden. Dies sind die Indizes von Canter, Rivers und Storrs (1985, 96), die in Kapitel 4.3 unter der Überschrift „Graphentheorie“ definiert werden.

Marchionini (1995, 76) unterscheidet folgende „Analytical Search Strategies“ mit Verweis auf verschiedene Quellen: *Building Blocks* (Harter, 1986) ist das Durchführen einer Sucheingabe und darauf basierend das Sammeln von relevanten Einzeldokumenten, den so genannten Blocks. *Successive Fractions* (Meadow & Cochrane, 1981) ist das sukzessive Einschränken der Datenmenge „von oben“ (viele Informationen) „nach unten“ (wenige ausgewählte Dokumente). Navarro-Prieto, Scaife und Rogers (1999) bezeichnen dies auch als *Top-down* Vorgehen. *Pearl Growing* (Markey & Cochrane, 1981) umschreibt den Beginn der Navigation mit einem relevanten Dokument (Pearl) und der Suche nach ähnlich guten Quellen. *Interactive Scanning* (Hawkins & Wagers, 1982) beginnt mit einer groben Suche und dem Scannen der erhaltenen Dokumente. Damit erfolgt dann schrittweise ein Verfeinern der Suche durch Wiederholen dieses Prozesses. Ergänzend sei an dieser Stelle das *Bottom Up* Vorgehen (Navarro-Prieto, Scaife & Rogers, 1999) erwähnt, das „in umgekehrter Richtung" zum *Top Down* Vorgehen von Detaildokumenten ausgehend zu einem Gesamtüberblick führt.

Diese Aufzählung deutet an, dass es eine große Anzahl unterschiedlicher Typeneinteilungen gibt. Dies folgt nicht zuletzt auch daraus, dass angewendete Strategien von einer Vielzahl von Faktoren abhängen und darüber hinaus während der Bearbeitung einer Aufgabenstellung wechseln können. Astleitner (1997, 97) bemängelt, dass zur Personenspezifität und Situationsangemessenheit bei den Strategien wenig differenziert wird: „Obwohl Handlungsempfehlungen gegeben werden, fehlen theoretische Grundlagen und empirische Überprüfungen des Vorkommens oder der Lernwirksamkeit der vorgeschlagenen Strategien. [...] Weitgehend ungeklärt ist, welcher Informationsnetzbenutzer wann welche Strategie einsetzen soll, um optimales Lernen gewährleisten zu können." Um derartige Empfehlungen geben zu können, müssen Untersuchungen sowohl die Eigenschaften der Personen als auch die (Lern-) Situation berücksichtigen und benennen. In der vorliegenden Untersuchung wird eine solche Differenzierung angestrebt.

## Navigationsstrategien nach Canter, Rivers und Storrs

Canter, Rivers und Storrs (1985) unterscheiden in *Browsing*, *Searching*, *Wandering*, *Scanning* und *Exploring*. Diese Typen werden im Folgenden detailliert erläutert, da sie zu den Grundlagen dieser Arbeit gehören. Canter et al. geben in ihrer Typisierung der Strategien im Gegensatz zu den meisten anderen Autoren ein Verfahren an, wie die beschriebenen Strategien quantitativ erfasst werden können. Dies ist einer der Gründe, weshalb diese Typisierung verwendet wird. Allerdings räumen Canter et al. selbst Schwächen in ihrer vorgeschlagenen Quantifizierung ein. Ein Umstand, der

Anlass gab, für diese Untersuchung ein Verfahren zu entwickeln, um diese Typen empirisch zu quantifizieren (Kap. 7.3.1). Dabei wird auf die Indizes zurückgegriffen, die im Abschnitt 4.3 über graphentheoretische Verfahren definiert werden. Canter et al. (1985, 100) definieren folgende Typen (vgl. Abb. 4.4):

*Scanning:* A mixture of deep spikes and short loops as users seek to cover a large area but without great depth.

*Browsing:* Many long loops and a few large rings, where users are happy to go wherever the data takes them until their interest is caught.

*Searching:* Ever-increasing spikes with a few loops for users motivated to find a particular target.

*Exploring:* Many different paths, suggesting users who are seeking the extent and nature of the field.

*Wandering:* Many medium-sized rings as the user ambles along and inevitably revisits nodes in an unstructured journey.

**Tabelle 4.1:** Zuordnung graphentheoretischer Maße zu den Navigationsstrategien nach Canter, Rivers und Storrs (1985).

| | *NV/NT* | *NV/NS* | *SQ* | *LQ* | *RQ* | *PQ* |
|---|---|---|---|---|---|---|
| *Scanner* | high | | high | medium | | |
| *Browser* | | medium | | medium | medium | |
| *Searcher* | | low | high | medium | | |
| *Explorer* | high | | | | | high |
| *Wanderer* | medium | low | | | high | |

(zur Bedeutung der Abkürzungen siehe 4.3, Graphentheorie)

Der Zusammenhang zwischen den verbal beschriebenen Strategien und dem Ausdrücken dieser Typen durch graphentheoretische Maße (Tab. 4.1) ist bei Canter et al. aus theoretischen Überlegungen heraus entstanden. Unklar ist, welche praktische Relevanz diese Typen haben, ob derartige Muster bei Probanden wirklich identifiziert werden können und ob die vorgenommene

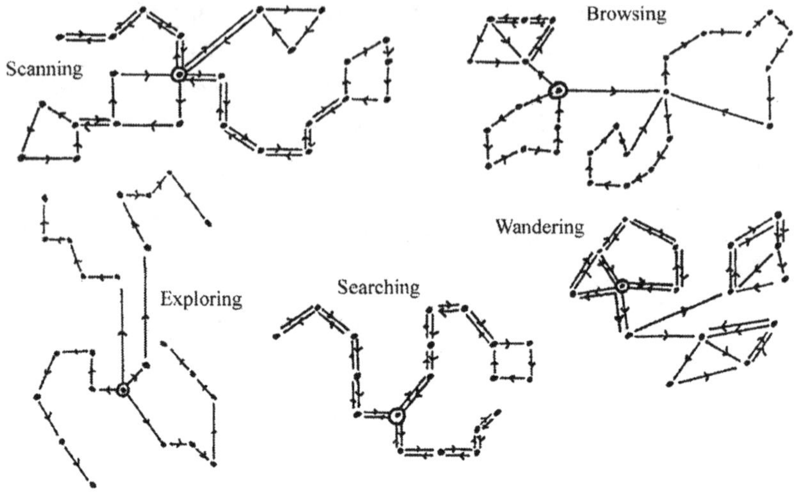


**Abbildung 4.4:** Graphische Darstellung verschiedener Navigationsstrategien (aus Canter, Rivers & Storrs, 1985).

Operationalisierung der Typen durch die Indizes ausreichend und zutreffend ist.

In der vorliegenden Untersuchung bestätigten sich die genannten Vorbehalte. Die Probanden konnten mithilfe dieser Definitionen allein nicht hinreichend genau und nachvollziehbar Strategietypen zugeordnet werden. In einem empirischen Vorgehen konnten aber mit den gleichen graphentheoretischen Maßen vier Strategien identifiziert werden, die starke Parallelen zu den von Canter et al. aufweisen (Kap. 7.3.1).

# Kapitel 5

# Gezeiten

Das Phänomen der Gezeiten gilt aufgrund der vielen ausschlaggebenden terrestrischen und extraterrestrischen Faktoren als sehr komplex, sodass die nachfolgend dargestellten physikalischen Beschreibungen diese Erscheinung nur dem Prinzip nach erklären können, nicht aber ohne Weiteres für Vorausberechnungen verwendet werden. Dennoch ist die physikalische Erklärung der Gezeiten für eine Behandlung in der Schule geeignet, da sie das Wesen des Phänomens auf elementare Weise beschreiben kann. Darüber hinaus können die Grenzen der verwendeten Modelle anschaulich aufgezeigt werden.

Nach einer inhaltlichen Darstellung des Themas (Beschreibung des Phänomens, Vorstellen verschiedener Modelle, Herleitung der Gezeitenbeschleunigung für verschiedene Orte auf der Erde und Anmerkungen zur Aussagekraft der Modelle) wird deshalb auf didaktische Aspekte eingegangen. Dabei wird das Ziel verfolgt, einen Überblick über verschiedene Ansätze der Behandlung der Gezeiten in der Schule zu liefern, um den Stand der fachdidaktischen Forschung zu diesem Thema aufzuzeigen.

In der vorliegenden Untersuchung stellt das Internet die Quelle für Informationen zu diesem Thema für die Schüler dar. Webseiten zum Thema Gezeiten werden deshalb sowohl mit Blick auf fachliche Richtigkeit begutachtet als auch hinsichtlich medien- und physikdidaktischer Aspekte untersucht.

## 5.1 Physikalische Grundlagen des Themas Gezeiten

Der physikalische Gegenstand dieser Arbeit sind die Gezeiten der Meere. Wenngleich eine historische Aufarbeitung dieses Themas an dieser Stelle nicht erfolgen kann (siehe hierzu z. B. Sager, 1959), so sei zumindest erwähnt, dass das Phänomen von Ebbe und Flut bereits im Altertum bekannt gewesen sein muss, da Küsten mit merklichem Tidenhub zu dieser Zeit bewohnt waren. Ferner kann davon ausgegangen werden, dass aufgrund von Naturbeobachtungen der Zusammenhang zwischen dem Steigen und Sinken des Meeresspiegels und dem Mondumlauf um die Erde zu einem sehr frühen Zeitpunkt erkannt wurde. Heutige Erklärungen greifen in der Regel auf Arbeiten von Newton zurück, hier insbesondere auf das Gravitationsgesetz. Newton selbst hat eine detaillierte Erklärung der Gezeiten verfasst (vgl. Mathematische Prinzipien der Physik, Originalausgabe von 1686 bzw. die deutsche Übersetzung von Schüller, 1999), die als Gleichgewichtstheorie bezeichnet wird. Von Laplace stammt der knapp 100 Jahre jüngere Ansatz, Gezeiten als erzwungene Schwingungen aufzufassen, um so zu einer dynamischen Behandlung der Flutwellen zu kommen.

### 5.1.1 Das Phänomen der Gezeiten

Das periodische Auf- und Ablaufen des Meerwassers ist ein Phänomen, das an verschiedenen Orten der Erde auftritt und sich z. B. auch an der deutschen Nordseeküste beobachten lässt: Abbildung 5.1 zeigt den Hafen von Husum bei Niedrig- und bei Hochwasser, zu sehen ist eine Differenz des Wasserstands von rund 3,5 Metern. (Im Fundy Bay an der kanadischen Atlantikküste werden 16 Meter gemessen!) Das Steigen und Fallen

(a)

(b)

**Abbildung 5.1:** Der Hafen von Husum bei Niedrig- und Hochwasser (aus Krug, 2001, 18-19).

des Meeresspiegels hat nicht nur weitreichende Konsequenzen für den Menschen (Schifffahrt, Besiedlung, Energiegewinnung), sondern schafft durch die entstehenden Umweltbedingungen auch besondere Lebensräume für Tiere (Wattenmeer).

Zur Beschreibung der Gezeiten werden folgende Begriffe verwendet (Definitionen aus Krug, 2001, 36; vgl. auch Abb. 5.2):

- *Ebbe:* das Fallen (Ablaufen) des Wassers vom Hochwasser bis zum Niedrigwasser
- *Flut:* das Steigen (Auflaufen) des Wassers vom Niedrigwasser bis zum Hochwasser
- *Tiden- oder Gezeitenhub:* der Wasserstandsunterschied zwischen Niedrigwasser und Hochwasser
- *Hochwasser:* Höchster Wasserstand einer Gezeitenperiode. Es ist der Moment, in dem die Flut in die Ebbe übergeht.
- *Niedrigwasser:* Niedrigster Wasserstand einer Gezeitenperiode. Es ist der Moment, in dem die Ebbe in Flut die übergeht.

Die Zeit zwischen zwei Hochwassern beträgt an vielen Orten der Erde rund 12 Stunden und 25 Minuten, also einen halben Mondtag. Aus diesem Grund kann man davon ausgehen, dass die Bedeutung des Mondes für die Entstehung der Gezeiten schon sehr früh erkannt wurde. Aber auch die Sonne hat einen ausschlaggebenden Einfluss. Denn je nach Stellung von Sonne, Erde und Mond kommt es zu höheren Hochwassern und niedrigeren Niedrigwassern (Springtide bei Voll- und Neumond) oder zu niedrigeren Hochwassern und höheren Niedrigwassern (Nipptide bei Halbmond). Darüber hinaus beeinflussen eine Reihe weiterer – im nächsten Abschnitt angeführter – Faktoren ganz erheblich sowohl die Höhe als auch das Eintreffen von Hoch- und Niedrigwasser. Deshalb ist der Ablauf der Gezeiten an einem Ort nie genau gleich.

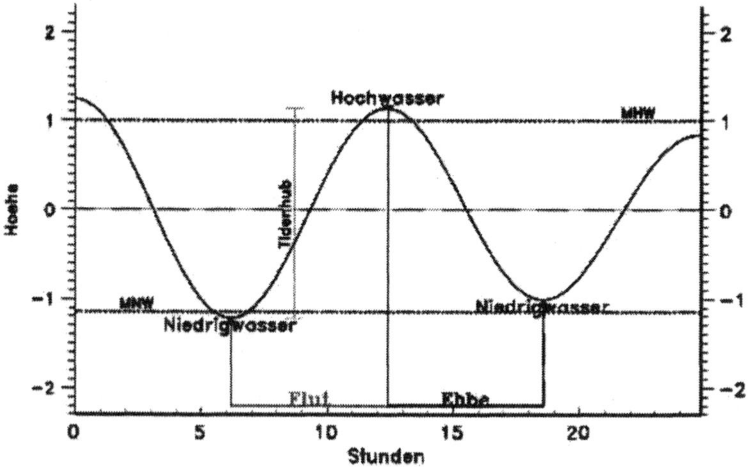


**Abbildung 5.2:** Graphische Darstellung des Ablaufs der Gezeiten (aus der Webseite des Bundesamtes für Seeschifffahrt und Hydrographie).

## 5.1.2 Annahmen der Modelle

Zur Diskussion der Gezeiten werden zunächst eine Reihe von Annahmen getroffen, welche die Komplexität des Sachverhalts erheblich reduzieren:

- Es wird nur der Einfluss des Mondes betrachtet, der sich als Punktmasse kreisförmig um die Erde bewege.
- Von der Eigendrehung der Erde und der Bahnbewegung der Erde um die Sonne wird abgesehen. Ferner sei die Erde eine starre von Wassermassen umgebene Kugel.

Unbeachtet bleiben dabei eine Vielzahl maßgeblicher Einflüsse, deren Zusammenspiel letztlich dafür sorgt, dass die beobachteten Gezeiten eine wesentlich andere Gestalt zeigen, als sie das vereinfachte physikalische Modell vorherzusagen vermag. Diese Faktoren sind im Einzelnen:

*Extraterrestrische Einflüsse*

- Neigung der Äquatorebene zur Erdbahnebene (Ekliptik)
- Neigung und Drehung der Mondbahnebene gegenüber der Erdbahnebene (Deklination des Mondes), Exzentrizität der Bahn des „ausgedehnten“ Mondes
- Einfluss der Sonne (einschließlich der variierenden Lage von Erde, Mond und Sonne)

*Terrestrische Einflüsse*

- Erdrotation und dadurch bedingte Coriolis-, Trägheits- und Reibungskräfte (Meeresströmungen, Reibung zwischen den Wassermassen, an Küsten und Meeresengen)
- Geographie der Erde, wie Größe, Tiefe und Form der Meeresbecken (auftretende Strömungs- und Resonanzerscheinungen), Abweichungen der Erde von der Form einer homogenen Kugel (z. B. Polabplattung, Oberflächenstrukturen), Klimatische Einflüsse (Wetter)

All diese Faktoren zusammen machen es sehr schwierig, physikalische bzw. mathematische Modelle zu entwickeln, welche die Gezeiten zu jedem Zeitpunkt für jeden Ort der Erde vorausberechnen können. Der Wunsch danach dürfte sehr alt sein und fand 1738 eine „urkundliche Erwähnung“, als die französische Akademie der Wissenschaften einen Preis für die Lösung dieses Problems auslobte. Vollständig gelöst ist dieses Problem aber bis heute nicht! (Auch wenn 1740 der Preis an Bernoulli, Mac Laurin und Euler für ihre Arbeiten zu diesem Thema vergeben wurde; vgl. Sager, 1959.)

### 5.1.3 Die Gezeitenbeschleunigung an einem Ort der Erde

Die verschiedenen nachfolgend beschriebenen Ansätze, welche die Entstehung der Gezeiten auf der Basis der angeführten Annahmen erklären, führen

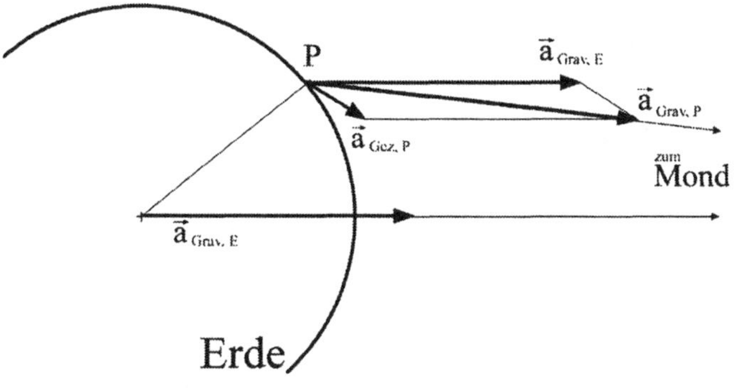


**Abbildung 5.3:** Gezeitenbeschleunigung am Ort $P$ auf der Erde (nicht maßstabsgerecht).

letztlich alle zu der gleichen *quantitativen* Darstellung (vgl. Abb. 5.3): Die Gezeitenbeschleunigung $\vec{a}_{Gez,P}$ an einem Ort $P$ der Erde (bzw. Gezeiten erzeugende Kraft in $P$) ergibt sich aus der Differenz von lunarer Gravitationsbeschleunigung $\vec{a}_{Grav,P}$ am Ort $P$ (bzw. Gravitationskraft des Mondes in $P$) und lunarer Gravitationsbeschleunigung $\vec{a}_{Grav,E}$ im Mittelpunkt der Erde (bzw. Gravitationskraft des Mondes im Erdmittelpunkt):

$$\vec{a}_{Gez,P} = \vec{a}_{Grav,P} - \vec{a}_{Grav,E}.$$

Unterschiede bestehen in der Erklärung, auf welchem Weg dieses Ergebnis gewonnen wird. Prinzipiell können zwei Modellklassen unterschieden werden: „Umwälzbewegung“ (Betrachtung von Kreisbahnen von Erde und Mond und der „Revolution ohne Rotation“ der Erde) und „Fallbewegung“ (Interpretation der Bewegung von Erde und Mond um ihren gemeinsamen Schwerpunkt als Fallbewegung; Betrachtung der Gravitationskräfte des Mondes auf Massen an verschiedenen Orten der Erde ohne Berücksichtigung von Bahnverläufen). (Diese Klassifizierung dient der besseren Zuordnung und Unterscheidung verschiedener Wege zur Erklärung der Gezeiten. Die Bezeichnung der Modellklassen kann aber nicht in jedem Einzelfall genau den verwendeten Ansatz widerspiegeln.)

## Modell „Fallbewegung“

Beim Modell „Fallbewegung“ wird die Bewegung von Erde und Mond als Fallbewegung (unter gleichzeitigem Ausführen einer Drehbewegung) interpretiert. Von den Bahnbewegungen wird im Weiteren abgesehen und folglich davon ausgegangen, dass die Erde im Gravitationsfeld des Mondes beschleunigt wird („frei fällt“) (siehe z. B. Brauner, 1991, Feynman; Leighton & Sands, 2001; Mach, 1883/1963; Meschede „Gerthsen“, 2002; Schlichting & Farwig, 1977; Woolsey, 1994; unter vollständigem Verzicht auf Bahnbewegungen siehe Theis, 2003; Goldkuhle, 1999). Dabei erfahren Massen in Abhängigkeit vom Abstand zum Mond unterschiedliche lunare Beschleunigungen. Die Inhomogenität des vom Mond erzeugten Gravitationsfeldes führt also letztlich dazu, dass die Erde als kugelförmiger starrer Körper eine andere Beschleunigung $\vec{a}_{Grav,E}$ erleidet (aus Symmetriegründen näherungsweise die des Erdmittelpunktes), als die am Ort $P$ befindlichen beweglichen Wassermassen $\vec{a}_{Grav,P}$ (Abb. 5.3). Als Gezeitenbeschleunigung $\vec{a}_{Gez,P}$ in $P$ wird die Differenz dieser zwei lunaren Gravitationsbeschleunigungen $\vec{a}_{Grav,P}$ und $\vec{a}_{Grav,E}$ bezeichnet:

$$\vec{a}_{Gez,P} = \vec{a}_{Grav,P} - \vec{a}_{Grav,E}.$$

## Modell „Umwälzbewegung“

Beim Modell „Umwälzbewegung“ werden die Bahnbewegungen des Mondes und der Erde auf Kreisen um ihren gemeinsamen Schwerpunkt betrachtet: Der Mond vollführt eine gebundene Rotation während die Erde eine so genannte Umwälzbewegung („Revolution ohne Rotation“) beschreibt. Diese Bewegungen lassen sich vereinfacht durch das kreisförmige Antreiben eines an einem Gummiband befestigten Balles mit der Hand verdeutlichen (Krug, 2001, 27). Der Ball vollführt eine gebundene Bewegung. Bedingt durch die Aufhängung zeigt immer die gleiche Seite zur Hand. Die Hand bewegt sich auf einer Kreisbahn, ohne sich jedoch um sich selbst zu drehen: die räumliche Orientierung bleibt konstant.

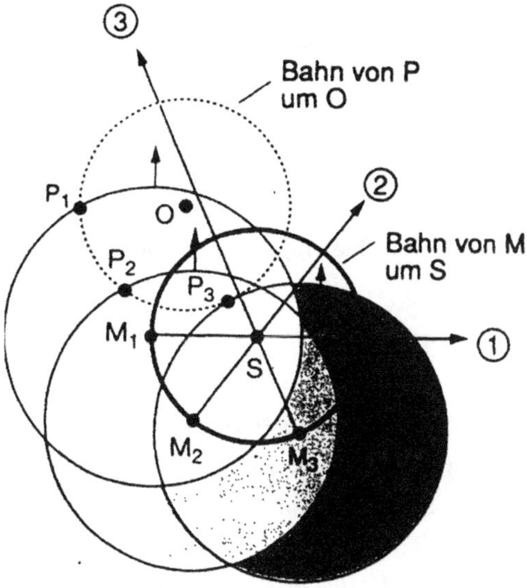


**Abbildung 5.4:** Umwälzbewegung der Erde mit den Lagen ausgezeichneter Punkte zu drei verschiedenen Zeitpunkten (aus Demtröder, 1994, 177).

Wird von der Eigenrotation der Erde abgesehen, dann bewegt sich der Erdmittelpunkt $M$ auf einer Kreisbahn um den Schwerpunkt $S$ des Systems Erde-Mond (siehe Abb. 5.4). Des Weiteren gilt, dass alle Punkte $P$ der Erde Kreisbahnen mit gleichem Radius (vom Abstand Erdmittelpunkt zum Schwerpunkt des Systems Erde-Mond) um verschiedene Mittelpunkte $O$ durchlaufen.

Je nach verwendetem Bezugssystem (mitrotierendes Bezugssystem oder Intertialsystem) kann daraus entweder auf Zentrifugal- (siehe z. B. Barger &

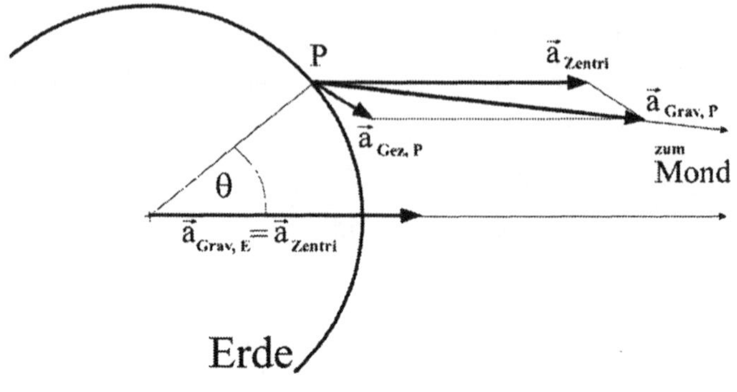


**Abbildung 5.5:** Gezeitenbeschleunigung im Modell „Umwälzbewegung" (nicht maßstabsgerecht).

Olsson, 1995; Demtröder, 1994; Gobrecht „Bergmann Schaefer", 1990; Goldkuhle, 1999; Gronemeier & Steidl, 1986; Kertz, 1992; Krug, 2001; Sager, 1959; Winnenburg & Schmidkunz, 1970) oder auf Zentripetalbeschleunigungen (Härtel, 2000; Näpfel & Schneider, 1990) geschlossen werden, die in allen Orten der Erde von Betrag und Richtung gleich sind.

Die Gezeitenbeschleunigung $\vec{a}_{Gez,P}$ an einem Ort $P$ der Erde ergibt sich als Differenz aus der (vom Ort auf der Erde abhängigen) lunaren Gravitationsbeschleunigung $\vec{a}_{Grav,P}$ und der (vom Ort auf der Erde unabhängigen) Zentripetalbeschleunigung $\vec{a}_{Zentri}$ der Umwälzbewegung der Erde (Abb. 5.5). (Bei Betrachtung der Zentri*fugal*beschleunigung in mitrotierenden Bezugssystemen ist die Summe anzusetzen.) Im Erdmittelpunkt gilt die Gleichheit von Zentripetalbeschleunigung $\vec{a}_{Zentri}$ und der lunaren Gravitationsbeschleunigung $\vec{a}_{Grav,E}$, sodass sich ergibt:

$$\vec{a}_{Gez,P} = \vec{a}_{Grav,P} - \vec{a}_{Zentri} = \vec{a}_{Grav,P} - \vec{a}_{Grav,E}.$$

Wird die Kräftebilanz in einem mitrotierenden System für jeden Ort der Erde aufgestellt, so erhält man eine häufige verwendete Darstellung der Gezeiten erzeugenden Kraft (Abb. 5.6). Für die verschiedenen Punkte der Erde $O$, $A$, $B$, $C$ und $D$ sind lunare Gravitationskraft $\vec{F}_g$, Zentrifugalkraft $\vec{F}_z$ und die Gezeiten erzeugende Kraft als Resultierende (Doppelpfeil) eingezeichnet.

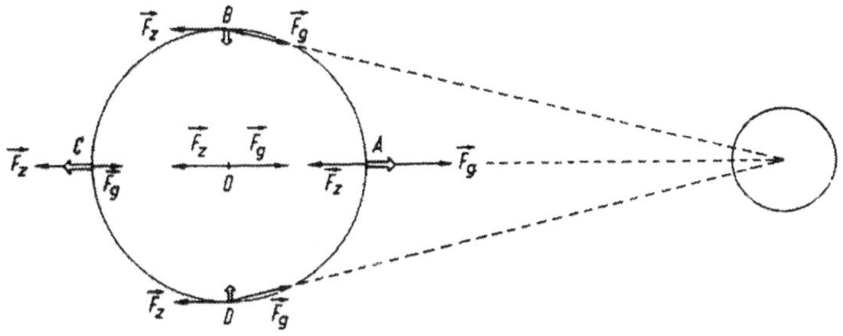


**Abbildung 5.6:** Gravitations-, Zentrifugal- und Gezeiten erzeugende Kräfte im Modell „Umwälzbewegung“ (aus Gobrecht „Bergmann Schaefer“, 1990, 129).

## Berechnung der Gezeitenbeschleunigung

Es sei $G$ die Gravitationskonstante, $m$ die Masse des Mondes, $\vec{d}$ der Abstandsvektor des Erdpunktes $P$ vom Mondmittelpunkt, $\vec{r}$ der Abstandsvektor der Mittelpunkte von Erde und Mond, $\vec{R}$ der Abstandsvektor vom Erdmittelpunkt zu $P$ (vom Betrag der Erdradius) und $\theta$ der Winkel zwischen $\vec{r}$ und $\vec{R}$ (vgl. Abb. 5.7). Dann gilt (in Anlehnung an Ausführungen von Näpfel & Schneider, 1990):

$$\begin{aligned}\vec{a}_{Gez,P} = \vec{a}_{Grav,P} - \vec{a}_{Grav,E} &= Gm\left(\frac{1}{d^2}\frac{\vec{d}}{|\vec{d}|}\right) - Gm\left(\frac{1}{r^2}\frac{\vec{r}}{|\vec{r}|}\right)\\ &= Gm\left(\frac{1}{d^2}\frac{\vec{r}-\vec{R}}{|\vec{r}-\vec{R}|} - \frac{1}{r^2}\frac{\vec{r}}{|\vec{r}|}\right)\\ &= Gm\left(\left(\frac{1}{d^3}-\frac{1}{r^3}\right)\vec{r} - \frac{\vec{R}}{d^3}\right).\end{aligned}$$

Mithilfe des Kosinussatzes ($d^2 = |\vec{r} - \vec{R}|^2 = r^2 + R^2 - 2rR\cos\theta$) lässt sich $d^{-3}$ ausdrücken als $d^{-3} = r^{-3}(1 - (2R/r)\cdot\cos\theta + (R/r)^2)^{-3/2}$ und in eine Reihe mit Potenzen von $R/r$ entwickeln (mit $R/r \ll 1$, da $r$ etwa $60R$ beträgt), sodass sich unter Berücksichtigung der ersten beiden Glieder ergibt: $d^{-3} \approx r^{-3}(1 + (3R/r)\cdot\cos\theta)$. Für die Gezeitenbeschleunigung folgt damit in guter Näherung:

$$\vec{a}_{Gez,P} = Gm\left(\frac{3R\cos\theta}{r^3}\frac{\vec{r}}{r} - \frac{\vec{R}}{r^3}\right).$$

*Anmerkung.* Dass die Wassermassen die Erde aufgrund der Gezeitenbeschleunigung nicht verlassen, liegt an rücktreibenden Kräften. Der vertikalen Komponente $\vec{a}_{Gez,vertikal}$ der Gezeiten-beschleunigung $\vec{a}_{Gez,P}$ in $P$ wirkt die Erdbeschleunigung entgegen (Abb. 5.7). Der horizontalen Komponente $\vec{a}_{Gez,horizontal}$ wirken hauptsächlich durch Reibung verursachte Gegenbeschleunigungen entgegen, die aber vergleichsweise geringer sind. Aus diesem Grund kann davon ausgegangen werden, dass die Flutberge im Wesentlichen durch horizontale Wasserströmungen aufgrund $\vec{a}_{Gez,horizontal}$ und weniger durch ein „Anheben" der Wassermassen aufgrund $\vec{a}_{Gez,vertikal}$ entstehen (vgl. Härtel, 2000). Deshalb werden beide Komponenten gesondert betrachtet.

Die Größe beider Komponenten hängt wesentlich vom Winkel $\theta$ des Ortes $P$ ab. Anhand der Abbildung 5.7 lässt sich beispielsweise leicht erkennen, dass $\vec{a}_{Gez,horizontal}$ für den mondnächsten Punkt auf der Erde unter $\theta = 0$ verschwindet. Für einen Ort auf der Erde mit beliebigem Winkel $\theta$ ergeben sich beide Komponenten der Gezeitenbeschleunigung folgendermaßen.

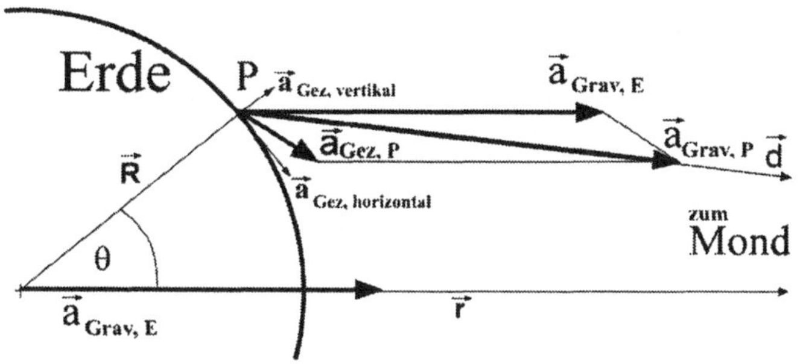


**Abbildung 5.7:** Zerlegung der Gezeitenbeschleunigung in eine horizontale und eine vertikale Komponente.

Zerlegt man $\vec{a}_{Gez,P}$ in eine radiale (in $P$ vertikale, in Richtung eines Einheitsvektors $\vec{e}_{verikal}$ zeigende) und eine dazu senkrechte (in $P$ horizontale, in Richtung eines Einheitsvektors $\vec{e}_{horizontal}$ zeigende) Komponente (Abb. 5.7), so folgt:

$$\begin{aligned}
\vec{a}_{Gez,vertikal} &= \frac{Gm}{r^3}\left(3R\cos\theta\left(\vec{e}_{vertikal}\cos\theta\right) - R\vec{e}_{vertikal}\right) \\
&= \frac{3}{2}Gm\frac{R}{r^3}\vec{e}_{vertikal}\left(\frac{1}{3} + \cos 2\theta\right), \\
\vec{a}_{Gez,horizontal} &= \frac{Gm}{r^3}\left(3R\cos\theta\left(\vec{e}_{horizontal}\sin\theta\right)\right) \\
&= \frac{3}{2}Gm\frac{R}{r^3}\vec{e}_{horizontal}\sin 2\theta.
\end{aligned}$$

Auf diese Weise ist es möglich, für verschiedene Winkel $\theta$ die beiden Komponenten der Gezeitenbeschleunigung zu berechnen:

1. Für den Punkt auf der Erde, der dem Mond am nächsten ist ($\theta = 0°$), und den Punkt der Erde, der dem Mond am entferntesten ist

($\theta = 180°$), ergibt sich:

$$\vec{a}_{Gez,vertikal} = \frac{3}{2}Gm\frac{R}{r^3}\vec{e}_{vertikal}\left(\frac{1}{3}+1\right) = 2\frac{GmR}{r^3}\vec{e}_{vertikal},$$

$$\vec{a}_{Gez,horizontal} = 0.$$

Das heißt der horizontale Anteil ist gleich null, und der vertikale Anteil erreicht ein Maximum und zeigt radial von der Erde weg.

2. Für $\theta = 90°$ und $\theta = 270°$ folgt analog:

$$\vec{a}_{Gez,vertikal} = \frac{3}{2}Gm\frac{R}{r^3}\vec{e}_{vertikal}\left(\frac{1}{3}-1\right) = -\frac{GmR}{r^3}\vec{e}_{vertikal},$$

$$\vec{a}_{Gez,horizontal} = 0.$$

Der horizontale Anteil ist wieder (im Rahmen der angestellten Näherungen) null, während der vertikale Anteil vom Betrag etwa halb so groß wie unter 1. ist und zum Erdmittelpunkt zeigt.

3. Für $\theta = 45°$ und $\theta = 225°$ gilt:

$$\vec{a}_{Gez,vertikal} = \frac{1}{2}Gm\frac{R}{r^3}\vec{e}_{vertikal},$$
$$\vec{a}_{Gez,horizontal} = \frac{3}{2}Gm\frac{R}{r^3}\vec{e}_{horizontal},$$

und die Horizontalkomponente wird maximal.

4. Analog gilt für $\theta = 135°$ und $\theta = 315°$:

$$\vec{a}_{Gez,vertikal} = \frac{1}{2}Gm\frac{R}{r^3}\vec{e}_{vertikal},$$
$$\vec{a}_{Gez,horizontal} = -\frac{3}{2}Gm\frac{R}{r^3}\vec{e}_{horizontal}.$$

Die Beträge der horizontalen bzw. vertikalen Anteile aus 3. und 4. entsprechen 3/4 bzw. 1/4 des Betrags der vertikalen Komponente unter $\theta = 0°$ (siehe 1.).

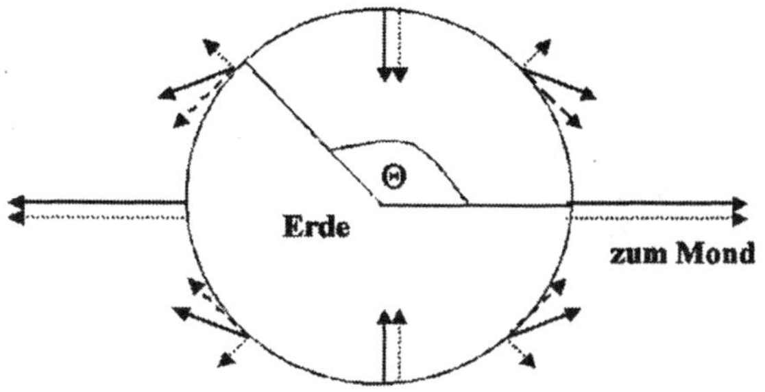


**Abbildung 5.8:** Schematische Darstellung der Gezeiten erzeugenden Kräfte (durchgezogene Pfeile) und deren Horizontal- und Vertikalkomponenten (gestrichelte bzw. gepunktete Pfeile) für verschiedene Orte der Erde (unter Verwendung von Näherungen).

Die skizzierte Herleitung der Gezeitenbeschleunigung liefert in guter Näherung die verschiedenen Komponenten von $\vec{a}_{Gez,P}$ für jeden Punkt auf der Erde (Abb. 5.8). Dabei wird ebenfalls die näherungsweise geltende Symmetrie hinsichtlich der mondzu- und abgewandten Seite deutlich. Betrachtet man die Gezeiten erzeugenden Kräfte für jeden Punkt der Erde, so ergeben sich infolge dieser Kräfte zwei Flutberge (in Abb. 5.9 an den Stellen $B_0$ und $B_{12}$).

### 5.1.4 Die Periodizität der Gezeiten

Bei Berücksichtigung der Erddrehung verändert sich die Gezeiten erzeugende Kraft an einem Ort auf der Erde von Betrag und Richtung periodisch, weil sich die Erde unter den Flutbergen hinwegdreht. Dies kann Abbildung 5.9 entnommen werden, wenn beispielsweise entlang des Äquators die Gezeiten erzeugenden Kräfte verglichen werden. (Dargestellt ist der Fall, dass sich der Mond in der Äquatorebene bewegt.) Im Laufe eines Mondtages

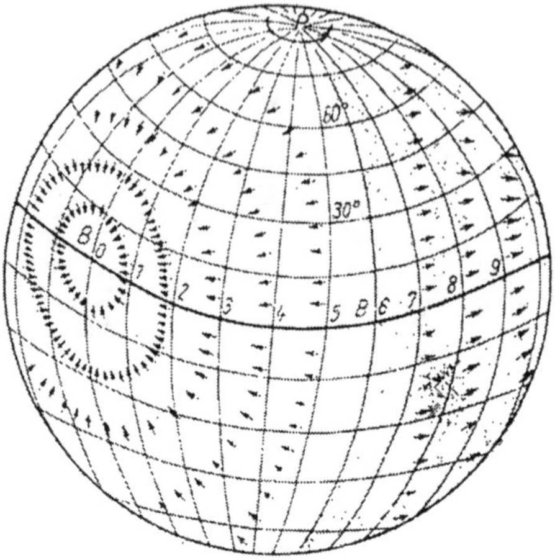


**Abbildung 5.9:** Verteilung der Gezeiten erzeugenden Kräfte auf der Erdkugel (aus Sager, 1959, 69; die Pfeile repräsentieren nur die Richtung der Kräfte).

(24 Stunden und 50 Minuten) ist demnach z. B. am Ort $B$ – unter den genannten Voraussetzungen – zwei Mal Hoch- bzw. Niedrigwasser.

### 5.1.5 Zur Aussagekraft der Modelle

Die in Kapitel 5.1.2 angeführten Annahmen zur Erklärung der Gezeiten sind ohne Zweifel mit ganz erheblichen Einschränkungen bzgl. der Aussagekraft der Modelle verbunden. Schon aus der Anzahl und der Bedeutung dieser Vereinfachungen lässt sich ablesen, dass viele maßgebliche Einflüsse – astronomische sowie terrestrische – nicht berücksichtigt wurden. Diese haben entscheidende Auswirkungen sowohl auf das Eintreffen als auch auf die Höhe der Gezeiten. Dies verdeutlicht das Beispiel der Nordsee.

Die Nordsee ist ein zu kleines Meeresgebiet, um selbstständig merkliche Gezeiten auszubilden: sie unterliegt weitgehend dem Einfluss des westlich gelegenen Atlantiks. Aus diesem Grund variiert sowohl die Höhe des Tidenhubs

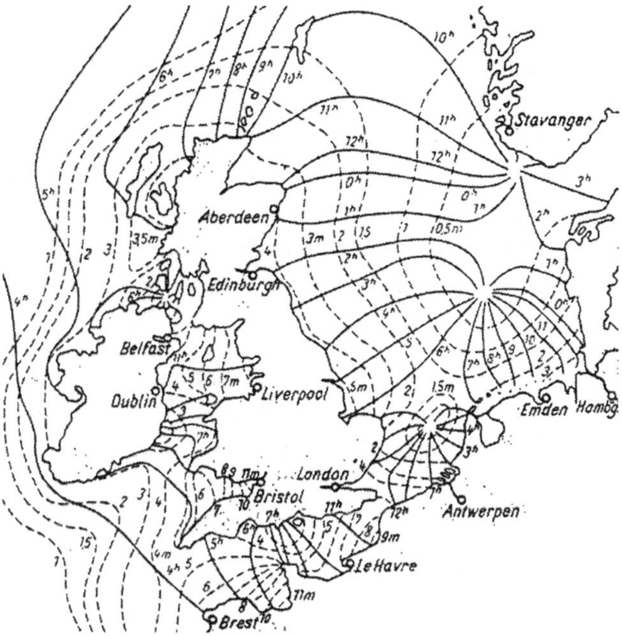


**Abbildung 5.10:** Flutstundenlinien und Linien gleichen Springtidenhubs für die Nordsee (aus Sager, 1959, 79).

als auch das zeitliche Eintreffen des Hoch- bzw. Niedrigwassers ganz erheblich zwischen verschiedenen Orten. Abbildung 5.10 verdeutlicht dies durch die Darstellung der Flutstundenlinien, welche die Eintrittszeit des Hochwassers angeben (Zeitverschiebung des Hochwassereintritts bezogen auf den Durchgang des Mondes durch den Nullmeridian), und der Linien gleichen Springtidenhubs.

Aus dem Atlantik kommend breitet sich eine Flutwelle nördlich und südlich der Britischen Inseln aus. Beide Teilwellen sind dabei aufgrund der geographischen Beschaffenheit der Erde unterschiedlich schnell und führen ebenfalls zu einem unterschiedlichen Tidenhub. Im Ärmelkanal verlaufen die Flutstundenlinien z. B. vergleichsweise eng und der Tidenhub ist hoch.

Die Flutwelle wird hier „gebremst“ und „aufgestaut“. Nach Durchlaufen des Ärmelkanals ist diese Flutwelle so stark „geschwächt“, dass sie für die Entstehung der Gezeiten in der Nordsee fast bedeutungslos geworden ist. Diese erhält ihren Haupteinfluss durch den Teil der Flutwelle, der sich nördlich von Schottland entlang der englischen Ostküste Richtung Süden und dann in östlicher Richtung zur Deutschen Bucht ausbreitet. Ebbe und Flut hängen deshalb in der Nordsee ganz wesentlich von Strömungs- und Überlagerungsvorgängen ab, die im Becken der Nordsee durch die Gezeitenwellen des Atlantiks entstehen.

Etwas andere Betrachtungen können angestellt werden, um den großen Tidenhub in der Fundy Bay in Kanada zu erklären. Hier stimmt die Periode der Eigenschwingung des Wassers im Becken der weitgehend abgeschlossenen Bucht nahezu mit der Erregungsperiode durch die Gezeiten des Atlantiks überein, sodass Resonanzeffekte auftreten können, die für stark schwankende Wasserstände sorgen.

Die Komplexität der Zusammenhänge macht es in der Regel notwendig, zur praktischen Gezeitenvorausberechnung zusätzlich empirische Daten heranzuziehen. Die weit verbreitete Methode der *harmonischen Analyse der Gezeiten* trifft Vorhersagen, indem eine Linearkombination von periodischen harmonischen Teiltiden der astronomischen Einflüsse mit bekannten Perioden angesetzt wird. Phasen und Amplituden in jedem dieser Summanden hängen vom Ort ab und werden separat durch Fourieranalysen aus Messreihen (oder Simulationen) gewonnen.

## 5.2 Didaktische Anmerkungen zum Thema Gezeiten

Die Gezeiten sind ein Thema, das in den meisten Lehrwerken für die Schule vernachlässigt wird. Dies ist der Fall, obwohl das zu Grunde liegende Phänomen leicht zu beobachten ist und den meisten Schülern bekannt sein dürfte.

Weiterhin sind die notwendigen physikalischen Grundlagen derart, dass eine elementare Betrachtung des Themas auf sehr unterschiedlichem Niveau im Unterricht erfolgen kann.

Die nachfolgende didaktische Diskussion des Themas deutet jedoch an, welche Schwierigkeiten bei der Behandlung von Gezeiten im Schulunterricht auftreten können. Diese hängen im Wesentlichen mit den bereits beschrieben physikalischen Modellen zusammen.

*Didaktische Anmerkung zum Modell „Fallbewegung“.* Die Betrachtung der Erde als frei auf den Mond zu fallend kann im Unterricht in der Schule mit beachtlichen Schwierigkeiten verbunden sein. Woolsey (1994) und Schlichting und Farwig (1977) skizzieren einen Unterrichtsgang, der dieses Modell behandelt. Thematisiert wird dabei zunächst das Gedankenexperiment, bei dem ein Objekt derart (reibungsfrei) horizontal von der Erde abgeschossen wird, dass der Körper trotz seines freien Falls stets den gleichen Abstand zur Erde behält. (Die Erde „krümmt“ sich in gleichem Maße von der gedachten Geraden weg, wie der Körper auf die Erde zufällt.) Überträgt man diesen Sachverhalt auf Erde und Mond, so kommt man analog zu der Aussage, dass beide Himmelskörper aufeinander zu fallen (und sich dabei um den gemeinsamen Schwerpunkt drehen). Dieses Modell setzt eine sorgfältige Aufbereitung des „rotativen“ freien Falls voraus, bevor Gezeiteneffekte im Unterricht diskutiert werden können.

Gelegentlich wird bei diesem Modell mit der Schwerelosigkeit des frei fallenden Körpers argumentiert, welche nur für den Schwerpunkt des Körpers gilt, nicht aber für Massen, die näher bzw. entfernter vom Kraftzentrum sind. Der notwendige Wechsel des Bezugssystems, der sich daraus ergibt, dass diese Betrachtungen im beschleunigten System angestellt werden, kann aber mit erheblichen Lernschwierigkeiten verbunden sein und ist deshalb mit den Schülern ausführlich zu diskutieren.

Um diese Probleme zu umgehen, verzichtet Theis (2003) auf die Betrachtung von Bahnbewegungen vollständig und setzt als Vorstufe ein lineares Modell der Erde aus zwei durch Federn verbundene Massen an, auf die zusätzlich

Gravitationskräfte eines dritten Körpers (des Mondes) wirken. Betrachtet werden die Beschleunigungen der Abstände zwischen beiden Massen und ihrem gemeinsamen Schwerpunkt, die sich aus den Differenzen der Gravitationskräfte auf die beiden Massen bestimmen lassen. Die gesamte Erklärung fußt damit allein auf der Betrachtung der momentanen Kräfte. Auf diese Weise können die elementaren Gezeiteneffekte ohne Diskussion des Bahnverlaufs der Erde erklärt werden. In einem zweiten Schritt wird für die ausgedehnte Erde nach dem gleichen Verfahren eine Formel hergeleitet, die dann zeichnerisch ausgewertet wird.

Dazu ist jedoch auszuführen, warum die Erde beschleunigt wird und Mond und Erde nicht aufeinanderstoßen. Dies kann beispielsweise im Unterricht über Himmelsmechanik erfolgen. Ansonsten könnte m. E. bei den Schülern die Vorstellung entstehen, Erde und Mond seien in Ruhe und Gravitationskräfte wirken nur auf die beweglichen Wassermassen. Unter diesen Voraussetzungen ließe sich zwar ein Flutberg auf der dem Mond zugewandten Seite erklären, nicht aber einer auf der abgewandten Seite (vgl. Schlichting & Farwig, 1977, 5).

*Didaktische Anmerkung zum Modell „Umwälzbewegung“.* Die Vermittlung des Ablaufs der Umwälzbewegung der Erde ist nicht trivial. Insbesondere ist es anspruchsvoll zu zeigen, dass alle Punkte auf der Erde (sogar die im Erdinneren) die gleiche Zentrifugal- bzw. Zentripetalbeschleunigung erfahren. Da Skizzen und Zeichnungen der Umwälzbewegung schnell unübersichtlich werden (vgl. Gronemeier & Steidl, 1986, 7) und den dynamischen Prozess nur ungenügend wiedergeben können, wurden zur Verdeutlichung des Bewegungsablaufs Folienmodelle (Näpfel & Schneider, 1990) und Computersimulationen (Goldkuhle, 1999; Härtel, 2000) entwickelt. Letztere können den Bewegungsablauf am anschaulichsten zeigen. Damit ist allerdings ein nicht unerheblicher Aufwand für den Unterricht verbunden.

Die Verwendung dieses Modells kann sonst Gefahr laufen, dass Schüler diese Bewegung als einfaches „Hantelmodell“ auslegen, bei der Erde und Mond starr miteinander verbunden sind und folglich beide gebundene Rotationen ausführen. Dies führt aber zu unterschiedlichen Zentrifugal- bzw. Zentripetalbeschleunigungen an verschiedenen Punkten auf der Erde und somit zu unterschiedlich großen Flutbergen.

Weitere Lernschwierigkeiten können durch die Verwendung von so genannten Scheinkräften in rotierenden Bezugssystemen entstehen. Insbesondere Wechsel zwischen Bezugssystemen (z. B. von einem Intertialsystem zu einem beschleunigten System) gelten dabei als problematisch.

*Modell der Untersuchung*

Die Diskussion hat gezeigt, dass in beiden Modellen didaktische Schwierigkeiten zu überwinden sind. An dieser Stelle soll keine abschließende Wertung vorgenommen werden, da sich die Eignung des jeweils verwendeten Modells neben der Abwägung der diskutierten Schwierigkeiten für die Lerngruppe auch nach den Unterrichtszielen, den Vorkenntnissen der Schüler, der Unterrichtssituation und den vorhandenen Medien richtet.

Die größte Popularität und Verbreitung hat das Modell „Umwälzbewegung“ unter Betrachtung der Zentrifugalkraft gefunden. Dies trifft nicht nur auf Lehr- und Schulbücher zu, in denen dieses Thema behandelt wird, sondern insbesondere auch auf Quellen im Internet. Deshalb wurde die vorliegende Untersuchung auch auf dieses Modell ausgerichtet, ohne dies jedoch den Schülern explizit vorzugeben. Einige Anpassungen waren aber in der Aufgabenstellung und dem Posttest notwendig. Dieser pragmatischen Vorgehensweise mag entgegengehalten werden, dass auf diese Weise nicht das „beste“ Modell gewählt werden konnte. Es galt aber sicherzustellen, dass den Schülern ausreichend viele zuverlässige Quellen zur Verfügung stehen. Dies war nur bei dem Modell „Umwälzbewegung“ unter Verwendung der Zentrifugalkraft der Fall.

Mit beiden Modellen und den für diese geltenden Annahmen kann prinzipiell und auf elementare Weise erklärt werden, an welchen Orten der Erde Flutberge und an welchen Stellen Ebbezonen entstehen. Betrachtet man nun die Eigendrehung der Erde und berücksichtigt die Rotationssymmetrie um die Drehachse, so lässt sich der Winkel $\theta$ als geographische Breite deuten.

Für eine vertiefende Betrachtung der Komponenten der Gezeiten erzeugenden Kraft sind jedoch mathematische Kenntnisse nötig, die z. T. das Schulniveau übersteigen (Reihenentwicklung). Soll dieses Problem umgangen werden, muss entweder eine Beschränkung auf die Betrachtung einzelner ausgewählter Punkte, für welche die Bestimmung der Komponenten mit elementaren mathematischen Methoden möglich ist, erfolgen (siehe z. B. Brauner, 1991, 14; Winnenburg & Schmidkunz, 1970). Oder die Darstellung der Gezeiten erzeugenden Kraft und ihrer Zerlegung in Komponenten wird rein graphisch behandelt.

Es bietet sich im Unterricht ferner an, die Grenzen des Modells anhand eines Vergleichs der theoretischen Ergebnisse mit Beobachtungen in der Natur zu diskutieren. Dabei können getroffene Annahmen schrittweise durch vertiefende Betrachtungen aufgehoben werden. Auf diesem Weg ist es möglich, das Modell zunehmend zu präzisieren. Schließlich kann die Diskussion des Themas bis hin zu Verknüpfungen zu anderen Gebieten der Physik (z. B. Strömungslehre, Schwingungen, Energiegewinnung) und anderen Domänen (Geophysik, Biologie, Mathematik) geführt werden.

## 5.3 Internetseiten zum Thema Gezeiten

Internetseiten zum Thema Gezeiten stellen die Informationsquellen für die Schüler dieser Untersuchung zur Bearbeitung der Aufgabe dar. Deshalb erfolgt eine allgemeine Einschätzung der aufgerufenen Websites hinsichtlich inhaltlicher, medien- und fachdidaktischer Aspekte. Dabei geht es darum, das Quellenmaterial, welches den Schülern im Internet zur Verfügung stand und von diesen genutzt wurde, in der Gesamtheit – und nicht im Detail (einzelne Seiten) – zu erfassen. Die Ausführungen beruhen auf den Ergebnissen einer Staatsexamensarbeit (Rigow, 2002), die im Rahmen der vorliegenden Untersuchung angefertigt wurde, und stellen eine Zusammenfassung einiger wesentlicher Resultate dar.

## Wahl der Beurteilungskriterien

Von den Schülern besuchte Webseiten wurden in dreierlei Hinsicht beurteilt (vgl. Biffi, 2002):

*Inhaltliche Richtigkeit.* Die Dokumente wurden auf fachliche Korrektheit überprüft. Dies umfasst zusätzlich die Feststellung, welches physikalische Modell genutzt wird, sowie die Vollständigkeit und den Umfang der Darstellung des Themas.

*Mediale Umsetzung.* Eingeschätzt wurde die mediale Aufbereitung des Inhalts, z. B. die Verwendung von Bildern oder interaktiven Elementen und deren Eignung und Verbindung zum Text sowie die Umsetzung des Inhalts in Hypertext (Verknüpfungen des Dokumentes).

*Fachdidaktische Aufbereitung.* Die Seiten wurden aus physikdidaktischer Perspektive beurteilt, z. B. hinsichtlich des inhaltlichen Aufbaus und der expliziten Erwähnung der betrachteten Modelle mit den dabei zu Grunde gelegten Annahmen. Darüber hinaus wurde die Eignung der Quelle für die Zielgruppe begutachtet.

## Verfahren der Beurteilung

Die drei angeführten Aspekte wurden in einzelne Teilkriterien zerlegt und von mehreren Experten anhand eines Katalogs beurteilt. Bewertet wurden auf diese Weise insgesamt 20 Webseiten, die sich explizit der physikalischen Beschreibung der Gezeiten widmen. Die Auswahl umfasste insbesondere diejenigen Dokumente, die von den Schülern am häufigsten besucht und am häufigsten empfohlen wurden (vgl. Kap. 7.2.1). Weiterhin wurden Seiten gewählt, die von Schulen bereitgestellt wurden.

Die begutachteten Seiten (Stand: Dezember 2001 bzw. Januar 2002) stammen u. a. von: Bundesamt für Seeschifffahrt und Hydrographie, Dieter Kreuer, Deutsches Schifffahrtsmuseum, Friedrich Schiller Gymnasium Marbach,

Gesellschaft für Schwerionenforschung, Städtisches Gymnasium Goch, Humboldt Gymnasium Eberswalde, Ernst Leitner und Uli Finckh vom Rupprecht Gymnasium München, Andreas Siemoneith, Ralf Köster, Arnold Meyer vom „Nordwestreisemagazin", Rainer Stumpe, Gemeinde Utersum auf Föhr, Michael Köchling von der Gesellschaft für Weltallkunde e.V., Geoscience Online und wissen.de.

*Anmerkung.* Obwohl die Bewertung von mehreren Experten (mit großer Übereinstimmung in den Ergebnissen) durchgeführt wurde, können die Ergebnisse nur eine grundsätzliche Tendenz angeben. Zu gering ist die Anzahl der in das Verfahren aufgenommenen Quellen, um eine generelle Aussage über Internetseiten zum Thema Gezeiten treffen zu können. (Gewährleistet war aber, dass die am häufigsten von den Schülern verwendeten Quellen berücksichtigt wurden.)

Weiterhin muss bedacht werden, dass sowohl mit der Wahl der Kriterien als auch durch das angewendete Verfahren der Begutachtung Einschränkungen verbunden sind. Ersteres sorgt für eine maßgebliche Eingrenzung der begutachteten Aspekte der Seiten. Nicht berücksichtigt wurden z. B. Designfragen, Layout und Seitenaufbau, Nutzerfreundlichkeit, Rechtschreibung, Übersichtlichkeit, technische Funktionalität und Qualität usw. Zweitgenanntem haften Probleme bezüglich der Güte des Verfahrens an. So muss z. B. offen bleiben, wie gut die Operationalisierung der Kriterien war, sodass tatsächlich das zu messende Kriterium in der erhofften Genauigkeit erfasst werden konnte. Die grundsätzlichen Schwierigkeiten der Anwendung von derartigen Kriterienkatalogen sind bekannt und hinreichend dokumentiert (Schenkel, Tergan & Lottmann, 2000; Fricke, 2000).

Als umstritten gilt in diesem Zusammenhang des Weiteren auch, welche Relevanz die durch Experten eingeschätzte Güte von Medienprodukten für den Lernerfolg von Nutzern hat. Die Höhe der Korrelation zwischen Ausprägungsgrad eines Qualitätskriteriums und dem Lernerfolg kann sehr gering ausfallen (Fricke, 2000, 77).

Unter Berücksichtigung der genannten Einschränkungen bietet die Analyse und Bewertung der Webseiten aber einen guten Überblick über die Qualität der von Schülern besuchten Dokumente im Internet.

## Ergebnisse

Gemäß der drei untersuchten Kriterien werden die Ergebnisse getrennt nach inhaltlicher Richtigkeit, medialer Umsetzung und fachdidaktischer Aufbereitung berichtet.

*Inhaltliche Richtigkeit*

Nahezu alle Internetseiten erläutern Gezeiten anhand des Modells „Umwälzbewegung", das Modell „Fallbewegung" taucht kaum auf (vgl. Kap. 5.1). Die fachliche Richtigkeit der Quellen im Internet für dieses spezielle Thema kann als befriedigend bezeichnet werden. Eine Reihe von Fehlern und Ungenauigkeiten in einigen Darstellungen machen es in der Regel für den Lernenden notwendig, mehrere Quellen aufzusuchen, Informationen zu vergleichen und Widersprüche aufzudecken und zu lösen. Drei entsprechende Textbeispiele aus WWW-Dokumenten, die von den Probanden der vorliegenden Untersuchung besucht wurden, seien exemplarisch angeführt und kurz kommentiert.

*Beispiel 1.* „An den Seiten oder an den Punkten der Erde, wo die Fliehkraft bzw. Anziehungskraft wirkt, kommt es zur Ausbildung eines Flutberges" (Webseite des Städtischen Gymnasiums Goch). Diese Aussage impliziert, dass es verschiedene Punkte (Massen) auf der Erde gibt, die Flieh- bzw. Anziehungskräfte erfahren, und solche, bei denen das nicht der Fall ist. Dem liegt vermutlich die fachlich nicht korrekte Vorstellung zu Grunde, dass Gleichgewichtssituationen nur bei Abwesenheit angreifender Kräfte möglich sind.

*Beispiel 2.* „Ein Flutberg entsteht auf der dem Mond zugewandten Seite durch die Anziehungskraft des Mondes. Auf der dem Mond abgewandten Seite entsteht ein weiterer Flutberg. Ursache für diesen Flutberg ist die

Fliehkraft, hervorgerufen durch die Drehung der Erde um den Mond-Erde-Schwerpunkt“ (Webseiten von Ralf Köster). Mit diesen Ausführungen wird ähnlich zu Beispiel 1 impliziert, dass jeweils nur eine der auftretenden Kräfte (entweder die Anziehungskraft des Mondes oder die Fliehkraft der Umwälzbewegung) für die Entstehung der Flutberge verantwortlich ist. Eine Bilanz beider Kräfte wird nicht aufgestellt.

*Beispiel 3.* „Die Schwerkraft des Mondes zieht das Wasser an. Da der Mond der Erde weit näher ist als die Sonne, ist seine Anziehungskraft auch deutlich größer“ (Webseite des Humboldt Gymnasiums Eberswalde). Tatsächlich liegt aber das Verhältnis der Gravitationsfeldstärken von Sonne zu Mond auf der Erde bei rund 180, d. h., dass die Gravitationskraft der Sonne auf eine Masse auf der Erde rund 180 mal größer ist als die des Mondes. Für die Gezeiten ausschlaggebend ist jedoch nicht der absolute Betrag dieser Gravitationskräfte, sondern die Inhomogenität der Felder. Die dafür relevante Differenz $\vec{a}_{Gez,P} = \vec{a}_{Grav,P} - \vec{a}_{Grav,E}$ ist beim Mond etwa um den Faktor 2 größer als bei der Sonne.

Die angeführten Beispiele sollen nicht den Eindruck erwecken, dass überwiegend fehlerhafte Dokumente im Internet existieren. Es gibt ebenso eine ganze Reihe fachlich korrekter Webseiten zum Thema Gezeiten. Eine recht gute gesamte Darstellung des Themas liefert z. B. das Bundesamt für Seeschifffahrt und Hydrographie (Abb. 5.11). Ausführlich wird das Phänomen mit detaillierten Texten und einer Reihe von Graphiken und Bildern beschrieben und erläutert. Hinzu kommt ein umfassendes Stichwortverzeichnis und ein „interaktiver Gezeitenrechner“ für verschiedene Orte der deutschen Nordseeküste (Letzteres auch auf „Plattdüütsch“). Diese Seiten wurden auch am häufigsten von den Schülern besucht!

Die fachliche Qualität der begutachteten Webseiten kann zusammenfassend als zufriedenstellend beurteilt werden. Alle für die Untersuchung notwendigen Informationen sind enthalten. Eine Nutzung dieser Quellen durch Schüler im Rahmen der Aufgabenstellung kann zu guten Ergebnissen führen.

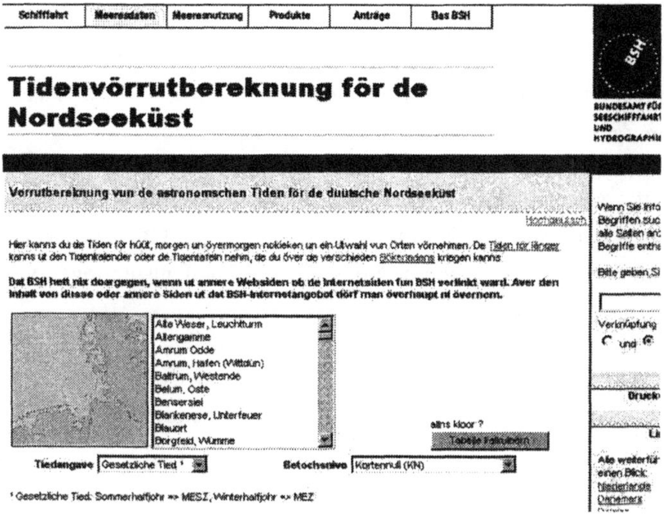


**Abbildung 5.11:** Ausschnitt aus einer Webseite des Bundesamtes für Seeschifffahrt und Hydrographie.

*Mediale Umsetzung*

Dem Internet stehen von technischer Seite her betrachtet im Prinzip die gleichen medialen Möglichkeiten zur Verfügung wie Softwareanwendungen. Davon wird auf den Webseiten über Gezeiten jedoch kaum Gebrauch gemacht. Die überwiegende Mehrheit der Seiten zu diesem Thema besteht lediglich aus Texten und Bildern!

Animationen oder interaktiv durch den Nutzer steuerbare Elemente stellen Ausnahmen dar: Auf einer Seite (die vom Niveau eher als wissenschaftlich, denn schulrelevant bezeichnet werden kann) befindet sich ein automatisch ablaufendes Applet, das die Drehbewegung des Systems Erde-Mond darstellt, allerdings ohne Steuerungs- oder Eingriffsmöglichkeiten des Nutzers. Darüber hinaus stellt eine andere Seite Teile dieser Umwälzbewegung anhand einer Bildfolge aus vier Einzelbildern dar. Dies sind die einzigen animierten Elemente auf den von Schülern besuchten Webseiten. (Darüber hinaus gibt es auf einer weiteren Seite noch Videosequenzen über die Drehbewegung des Systems Erde-Mond, die aber nicht mit Text verknüpft sind, und verschiedene Applets, die von den Schülern der Untersuchung nicht gefunden wurden.)

Des Weiteren erfolgt die Darstellung der Inhalte in der Regel rein linear, von einer komplexen Hypertextstruktur wird selten Gebrauch gemacht. Die Mehrzahl der Seiten sind somit eher elektronische Umsetzungen von „klassischen" Textprodukten.

Die mediale Aufbereitung ist zusammenfassend als eher schwach zu bezeichnen und bleibt weit hinter den prinzipiellen technischen Möglichkeiten zurück.

*Fachdidaktische Aufbereitung*

Was für die mediale Umsetzung angeführt wurde, hat direkte Konsequenzen für die didaktische Aufbereitung. Praktisch alle Webseiten verwenden das Modell „Umwälzbewegung", ohne jedoch den Ablauf einer solchen Umwälzbewegung näher zu beschreiben. Insbesondere an dieser Stelle hätte ein interaktives Element helfen können, den komplexen Bewegungsablauf darzustellen. Auf diese Weise kann falschen Vorstellungen – z. B. die „Hantelbewegung", bei der Erde und Mond gebundene Rotationen ausführen – begegnet werden. Weiterhin gilt, dass die von Betrag und Richtung für jeden Punkt auf der Erde gleich große Zentrifugalkraft der Umwälzbewegung, mit der in der Regel argumentiert wird, nicht ausreichend diskutiert wird und deshalb unbegründet, wenn nicht sogar unmotiviert bleibt. So kann man konstatieren, dass bei vielen der untersuchten Seiten weder die Annahmen und Grenzen des Modells benannt, noch die damit getroffenen Aussagen klar begründet und somit didaktisch aufbereitet sind. Dies kann darauf zurückgeführt werden, dass es sich bei vielen Webseiten nicht explizit um Schulungs- oder Ausbildungsmaterial mit didaktischem Anspruch handelt. Damit wird ein generelles Problem des selbstgesteuerten Lernens mit dem Internet deutlich.

Die Mehrheit der Webseiten zum Thema Gezeiten sind populärwissenschaftlich aufbereitet. Die Darstellungen richten sich an ein naturwissenschaftlich „durchschnittlich“ (aus)gebildetes Publikum und wollen einführend und überblicksartig über das Thema informieren. Die Texte verwenden Worte und Darstellungen der physikalischen Fach- und Symbolsprache. Das Niveau ist insgesamt für schulische Zwecke durchaus angemessen, die Aufgabenstellung dieser Untersuchung kann mithilfe dieser Seiten erfolgreich und vollständig bearbeitet werden.

## Diskussion

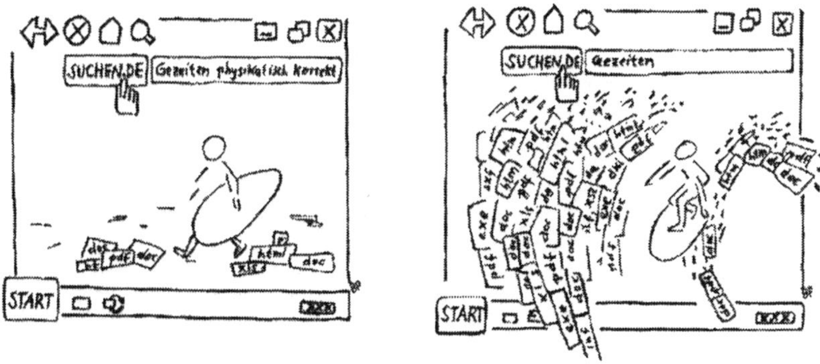


**Abbildung 5.12:** „Ebbe und Flut im Internet“.

Zusammenfassend kann festgehalten werden, dass eine genügend große Anzahl recht leicht auffindbarer, fachlich korrekter und für die Aufgabenstellung und die Zielgruppe relevanter Seiten im Internet zur Verfügung steht. Dabei besteht das Webangebot zum Thema Gezeiten in der Regel aus Text und Abbildungen (vgl. hierzu auch Schulmeister, 2001, 357), multimediale Elemente werden kaum verwendet. Mediale Vorteile, die das Medium bieten könnte, werden demnach kaum genutzt. Man kann daraus folgern, dass das Internet eine umfassende und nahezu unerschöpfliche Informationsquelle zum Thema Gezeiten darstellt, deren Potenzial hinsichtlich der Qualität der Produkte bei weitem noch nicht ausgeschöpft ist.

Es gibt aber einzelne – u. U. nicht leicht zu findende – Dokumente im WWW, die als qualitativ sehr hochwertig bezeichnet werden können, sowohl hinsichtlich medialer als auch didaktischer Aspekte. Inwieweit es den Schülern dieser Untersuchung gelungen ist, sich diese zu Nutzen zu machen und Lernerfolge zu erzielen, behandelt der empirische Teil dieser Arbeit.

# Teil II

# Empirische Untersuchung

Das Navigationsvorgehen von Probanden in Hypertexten und Zusammenhänge zwischen der Computernutzung und Lernerfolgen haben für die Einschätzung des Wertes des WWW für Schule und Unterricht eine große Bedeutung. Grundlage der Lehr-Lernforschung auf diesem Feld ist sowohl eine hinreichend genaue Erfassung als auch eine differenzierte Bewertung der Anwendung von Computern. In diesem Teil erfahren deshalb zwei grundsätzliche Aspekte besondere Aufmerksamkeit. Erstens: Die detaillierte Deskription der Computer- und Internetnutzung von Probanden mit den entwickelten Methoden der Darstellung und Klassifikation von Navigation im Internet und Vorgehen bei der Textproduktion. Grundlage hierfür sind die aufgezeichneten Logfiles. Zweitens: Die Untersuchung der Interdependenzen zwischen unabhängigen Variablen, Computer- und Internetnutzung und erzielten Lernerfolgen.

Diese Untersuchung folgt dabei einem explorativen Forschungsansatz mit umfangreichen Analysen. Im Rahmen dieser Arbeit können nicht alle der gewonnenen Ergebnisse ausführlich abgehandelt werden. Daher erfolgt eine Selektion sowohl hinsichtlich der Auswahl der präsentierten Ergebnisse als auch innerhalb der Diskussion der dargestellten Ergebnisse. Zentrale Aussagen mit besonderer Bedeutung werden ausführlich diskutiert und sind Grundlage aufgestellter Hypothesen.

# Kapitel 6

# Aufbau der Untersuchung

Zur Erläuterung des Aufbaus der Untersuchung werden die Ziele der Untersuchung, die zu Grunde liegenden Forschungsfragen und das daraus abgeleitete Untersuchungsdesign beschrieben. Angeführt und begründet wird weiterhin die verwendete Aufgabenstellung, der ein wesentlicher Einfluss auf das Ausfallen der Ergebnisse unterstellt werden kann, und die Selektion der Probanden. Damit bildet dieses Kapitel die Basis, auf der die Ergebnisse der Untersuchung ruhen.

## 6.1 Ziele der Untersuchung

Die Untersuchung beschreibt, analysiert und bewertet eine Internetnutzung von Schülern, die ein eingegrenztes Thema der Physik mit dem Internet bearbeiten, um einen sachorientierten informativen Text zu erstellen. Im Zentrum des Interesses steht die Frage, welche Faktoren Einfluss auf einen Lernerfolg beim Arbeiten mit dem Internet haben bzw. wie Lernen komplexer naturwissenschaftlicher Inhalte mithilfe des Internets erfolgt. Damit soll ein „*domänenspezifischer* Beitrag zum wissenschaftlichen Verständnis

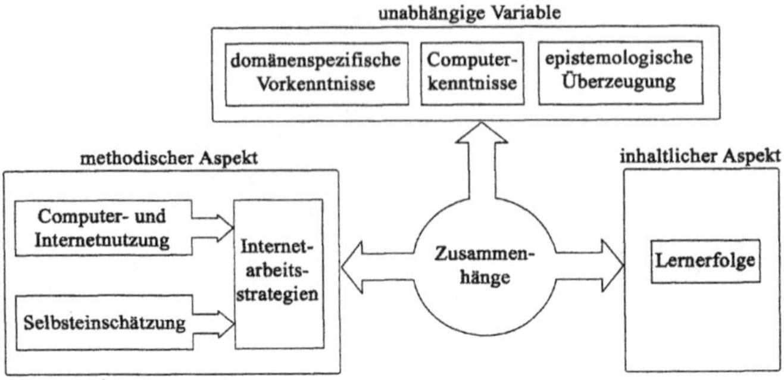


**Abbildung 6.1:** Ziele der Untersuchung.

des Lehrens und Lernens" geleistet werden, „ohne die Zielsetzung fachdidaktischer Arbeiten – die Verbesserung des konkreten Fachunterrichts – aus dem Blick zu verlieren" (Schön & Weber, 2001, 282). Weiterhin geht die Untersuchung durch die zu Grunde liegende komplexe Aufgabenstellung über eine Analyse des Nutzerverhaltens bei reiner Informationssuche in Hypertextumgebungen hinaus.

Dazu werden die folgenden drei Gesichtspunkte betrachtet (Abb. 6.1). Erstens wird ein methodischer Aspekt, nämlich die Herangehensweise der Probanden und die damit verbundene Computer- und Internetnutzung, untersucht: Ziel ist neben einer detaillierten Beschreibung und Analyse der Anwendung des Computers und des Internets zur Aufgabenbearbeitung (einschließlich der Texterstellung) auf der Basis von Logfiles (Kap. 7.2) eine Identifizierung verschiedener Typen von Internet-Arbeitsstrategien (Kap. 7.3).

Zweitens wird ein inhaltlicher Aspekt, erreichte intendierte Lernerfolge, unter verschiedenen Gesichtspunkten betrachtet: Ziel ist eine differenzierte und vielseitige Erfassung von Lernleistungen im behandelten physikalischen Thema (Kap. 7.4). Die Fokussierung auf *intendierte* Lernerfolge trägt der Tatsache Rechnung, dass bei der Navigation in Hypertexten auch Lernerfolge erzielt werden können, die nicht Aufgaben-relevant sind (inzidentielles Lernen). Verschiedene Faktoren, von denen angenommen wird, dass sie sowohl die Computernutzung bzw. die Strategie als auch Lernerfolge beeinflussen können, werden darüber hinaus als unabhängige Variable erfasst: dies sind domänenspezifische Vorkenntnisse, Computerkenntnisse und epistemologische Überzeugungen der Schüler (Kap. 7.1).

Drittens wird schließlich nach Beziehungen zwischen den erfassten unabhängigen Variablen, dem methodischen und dem inhaltlichen Aspekt gesucht. Dabei sollen wechselseitige Zusammenhänge zwischen domänenspezifischen Vorkenntnissen, Computerkenntnissen, epistemologischen Überzeugungen, Computer- und Internetnutzung, Textproduktion, Strategien, Arbeitsweisen und Lernerfolgen aufgedeckt werden (Kap. 8).

## 6.2 Forschungsfragen

Aus den angeführten Zielen der Untersuchung leiten sich folgende Forschungsfragen in drei Themenkomplexen ab:

*Computer- und Internetnutzung:* Welche Webseiten besuchen Schüler wie lange und wie oft? Welche Suchmaschinen wählen sie, welche und wie viele Suchanfragen führen sie durch? Wie verwenden Schüler die Inhalte gefundener Quellen im Internet, und wie erstellen sie damit eigene Texte? Können anhand einer vorgegebenen Auswahl an navigationsbeschreibenden Parametern der Logfiles Internet-Arbeitsstrategien oder Muster identifiziert, beschrieben und klassifiziert werden? Wie schätzen Probanden ihre Internetnutzung anhand von Beschreibungen von Strategien selber ein?

*Intendierte Lernerfolge:* Mit welchen aufgabenrelevanten Lernerfolgen ist die Arbeit mit dem Internet verbunden? Welche Qualität haben Texte, die auf Basis einer Internetrecherche von Schülern erstellt werden? Welche Zusammenhänge bestehen zwischen den durch unterschiedliche Verfahren (Bewertung von erstellten Texten, Concept Maps und Antworten auf Fachfragen) gemessenen Leistungen von Schülern bei der Arbeit mit dem Internet?

*Beziehungen zwischen den unabhängigen Variablen, Computer- und Internetnutzung und Lernerfolgen:* Welche Einflüsse haben domänenspezifische Vorkenntnisse, Computerkenntnisse und epistemologische Überzeugungen auf Lernerfolge? Welche Zusammenhänge bestehen zwischen Verfahren der Textproduktion und Lernzuwachs? Gibt es eine Beziehung zwischen identifizierten Strategietypen oder beschreibenden Variablen der Internetnutzung und Lernerfolgen? Welche der erfassten unabhängigen Variablen beeinflussen die Computernutzung und die Internet-Arbeitsstrategien?

## 6.3 Untersuchungstyp

Die Anwendung des Internets zum Lernen von Physik im Sinne der dargestellten Ziele und Forschungsfragen hat im Rahmen didaktischer Untersuchungen bislang wenig Aufmerksamkeit erfahren. Aus diesem Grund verfolgt die vorliegende Arbeit das Anliegen, mit einer empirisch-quantitativen Explorationsstrategie Erkenntnisse zu sammeln, um sowohl vermutete als auch unvermutete Zusammenhänge aufzudecken.

Es sei an dieser Stelle ausdrücklich darauf hingewiesen, dass durch das explorative Vorgehen verbunden mit der Selektion der Probanden und der Güte der verwendeten Testinstrumente das Generieren von Hypothesen angestrebt wird, nicht aber deren Überprüfung. Darüber können und sollen die angewendeten statistischen Verfahren nicht hinwegtäuschen. Nur auf diese Weise kann die gewünschte inhaltliche Breite der Untersuchung gewährleistet bleiben. Die Ergebnisse dieser Untersuchung liefern wertvolle Anhaltspunkte für die Anwendung des Internets zum Lernen von Physik, indem Zusammenhänge beschrieben, Probleme aufdeckt und Lösungsansätze skizziert werden, die nicht nur für die Untersuchungsgruppe von Interesse sind. Mit

Tulodziecki (1982, 372) wird davon ausgegangen, dass gerade auch empirische Studien „an nicht-repräsentativen Stichproben in nicht-repräsentativen Situationen" nützliche Hinweise und Hilfen bieten können (zitiert nach Freudenreich & Schulte, 2002, 4).

## 6.4 Untersuchungsdesign

Um die aufgestellten Forschungsfragen zu untersuchen, bietet sich „Ein-Gruppen-Pretest-Posttest-Plan" (Bortz & Döring, 2002, 557) an. Dabei nimmt eine Probandengruppe an der Untersuchungsdurchführung teil. Grundsätzlich kann dabei nachteilig sein, dass auch Störeinflüsse die Veränderung der zu messenden Variable verursacht haben können. Dem wird in der vorliegenden explorativen Untersuchung durch Laborbedingungen, die beeinflussende Faktoren kontrollierbar und abschätzbar machen, begegnet.

*Anmerkung.* In Diskussionen über Medienforschung wird häufig die Bedeutung vergleichender Untersuchungen (so genannter „Horse-Race" Studien) erörtert. Weil dies auch die vorliegende Arbeit betrifft, wird an dieser Stelle kurz darauf eingegangen. Diese Untersuchung möchte neue Medien (insbesondere das Internet) als didaktisches Hilfsmittel für Lehr- und Lernprozesse evaluieren. Ziel ist damit grundsätzlich eine Einschätzung und Bewertung neuer Medien im Verbund mit traditionellen und nicht der Ersatz traditioneller durch neue Medien: „The questions that now need to be asked are not which medium workes best, but rather, how best to incorporate media attributes into the design of effective instruction" (Anderson, 2000, 47; vgl. auch Brink, 1997, 107; Mayer, 1997; Niegemann, 2001a, 9; Schulmeister, 1996, 8 und 371; Strittmatter & Niegemann, 2000, 80 und 150). Eine vergleichende Untersuchung wird deshalb auch in dieser Arbeit nicht durchgeführt.

## Laboruntersuchung

Die Untersuchung ist als Laboruntersuchung angelegt, um möglichst gleiche Bedingungen für alle Probanden zu schaffen: Dies umfasst die Erhebungen mithilfe der verwendeten Testinstrumente (Kontrolle der verwendeten Hilfsmittel und der Zeitvorgaben), die Sicherstellung der technischen Infrastruktur (Computer, Internetzugang, Installation der Logfile-Aufzeichnungssoftware) und die Vergleichbarkeit der gegebenen Anweisungen und Instruktionen. Weiterhin sollen zusätzlich auftretende Störvariablen wie Unterbrechungen, Ablenkungen, Hilfestellungen usw. ausgeschlossen werden, da diese wesentliche Einflüsse z. B. auf die Navigationsstrategie und den Lernerfolg haben können.

Die Untersuchung fand im Dezember 2001 und Januar 2002 an der Humboldt-Universität zu Berlin statt. Dort wurden den Probanden gleichwertige Computer für die Bearbeitung der Aufgabenstellung zur Verfügung gestellt und somit gleiche Arbeitsbedingungen für alle Teilnehmer geschaffen.

## Untersuchungsablauf

Der Untersuchung liegt ein Design aus Vor- und Nachtest zu Grunde, das eine Probandengruppe in der nachfolgend angegebenen Reihenfolge in etwa 3,5 Stunden durchläuft. Dieses besteht aus den folgenden Elementen (zu Details zu den einzelnen Instrumenten siehe Kap. 7) mit dem jeweils angegebenen Zeitaufwand:

*Vortest* (60 Minuten)

- Allgemeine Kenntnisse in Physik (25 Minuten)
- Vorkenntnisse zum Thema Gezeiten (8 Minuten)
- Ansichten über Physik und Lernen von Physik (12 Minuten)
- Kenntnisse und Fähigkeiten im Umgang mit Computern und Internet (15 Minuten)

*Aufgabenbearbeitung, Recherche und Texterstellung* (90 Minuten)
*Nachtest* (60 Minuten)

- Selbsteinschätzung der Arbeitsweise (6 Minuten)
- Selbsteinschätzung der Navigationsstrategie (4 Minuten)
- Multiple-Choice-Test zum Thema Gezeiten (20 Minuten)
- Concept Map zum Thema Gezeiten (30 Minuten)
- Kommentare zur Untersuchung (*freiwillig*)

## 6.5 Aufgabenstellung

Die Probanden werden gebeten, in 90 Minuten Arbeitszeit folgende Aufgabenstellung zu bearbeiten:
Erläutern Sie das Prinzip der Entstehung von Gezeiten (Ebbe und Flut) in einem zusammenhängenden Text (von etwa zwei Seiten Länge, ggf. mit Abbildungen). Widmen Sie dabei den Aspekten besondere Aufmerksamkeit, die durch die folgenden (alphabetisch angeordneten) Schlagwörter beschrieben werden:

- Auftreten der Flut alle 12 Stunden und 25 Minuten
- Eigenrotation der Erde
- Flutberg auf der mond**ab**gewandten Seite
- Flutberg auf der mond**zu**gewandten Seite
- Gezeiten erzeugende Kraft
- Gravitationskraft
- Rotation der Erde um den Schwerpunkt des Systems Erde-Mond
- Zentrifugalkraft

Zu Beginn der Aufgabenbearbeitung wird den Schülern ausdrücklich mitgeteilt, dass die erstellten Texte zur Beantwortung der Nachtests verwendet werden dürfen. Damit wird angestrebt, die Zielorientierung der Arbeit der Schüler zu erhöhen, indem klargestellt ist, dass die Dokumente (auch) zur eigenen späteren Verwendung erstellt werden. Als Hilfsmittel wird der Zugang zum Internet (ohne Vorgabe von Seiten oder Suchmaschinen) und die Nutzung von Textverarbeitungsprogrammen gewährt. Das handschriftliche Verfassen der Texte ist nicht zugelassen, damit die Texterstellung mithilfe der Logfile-Aufzeichnung vollständig erfasst werden kann.

Allgemeine domänenspezifische Vorkenntnisse spielen bei der Arbeit mit Hypertexten (Unz, 2000, 63), beim Lesen von Fachtexten (Ballstaedt, Mandl, Schnotz & Tergan, 1981, 245) und beim Textproduzieren (Eigler, Jechle, Merziger & Winter, 1990, 59; Beaugrand, 1984 zitiert nach Nieswandt, 1997, 53) eine wichtige Rolle. Dies wird durch die Wahl von Leistungskursschülern als Probanden und durch die Durchführung eines Vortests über allgemeine Kenntnisse in Physik kontrolliert. Die Wahl der Aufgabenstellung, die in einer Voruntersuchung getestet wurde (Priemer & Schön, 2002), und die Selektion der Probanden stellt weiterhin sicher, dass das Thema in der vorgesehenen Zeit bearbeitet werden kann. Alle Schüler haben die Unterrichtseinheiten „Mechanik starrer Körper“ und „Gravitation“ besucht (unter Berücksichtigung des Berliner Rahmenplans für die gymnasialen Oberstufe für das Fach Physik, Senatsverwaltung für Schule, Jugend und Sport, 1996, 2), weisen aber im speziellen Thema Gezeiten kaum Vorkenntnisse auf (vgl. Kap. 7.1.2).

Die Anführung der Schlagwörter in alphabetischer Reihenfolge soll eine durch die Aufgabenstellung bedingte ungewollte Gewichtung bestimmter Aspekte des Themas verhindern.

## Thema der Aufgabe

„Die Entstehung der Gezeiten“ als physikalisches Thema zeichnet sich in verschiedener Hinsicht – über die in Abschnitt 5.2 genannten Gründe hinaus –

für die Untersuchung der vorliegenden Fragestellungen aus. Das Thema ist hinreichend komplex, sodass keine reine Informationssuche verlangt wird, und im Rahmen der Aufgabenstellung in der vorgegebenen Zeit bearbeitbar. Darüber hinaus lässt sich die Entstehung der Gezeiten auf unterschiedlichem Niveau und prinzipiell mit unterschiedlichen Modellen erklären (vgl. Kap. 5).

Weiterhin sind Ebbe und Flut Phänomene, die den meisten Schülern von Bildern und Berichten oder sogar aus eigener Erfahrung bekannt sind. Die damit verbundene Problemstellung, eine Erklärung für diese Phänomene zu finden, lässt sich deshalb leicht erfassen. Schließlich weist dieses Thema interdisziplinäre Aspekte auf (Verbindungen z. B. zur Biologie oder zur Geographie) und hat Aktualitätsbezug (z. B. hinsichtlich alternativer Energiequellen durch Gezeitenkraftwerke oder wiederholt auftretender Sturmfluten).

## Aufgabentyp

Die Aufgabenstellung sieht vor, dass Schüler ein Thema aus der Physik mithilfe des Internets recherchieren und dazu einen Text verfassen. Diese eher „klassische" Aufgabe ist an die Vergabe von Referaten oder schriftlichen Arbeiten angelehnt. So können zum einen einfach umzusetzende praxisrelevante Folgerungen aus der Untersuchung gezogen werden. Mit einer derartigen Anwendung des Internets im Unterricht ist ein niederschwelliger Zugang zur Verwendung dieses Mediums in der Unterrichtspraxis verbunden. Die Recherche mithilfe des WWW kann „modular" eingesetzt und ohne größeren Aufwand in Konzepte und Methoden eines „gewöhnlichen" Unterrichts integriert werden. Zum anderen wird die gleichzeitige Variation zweier Faktoren, beispielsweise der Unterrichtsmethode und der Verwendung neuer Medien, vermieden und somit der Blick auf die Einflüsse des Internets auf Lehr- und Lernprozesse nicht erschwert.

Das Schreiben von Texten wird gewählt, weil der Erkenntniswert und der Wissenszuwachs durch eine schriftliche Auseinandersetzung mit einem Thema höher sein kann als bei einer mündlichen Behandlung (vgl. Kap. 3.4). Des Weiteren kann eine bessere Bewertung und Vergleichbarkeit der Leistungen gewährleistet sowie der Einfluss von Personenfaktoren wie rhetorische Fähigkeiten und Selbstbewusstsein minimiert werden.

## Umfang und Hilfestellungen

Die Aufgabenstellung lässt wenig Interpretationsspielraum, der zu behandelnde Stoff wird im Wesentlichen durch Schlagworte explizit angegeben. Dies ist der Tatsache geschuldet, dass zum einen innerhalb der Laboruntersuchung nur begrenzt Zeit zur Verfügung steht, um einen Themenkomplex auszuarbeiten. Zum anderen sollen die Arbeitsprodukte (erstellte Texte und Concept Maps), die Testergebnisse (Multiple-Choice-Nachtest) und Arbeitsweisen der Schüler vergleichbar sein. Sonst werden keinerlei Vorgaben, Hinweise oder Hilfestellungen hinsichtlich zu verwendender Quellen (Internetseiten) oder Suchmaschinen gemacht, um die Schüler nicht in ihrem Navigationsverhalten einzuschränken.

Die Wahl leistungsstarker Schüler als Probanden rechtfertigt den Verzicht auf tutorielle Hilfestellungen während der Bearbeitung der Aufgabe.

## Schwierigkeit der Aufgabe

Abschließend wird die Schwierigkeit der Aufgabenstellung gemäß Wang, Liebscher und Marchionini (1987, 2, zitiert nach Astleitner, 1997, 169) anhand von fünf lernrelevanten Aspekten für hypermediale Umgebungen eingeschätzt. Unabhängig vom Inhalt wird dadurch ersichtlich, mit welchem Aufwand die Bearbeitung der Aufgabe für die Probanden verbunden ist. Auf diese Weise können die Ergebnisse der Untersuchung, insbesondere aber das Navigationsverhalten der Schüler, besser beurteilt werden. Ferner wird dadurch deutlich, dass sich die vorliegende Aufgabenstellung erheblich von reinen Suchaufgaben im Internet unterscheidet. Dies ist ein wesentliches Anliegen der Untersuchung.

Die Aufgabe weist eine hohe *Komplexität* aufgrund der Anzahl von verwendeten Begriffen in der Aufgabenstellung auf. Weiterhin ist die *Spezifität*, das Ausmaß an Offen- bzw. Geschlossenheit, aus den oben angeführten Gründen mittelmäßig hoch: Es liegt zwar ein klar abgegrenztes Gebiet zur Bearbeitung vor. Allerdings geht die Aufgabenstellung weit über das Auffinden einer bestimmten Information hinaus. Die *Fokussiertheit*, die Bestimmbarkeit des primären Begriffskontextes, ist ebenfalls recht hoch: Es ist relativ leicht, anhand der vorgegebenen Fachbegriffe der Aufgabenstellung Eingangsknoten im Informationsnetz zu finden. Die *Pfadlänge*, der kürzest mögliche Pfad durch den Hypertext zur Lösung der Aufgabe, lässt sich nicht eindeutig bestimmen, nimmt aber aufgrund des Umfangs der Aufgabenstellung einen vergleichbar großen Wert an. Die *Zugänglichkeit*, die Schwierigkeit, den „richtigen" Pfad zur Lösung der gestellten Aufgabe zu finden, ist ebenfalls schwer abschätzbar. Gegenüber reinen „Suchaufgaben" kann wegen der zu bearbeitenden Teilaspekte gleichermaßen ein hoher Wert angenommen werden.

## 6.6 Untersuchungsgruppe

An der Untersuchung nahmen 45 Schüler (8 weibliche, 37 männliche) aus Leistungskursen Physik von 16 verschiedenen Berliner Schulen teil, die von ihren Lehrern über die Untersuchung informiert wurden. (Der Stichprobenumfang wurde anhand des $\alpha$-Niveaus, der Teststärke und der Effektgröße für verschiedene Test bestimmt.) Der Altersdurchschnitt lag bei 18,2 Jahren (jüngster Teilnehmer 17, ältester Teilnehmer 20). Die Schüler hatten sich freiwillig zur Teilnahme an der Untersuchung bereit erklärt und erhielten eine Aufwandsentschädigung von EUR 25,- (DM 50,-). Somit handelt es sich nicht um eine Zufallsstichprobe sondern eher um eine „Ad-hoc-Stichprobe" (nicht-probabilistische Stichprobe) (Bortz & Döring, 2002, 404).

# Kapitel 7

# Beschreibung von Vorkenntnissen, Computernutzung und Lernerfolg

Die Erfassung der Vorkenntnisse in Physik (allgemein und zum speziellen Thema), der Computerkenntnisse und epistemologischen Überzeugungen, der Internet- und Computernutzung bei der Bearbeitung der Aufgabe, der Textproduktion und der Lernerfolge ist eine notwendige Grundlage, um die aufgestellten Forschungsfragen zu beantworten. Damit wird die Basis geschaffen, auf der die Beziehungen zwischen Vorkenntnissen, der Internetanwendung der Schüler und Lernerfolgen untersucht werden können. Aus diesem Grund werden nachfolgend die verwendeten Untersuchungsinstrumente und -verfahren und die damit erzielten Ergebnisse ausführlich beschrieben und diskutiert.

Die Testinstrumente (siehe Anhang) liegen bis auf die Concept Maps in elektronischer Form vor (html-Seiten mit Formularfunktion), sodass die Bearbeitung durch die Probanden und die Datenerfassung elektronisch erfolgen kann.

## 7.1 Vorkenntnisse und epistemologische Überzeugungen

Gemäß der Zielsetzung der Untersuchung werden eine Reihe von Variablen erfasst: allgemeine Kenntnisse in Physik, Vorkenntnisse zum Thema Gezeiten, Computerkenntnisse und Ansichten der Schüler über Physik und Lernen von Physik. Neben der Vorstellung der dazu verwendeten Testinstrumente werden die Auswertungsverfahren und erzielten Ergebnisse angegeben und diskutiert. Dies erlaubt einen Blick auf die unterschiedlichen Voraussetzungen und Einstellungen der Probanden.

### 7.1.1 Allgemeine Vorkenntnisse in Physik

Dieser Test erhebt allgemeine Kenntnisse in Physik und greift auf erprobte Items standardisierter Testverfahren zurück. Dabei beschränkt sich die Wahl der Items auf Fragen zur Mechanik, da diese für das behandelte Gebiet der Physik von besonderem Interesse sind. Die Konstruktion dieses Tests kann und soll nicht den strengen Verfahren der Testtheorie genügen. Vielmehr ist der Test als informeller Test im Sinne eines „teacher-made tests“ (Lienert & Raatz, 1998, 14) erstellt worden, der den Anforderungen dieser Untersuchung genügt.

#### Testkonstruktion

Der Vortest mit allgemeinen Fragen zur Physik besteht aus 9 Items (siehe Anhang 1). Zwei dieser Items bestehen aus mehreren Teilaufgaben, sodass insgesamt 12 Fragen zu beantworten sind. Diese sind folgenden standardisierten Tests entnommen: Item 1, 2, 3 und 5 stammen aus der Third International Mathematics and Science Study (Baumert, Lehmann, Lehrke et al., 1998), Item 4 aus der englischen Version des Force Concept Inventory (Hestenes, Wells & Swackhamer, 1992), Item 8 und 9 aus der deutschen Version des Force Concept Inventory (Schecker & Gerdes, 1999), Item 6 und 7 aus dem Mechanics Baseline Test (Hestenes & Wells, 1992).

Der Test wurde einer Itemanalyse unterzogen. Diese machte die Streichung der Items 1, 5, 7 und 8 aufgrund zu geringer Trennschärfe notwendig (Items mit $r < .25$, $r$ bezeichnet den Trennschärfekoeffizienten). Bortz und Döring (2002, 219) sprechen bei Werten zwischen .30 und .50 von mittelmäßiger Trennschärfe. Aufgrund des explorativen Charakters dieser Arbeit wird der Grenzwert von .25 verwendet (vgl. Bühl & Zöfel, 1998; Fisseni, 1990). Eine Reliabilitätsanalyse ergab für die reduzierte Skala von acht Fragen eine interne Konsistenz von $\alpha = .73$ (bei 44 Testpersonen; $\alpha$ bezeichnet den Alpha-Koeffizienten von Cronbach). Als Standard für gute Tests, die nicht nur zu explorativen Zwecken verwendet werden, geben Bortz und Döring (2002, 199) Koeffizientenwerte von über .80 an. Carmines und Zeller (1979) und Lienert (1989, 139) fordern Werte ab .70. Demzufolge weist der Vortest eine für diese Untersuchung ausreichend hohe Reliabilität auf.

### Ergebnisse

Zur Errechnung der Gesamtpunktzahl werden Summenscores gebildet, maximal können 8 Punkte erreicht werden. Die Probanden ($n = 44$) erzielten im Mittel $M = 3.1$ ($SD = 2.0$) Punkte (Tab. 7.1).

Abbildung 7.1 auf Seite 117 zeigt darüber hinaus die Anzahl der Schüler in Abhängigkeit der erreichten Punktzahl.

### Diskussion

Dem Mittelwert von gut drei Punkten kann entnommen werden, dass die Schüler in diesem Test mittelmäßige Leistungen zeigen. Im Durchschnitt

**Tabelle 7.1:** Ergebnisse des Vortests zu allgemeinen Kenntnissen in Physik ($M$: arithmetisches Mittel, $SD$: Standardabweichung, $MIN$: Minimum, $MAX$: Maximum).

| | |
|---|---|
| $M$ | 3.1 |
| $SD$ | 2.0 |
| $MIN$ | 0 |
| $MAX$ | 8 |

wird nicht die Hälfte der gestellten Aufgaben richtig gelöst. Diese Ergebnisse stehen im Einklang mit dem eher schwachen Abschneiden deutscher Schüler in standardisierten Leistungstest über naturwissenschaftliche Inhalte. Beispielsweise liegt die Lösungswahrscheinlichkeit des Items 2 (aus TIMSS) für die Testgruppe mit 50% nahe beim deutschen Durchschnitt für Leistungskursschüler von 44%.

Bedenkt man die relativ kleine Testgruppe und die vordringlich nach inhaltlichen Gesichtspunkten vorgenommene Itemauswahl, so spiegelt die Erhebung der Vorkenntnisse dieser explorativen Untersuchung weitgehend die Ergebnisse internationaler Studien wider.

### 7.1.2 Vorkenntnisse zum Thema Gezeiten

Um Aussagen über Lernerfolge der Probanden machen zu können, werden die Vorkenntnisse der Schüler zum Thema Gezeiten erhoben.

#### Testkonstruktion

Diese Erhebung erfolgt mit einer offenen Frage, da erwartet wird, dass die Probanden sehr wenig Kenntnisse zum Thema Gezeiten besitzen. In der Voruntersuchung wiesen selbst Studenten der Fachrichtung Physik mit abgeschlossenem Grundstudium recht geringes Wissen zu diesem Thema auf. Des Weiteren könnte die Verwendung von Items bereits durch die Formulierung der Fragen „mehr Wissen liefern“, als viele der Schüler haben. Darüber

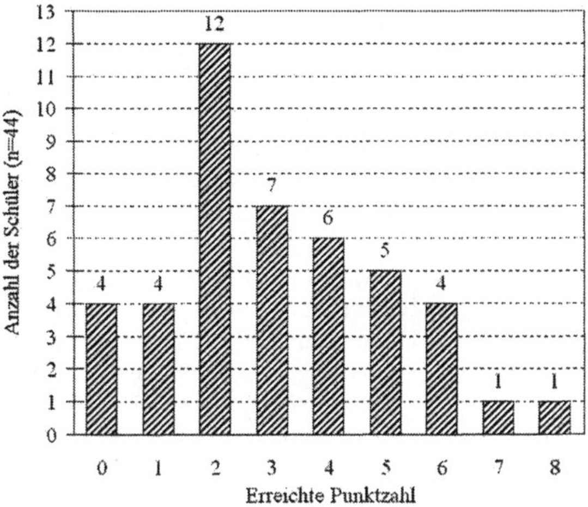


**Abbildung 7.1:** Erreichte Punktzahlen im Vortest zu allgemeinen Kenntnissen in Physik.

hinaus würden die Probanden vermutlich so schwach abschneiden, dass eine differenzierte Unterscheidung des Ausgangsniveaus schwer möglich ist (Vermeidung des „Bodeneffektes“).

Wortlaut der Frage:

> Erläutern Sie in einigen Sätzen und gegebenenfalls mithilfe einer Skizze das Prinzip der Entstehung von Gezeiten (Ebbe und Flut).

Zur Auswertung dieser offenen Frage wird eine Klassifikation der Antworten mit einer Skalierung verwendet (siehe Tab. 7.2), die an eine Arbeit von Viiri (2000, 105) angelehnt ist, in der ebenfalls Kenntnisse von Schülern und Studenten zum Thema Gezeiten erhoben werden. Jedem Probanden wird anhand seiner Antwort eine von drei Niveaustufen (I, II und III) und eine Gesamtpunktzahl zugeordnet.

Zur Niveaustufe I zählen alle Schüleraussagen, die nicht über die bloße Erwähnung des Mondes als Verursacher hinausgehen. Beispiel: „Durch Sonne- und Mondanziehungen wird das Wasser vom Land entfernt oder heran-

**Tabelle 7.2:** Klassifikationsschema zur Erfassung der Vorkenntnisse zum Thema Gezeiten.

| *Niveaustufe* | *Punktzahl* | *Beschreibung der Vorkenntnisse zum Thema Gezeiten* |
|---|---|---|
| I | 0 | Keine relevanten Angaben |
| | 1 | Phänomen wird lediglich beschrieben |
| | 2 | Mond als Verursacher der Gezeiten genannt |
| II | 3 | Erwähnung eines Flutberges |
| | 4 | Erwähnung eines Flutberge auf der mondzugewandten Seite der Erde |
| | 5 | Erwähnung eines Flutberges auf der mondzugewandten Seite der Erde und Nennung der Gravitationskraft als Ursache |
| III | 6 | Erwähnung zweier Flutberge |
| | 7 | Erwähnung zweier Flutberge unter Nennung der wirkenden Kräfte |
| | 8 | Fachlich richtige und angemessen vollständige Darstellung |

gespült“ (Auszug aus der Antwort des Probanden mit dem Pseudonym „Okahn“). In das Niveau II fallen Antworten, die die Entstehung eines Flutberges erläutern (in der Regel mit der Gravitationskraft): „Das Wasser wird auf der dem Mond zugewandten Seite vom Mond angezogen (Gravitationskraft des Mondes)“ („Nummer 1“). Das höchste Niveau III umfasst alle Erklärungen, die das Auftreten zweier Flutberge (z. T. unter Erwähnung beteiligter Kräfte) nennen: „Die Gezeiten entstehen durch die Gravitationskraft des Mondes, andererseits durch die Zentrifugalkraft, die die Erde durch die Rotation um den mit dem Mond gemeinsamen Schwerpunkt erfährt“ („Spooky“).

## Ergebnisse

Anhand dieses Bewertungsmaßstabs erzielten die Probanden ($n = 44$) im Mittel $M = 3.2$ ($SD = 1.4$) Punkte (Tab. 7.3). Die maximal erreichbare Punktzahl liegt bei 8 Punkten (Auswertung durch mehrere Experten:

**Tabelle 7.3:** Ergebnisse des Vortests zu Kenntnissen zum Thema Gezeiten.

| | |
|---|---|
| $M$ | 3.2 |
| $SD$ | 1.4 |
| $MIN$ | 0 |
| $MAX$ | 7 |

Intraclass-Korrelationskoeffizient $r = .91$).

Abbildung 7.2 zeigt darüber hinaus die Anzahl der Schüler in Abhängigkeit der erreichten Punktzahl.

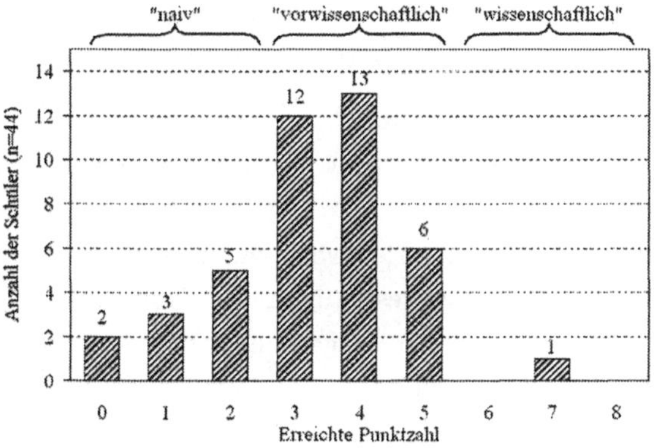


**Abbildung 7.2:** Erreichte Punktzahlen im Vortest zu Kenntnissen zum Thema Gezeiten.

Die Vorkenntnisse der Probanden bzgl. der Gezeitenentstehung können zusammenfassend und erwartungsgemäß als sehr schwach bezeichnet werden. Im Durchschnitt geben die Schüler an, dass ein Flutberg erzeugt wird und nennen den Mond als Ursache dafür (vgl. Niveaustufe II). Nur ein einzelner Schüler erreicht das Niveau III. Zwölf Schüler, rund 25% der Probanden, fallen hingegen in die Stufe I.

### Diskussion

Da die Vorkenntnisse der Schüler zum Thema Gezeiten als insgesamt sehr niedrig eingestuft werden können (nur ein Schüler erwähnt die Existenz eines zweiten Flutberges), wird davon ausgegangen, dass der mit den Nachtestinstrumenten ermittelte Kenntnisstand im Wesentlichen dem Lernzuwachs der Schüler entspricht. Eine „Differenzmessung" zwischen Vorkenntnissen und Kenntnissen nach der Bearbeitung der Aufgabe ist wegen der kaum vorhandenen Vorkenntnisse im Rahmen dieser Untersuchung deshalb nicht erfolgt. (Die Zulässigkeit dieses Vorgehens wurde durch Kovarianzanalysen überprüft.) Weiterhin unterliegt die Zuordnung der Antworten zu Niveaustufen und Punktzahlen naturgemäß und unvermeidbar subjektiven Einflüssen der Beurteiler, die trotz des aufgestellten detaillierten Schemas nicht ausgeschlossen werden können. Diese dürften sich allerdings aufgrund des allgemeinen schlechten Abschneidens nicht stark ausgewirkt haben.

Die erzielten Ergebnisse der Probanden entsprachen den Erwartungen. Die Aufgabe ist gestellt worden, um sicherzustellen, dass Lernzuwächse im Wesentlichen auf das Treatment (die Arbeit mit dem Internet) zurückgeführt werden können. Damit diente diese Aufgabe der Kontrolle der Annahme geringer Vorkenntnisse der Schüler. Insgesamt ist damit eine wichtige Voraussetzung der Untersuchung erfüllt.

## 7.1.3 Computerkenntnisse

Es wird angenommen, dass Kenntnisse im Umgang mit Computern und dem Internet die Ergebnisse der Untersuchung an verschiedenen Stellen wesentlich beeinflussen (Kap. 3.2). Deshalb werden diese Kenntnisse detailliert erfasst.

## Testkonstruktion

Der komplette standardisierte Test „Technology and Internet Assessment (TIA)“ (Ealy, 2000) ist ins Deutsche übertragen worden (siehe Anhang 3). Anhand von 60 Items können die Kenntnisse der Schüler auf den folgenden acht Subskalen erfasst werden:

1. *Use of Technology:* Kenntnisse in der Nutzung und Anwendung von Technologien als Hilfsmittel für Berechnungen, Simulationen und zum Problemlösen

2. *Specific Computer Skills:* Verständnis der Grundbegriffe der Computerterminologie, Anwendung von Standardprogrammen, Umgang mit Dateien und Laufwerken

3. *Acquisition of Technical Knowledge:* Kenntnisse, wie, warum und wo Informationen über neue Technologien erhalten werden können

4. *Basic Internet Knowledge:* Kenntnisse über Basisanwendungen und Dienste des Internets, wie Suche nach Informationen, Herunterladen von Dateien, Versenden von E-Mails, Nutzen von Webbrowsern, Teilnahme an Mailinglisten und Newsgroups

5. *Internet Information Skills:* Fähigkeit, kritisch mit Informationen im Internet hinsichtlich dessen Wert, Zuverlässigkeit und Gültigkeit umzugehen

6. *Adapting to Technological Change:* Einstellung und Bereitschaft, sich auf regelmäßige oder wesentliche Veränderungen in technischer Hinsicht einzurichten

7. *Impact of Technology:* Ansichten, inwieweit Technologien den Arbeitsplatz, die Umwelt und die Gesellschaft in der Gegenwart und in Zukunft beeinflussen

8. *Ethics in Technology:* Fähigkeit, unterschiedliches ethisches Verhalten im Umgang mit Technologien zu erkennen

Darüber hinaus ordnet das Testverfahren TIA jedem Probanden eine Gesamtpunktzahl und ein Level der Kenntnisse auf einer Skala von 1 bis 6 zu. Die verwendeten ABE Levels (Adult Basic Education Literacy Level) basieren auf in den U.S.A. standardisierten Methoden (National Reporting System) und haben die folgende Bedeutung (Ealy, 2000):

*Level 1:* Proband hat keine Kenntnisse über Computer und andere Technologien

*Level 2:* Proband hat minimale Kenntnisse und Erfahrungen mit Computern und ähnlichen Technologien

*Level 3:* Proband kann einfache Computerprogramme anwenden und unter Anleitung Routinetätigkeiten ausführen

*Level 4:* Proband kann mit einfacher Computersoftware lernen oder arbeiten, wie z. B. dem Erstellen eigener Texte mit Textverarbeitungsprogrammen; Proband kann einfachen Instruktionen zur Anwendung von Technologien folgen

*Level 5:* Proband ist kompetent in der Computernutzung und kann mit den meisten Standardanwendungen arbeiten; Proband versteht die Auswirkungen der Nutzung verschiedener Technologien; Proband kann die angemessene Nutzung neuer Software und Technologien einschätzen

*Level 6:* Proband ist fähig, Standardanwendungen zu nutzen und neue Software zu erlernen; Proband kann den Sinn und Zweck neuer Technologien und Software einschätzen und angemessene Technologien auswählen; Proband kann sich auf Software und Technologien in neuen Situationen einstellen und andere in mündlicher oder schriftlicher Form bei der Nutzung von Technologien und Software instruieren

TIA ist ein Testverfahren, welches auf der Basis von Fragebögen mit Selbsteinschätzungen beruht. Aus diesem Grund gelten für diesen Test die bekannten dadurch bedingten Einschränkungen.

**Tabelle 7.4:** Ergebnisse des Tests „Technology and Internet Assessment“.

| | Gesamtpunktzahl | Level |
|---|---|---|
| $M$ | 238 | 3.8 |
| $SD$ | 28 | 1.1 |
| $MIN$ | 186 | 2 |
| $MAX$ | 290 | 6 |

### Ergebnisse

Die Auswertung des Tests ist von der H & H Publishing Company (Herausgeber des Tests) vorgenommen worden. Für jeden Probanden und auf jeder Subskala wurden Perzentil und absoluter Wert bestimmt (zur Güte des Testverfahrens siehe Ealy, 2000; bislang keine Güteprüfung der deutschen Übersetzung). Darüber hinaus wurde den Schülern eine Gesamtpunktzahl und ein Level zugeordnet. Anhand dieses Bewertungsmaßstabs erzielten die Probanden ($n = 45$) im Mittel $M = 238$ ($SD = 28$) Punkte (Tab. 7.4) und damit das Level $M = 3.8$ ($SD = 1.1$).

Mit einem durchschnittlichen Level von 4 zeigen die Probanden der Untersuchung solide Kenntnisse im Umgang mit Computern und dem Internet. Zwar erreicht nur ein einziger Schüler das höchste Level 6, aber 15 Probanden liegen auf dem Level 5, sodass angenommen werden kann, dass einige dieser Schüler im oberen Bereich dieses Levels, also nahe am Level 6, liegen. Kein einziger Schüler hat überhaupt keine Kenntnisse, und nur sechs Probanden liegen auf dem niedrigen Level 2.

Abbildung 7.3 auf der nächsten Seite zeigt darüber hinaus die Anzahl der Schüler in Abhängigkeit des erreichten Levels.

Da die Subskala „Internet Information Skills“ von besonderem Interesse ist, werden die Ergebnisse ergänzend berichtet. Im Vergleich mit dem Mittelwert der internationalen Gesamtstichprobe des Tests von 22.2 ($SD = 4.6$, $n = 782$; Ealy, 2000) liegt die Untersuchungsgruppe mit einem Mittelwert von 22.0 ($SD = 3.1$, $n = 45$) auf gleichem Niveau. Die Schüler zeigen also durchschnittliche Kompetenzen im kritischen Umgang mit Informationen aus dem Internet.

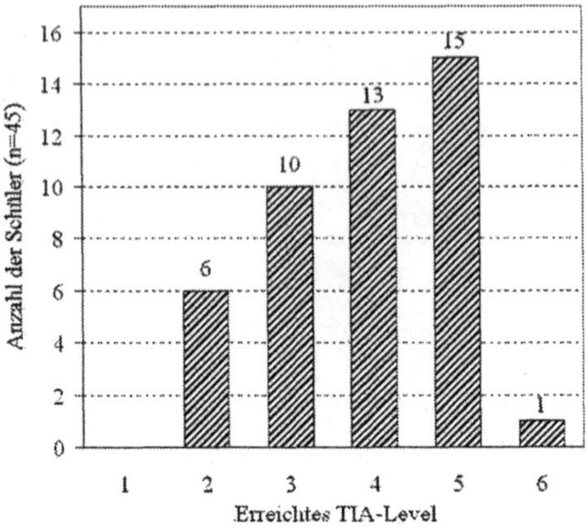


**Abbildung 7.3:** Erreichte Levels im Test „Technology and Internet Assessment".

## Diskussion

Die Kenntnisse der Schüler im Umgang mit Computern liegen auf einem guten Niveau. Dies ist sicherlich auch durch die Selektion der Probanden bedingt: Leistungskursschülern in Physik kann unterstellt werden, dass sie ein vergleichsweise hohes Interesse an Computern haben. Insgesamt kann deshalb davon ausgegangen werden, dass alle teilnehmenden Probanden über ausreichende Computerkenntnisse verfügen und die technischen Anforderungen, die mit der Aufgabenstellung verbunden sind, erfüllen. Dies ist insofern eine wichtige Voraussetzung der Untersuchung, als dass keinerlei Instruktion oder Schulung in der Anwendung von Computern erfolgen soll.

### 7.1.4 Epistemologische Überzeugungen

Untersuchungen haben gezeigt, dass sich epistemologische Überzeugungen von Schülern nicht mit denen von Wissenschaftlern decken (Baumert et al., 2000) und sich auf Lernleistungen auswirken können (Halloun, 2001; vgl. Kap. 3.3). Darüber hinaus kann vermutet werden, dass epistemologische Überzeugungen die Arbeitsstrategie und die Navigation in hypermedialen Lernumgebungen beeinflussen. Um diesen Aspekt näher untersuchen zu können, werden entsprechende Ansichten der Probanden erfasst.

#### Testkonstruktion

Ansichten von Schülern über Physik und Lernen von Physik können mit einer vom Autor für den deutschen Sprachraum bereitgestellten Version (siehe Anhang 2) des erprobten Tests „Views about Science Survey (VASS)“ erfasst werden (zur Originalversion des Tests siehe Halloun, 2001). Der aus 39 Items bestehende Test berücksichtigt sechs verschiedene Aspekte in drei naturwissenschaftlichen und drei kognitiven Dimensionen:

Naturwissenschaftliche Dimensionen

1. *Struktur:* Ansichten der Schüler über Prinzipien der Erkenntnis- und Wissensgewinnung in den Naturwissenschaften sowie über die Struktur der Physik
2. *Methoden:* Ansichten der Schüler über Methoden und Verfahren in der Physik
3. *Gültigkeit:* Ansichten der Schüler über die Gültigkeit und den Wahrheitsgehalt von Wissen und Aussagen in der Physik

Kognitive Dimensionen

4. *Lernbarkeit:* Ansichten der Schüler, wie schwierig es ist, Physik zu lernen, oder mit welchem Aufwand bzw. welchen Bemühungen Physik gelernt wird

5. *Reflektierendes Denken:* Ansichten der Schüler über die Notwendigkeit, reflektierend über Aussagen und Ergebnisse in Physik nachzudenken

6. *Persönliche Relevanz:* Ansichten der Schüler über die Relevanz der erlernten physikalischen Inhalte für das eigene Leben

In der Untersuchung werden nur die 34 Items (Item 6 bis 39) des Tests berücksichtigt, die zur Klassifizierung der Probanden in die vier Typen *Experte*, *oberer* und *unterer* Übergangstyp und *Laie* herangezogen werden. (Die nicht verwendeten Items dienen zusätzlichen Angaben, die nicht in das Auswertungsverfahren einbezogen werden und deshalb in der vorliegenden Untersuchung weggelassen wurden.) Diese Klassifizierung spiegelt den Expertisegrad bzgl. epistemologischer Überzeugungen wider.

*Anmerkung.* Epistemologische Überzeugungen sind schwierig zu erfassen. (Einen ausführlichen Überblick über Testverfahren und deren Schwierigkeiten geben Lederman, Wade und Bell, 1998, 331.) Dies gilt insbesondere, weil das zu „messende“ Merkmal einen breiten inhaltlichen Bereich abdeckt, der zudem noch schwierig zu operationalisieren ist. Um mit einem überschaubaren Aufwand dennoch zu Ergebnissen zu kommen, die Vergleiche zwischen den Probanden zulassen, wurde ein leicht handhabbares standardisiertes Fragebogenverfahren gesucht, welches zudem bereits erprobt ist. VASS ist ein solcher Test, der zum einen auf der umfangreichen Diskussion über epistemologische Überzeugungen von Schülern fußt und zum anderen auf eine relativ umfangreiche Entwicklungs- und Optimierungszeit zurückblickt.

Es muss dabei bedacht werden, dass hinsichtlich epistemologischer Überzeugungen kein eindeutiger Experten-Konsens besteht (siehe z. B. McComas, Clough & Almazroa, 1998). Aus Erfahrungen mit VASS (Halloun, 2001) ist bekannt, dass Wissenschaftler, denen der Test vorgelegt wurde, aus gutem Grund z. B. nicht in allen Items die Expertenmeinung wiedergeben. Beispielsweise kann Physik sowohl als Quelle von Fakten über die Natur und gleichzeitig aber auch als Quelle von Vorstellungen über die Natur angesehen werden (vgl. Test-Item 34). Die Erfahrungen zeigen aber auch, dass es sich hierbei in der Regel nur um einzelne Items handelt, die insgesamt keinen Einfluss auf die Typeneinteilung haben. (Die Entwicklung des Tests beruht auf Befragungen von 27 Physik-Professoren, 326 Physik-Studenten, 50 Physik-Lehrern und 2589 Physik-Schülern.) Insofern kann ein derartiges Testverfahren auch nur solche Ansichten ermitteln, für die unter Wissenschaftlern weitgehende Einigkeit besteht. Hieraus entstehen inhaltliche Einschränkungen. Dies bedeutet ferner, dass es bei der Auswertung des Antwortverhaltens nicht darauf ankommt, Aussagen als richtig oder falsch zu werten. Vielmehr sollten die Ergebnisse als Diagnose von Schüleransichten verstanden werden.

Davon abgesehen gibt es aber eine Reihe von weitgehenden Übereinstimmungen bzgl. zu unterrichtenden Inhalten hinsichtlich „nature of science“ (McComas & Olson, 1998, 41; vgl. auch Kap. 3.3): „A qualitative analysis of recent science education standards documents from several countries has demonstrated that there is a high degree of agreement about the elements of the nature of science that should be communicated to students.“ VASS versucht anhand einer Reihe von erprobten Items auf dieser Grundlage die Ansichten von Schülern und Studenten inter- und intraindividuell vergleichbar zu machen, bei allen Einschränkungen die dabei gelten.

### Ergebnisse

Der Test „Views about Science Survey“ wird nach den in Halloun (2001) beschriebenen und im Anhang 2 dargestellten Verfahren ausgewertet (zu Angaben zur Güte des Testverfahrens siehe ebenfalls Halloun, 2001; bislang keine Güteprüfung der deutschen Übersetzung). Ermittelt wird auf diese Weise eine Gesamtpunktzahl, auf dessen Basis die Zuordnung eines Probanden zu einem der vier Typen bzw. Level erfolgt. Die Typen werden folgendermaßen kodiert: *Experte*: Level 4, *oberer Übergangstyp*: Level 3, *unterer Übergangstyp*: Level 2 und *Laie*: Level 1. Anhand dieses Bewertungsmaßstabs erzielten die Probanden ($n = 45$) im Mittel $M = 97$ ($SD = 11$) Punkte (Tab. 7.5) und damit das Level $M = 3.6$ ($SD = 0.7$).

**Tabelle 7.5:** Ergebnisse des Tests „Views about Science Survey".

| | Gesamtpunktzahl | Level |
|---|---|---|
| $M$ | 97 | 3.6 |
| $SD$ | 11 | 0.7 |
| $MIN$ | 64 | 1 |
| $MAX$ | 118 | 4 |

Im Mittel erreichen die Probanden eine Gesamtpunktzahl von 97 Punkten, also das Level des *oberen Übergangstypen.* Es kann damit davon ausgegangen werden, dass die Schüler einen vergleichsweise hohen Expertisegrad hinsichtlich ihrer Ansichten über Physik und Lernen von Physik aufweisen. Abbildung 7.4 zeigt darüber hinaus die Anzahl der Schüler in Abhängigkeit der erreichten Levels.

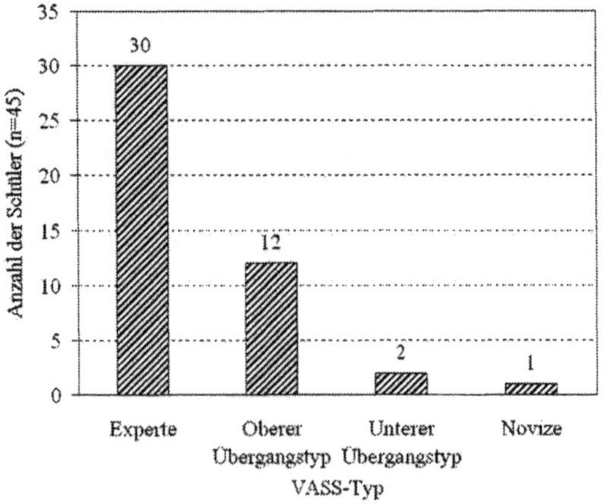


**Abbildung 7.4:** Erreichte Levels im Test „Views about Science Survey".

### Diskussion

Im Vergleich mit den Ergebnissen von Halloun (2001) zeigt sich eine deutliche Verschiebung der Typenverteilung zu Gunsten des Typs *Experte* (siehe Tab. 7.6).

**Tabelle 7.6:** Prozentuale Verteilung der verschiedenen VASS-Typen.

| | Werte der vorliegenden Untersuchung in % ($n = 45$) | Werte aus Halloun (2001) in % ($n > 2000$) |
|---|---|---|
| *Experte* | 67 | 8 |
| *oberer Übergangstyp* | 27 | 25 |
| *unterer Übergangstyp* | 4 | 36 |
| *Laie* | 2 | 31 |

In der vorliegenden Untersuchung fallen rund 2/3 der Schüler in die Klasse der *Experten* (bei Halloun nur 8%). Dies sind vergleichsweise viele Probanden, was sich vermutlich auf die Selektion der Schüler aus Leistungskursen zurückführen lässt. Die Bezeichnung *Experte* muss deshalb vorsichtig verwendet werden, da den Leistungskursschülern (die nicht durch besonders hohe Vorkenntnisse in Physik aufgefallen sind) im Vergleich mit der internationalen Stichprobe bereits recht adäquate Vorstellungen attestiert werden. Ob dies in diesem Umfang zutrifft, muss hinterfragt werden. Möglicherweise unterscheidet die Typisierung die vorliegende Probandengruppe durch die Klassen *oberer Übergangstyp* und *Experte* zu unscharf. Zu Gunsten einer genaueren Betrachtung wird in der vorliegenden Untersuchung deshalb nicht nur das Level der Probanden herangezogen, sondern zusätzlich die erreichte Gesamtpunktzahl. Dadurch lassen sich die Testergebnisse der Probanden differenzierter vergleichen (vgl. Tab. 7.5).

Mit der Bereitstellung des Testinstrumentes VASS auf deutscher Sprache wird ein Verfahren geliefert, mit dem epistemologische Überzeugungen von Schülern systematisch erfasst werden können. Die vorliegende Untersuchung hat dieses Verfahren erprobt, kann jedoch aufgrund der geltenden Einschränkungen nur als ein erster Beitrag gewertet werden. Weitgehendere Studien mit diesem Instrument wären deshalb wünschenswert.

## 7.2 Computer- und Internetnutzung und Textproduktion

Dieser Abschnitt gibt eine ausführliche Darstellung der Computer- und Internetnutzung der Schüler mithilfe durch Logfiles gewonnener Daten. Im Zentrum der Analyse steht der Blick auf die Wahl der Internetseiten und Suchmaschinen durch die Probanden und auf die Wege, auf denen sie zu den genutzten Quellen gekommen sind. Somit bietet dieses Kapitel eine erste Auswertung von Mustern und Regelmäßigkeiten in der Computeranwendung. Kapitel 8 greift wesentlich auf die dargestellte Analyse zurück, indem Beziehungen zwischen der Computernutzung und anderen Größen untersucht werden. Weiterhin werden die Internetseiten angegeben, welche die Schüler als besonders hilfreich eingeschätzt haben. Somit kann der Frage nachgegangen werden, ob die meistbesuchten Quellen im WWW auch tatsächlich den von den Schülern als hilfreich empfundenen Seiten entsprechen.

Grundlage der folgenden Analyse sind die elektronischen Protokolle der Computernutzung, die nahezu jede Aktivität des Nutzers erfassen, ohne dass dieser davon beeinflusst wird. Zur Aufzeichnung dieser Logfiles wurde kommerzielle Überwachungssoftware verwendet. Ein Beispiel eines von „überflüssigen" Daten bereinigten vollständigen Logfiles eines Schülers ist im Anhang 10 angeführt.

### 7.2.1 Nutzung von Internetseiten

Tabelle 7.7 zeigt die Nutzung des Internets anhand einer Auswahl von Variablen: Anzahl aufgerufener Webseiten (mit Wiederholungsbesuchen), Anzahl der Seiten, die länger als 30 Sekunden besucht wurden, und durchschnittliche Aufenthaltsdauer pro Webseite (in s). Der Grenzwert 30 s ergab sich aus der Analyse der Verweildauern auf Webseiten und stellte bei den Probanden dieser Untersuchung eine Art Schwellenwert dar (der im Wesentlichen auf dem überdurchschnittlich langen Besuch einer Seite be-

**Tabelle 7.7:** Internetseitenbesuche gemessen mit verschiedenen Variablen der Logfiles.

| | Anzahl aufgerufener Webseiten (mit Wieder-holungsbesuchen) | Anzahl der Seiten, die länger als 30 s besucht werden | Durchschnittliche Aufenthaltsdauer pro Webseite (in s) |
|---|---|---|---|
| $M$ | 78 | 12 | 35 |
| $SD$ | 51 | 6 | 35 |
| $MIN$ | 12 | 4 | 9 |
| $MAX$ | 254 | 31 | 196 |

ruht). Allerdings sind prinzipiell eine Reihe weiterer Definitionen eines solchen Wertes für „lange Knotenbesuche" denkbar (vgl. Zajonc, 2002; Wenzel 2001), z. B. unter Berücksichtigung individueller Unterschiede. Weil eine solche Festlegung grundsätzlich nicht unproblematisch ist, wird der Wert nur ergänzend angeführt, in der weiteren Analyse aber nicht berücksichtigt.

Obwohl alle Schüler die gleiche Aufgabenstellung unter gleichen Bedingungen bearbeiten, schwankt die Anzahl besuchter Webseiten (mit Wiederholungsbesuchen) zwischen 12 und 254. Dementsprechend ist die durchschnittliche Aufenthaltsdauer eines Schülers auf einer Internetseite recht unterschiedlich: von nur neun Sekunden bis über drei Minuten. Betrachtet man ausschließlich diejenigen Webseiten, die länger als eine halbe Minute auf dem Bildschirm verbleiben, so reduziert sich die Anzahl der verwendeten Quellen auf durchschnittlich 12 Internetseiten, also 15% der insgesamt aufgerufen Seiten.

Die Probanden mussten sich aus der Fülle von Internetseiten zum Thema Gezeiten diejenigen aussuchen, die sie tiefergehender nutzen wollten. Welche Webseiten am häufigsten aufgerufen wurden, stellt Abbildung 7.5 dar (ausgenommen sind Suchmaschinen). Über die fünf in der Abbildung dargestellten Seiten hinaus wurden eine Vielzahl weiterer Quellen mit stetig sinkender Häufigkeit besucht.

Mit Blick auf die Verfasser (Herausgeber) der am häufigsten besuchten Seiten kann festgehalten werden, dass die Schüler hauptsächlich Seiten öffentli-

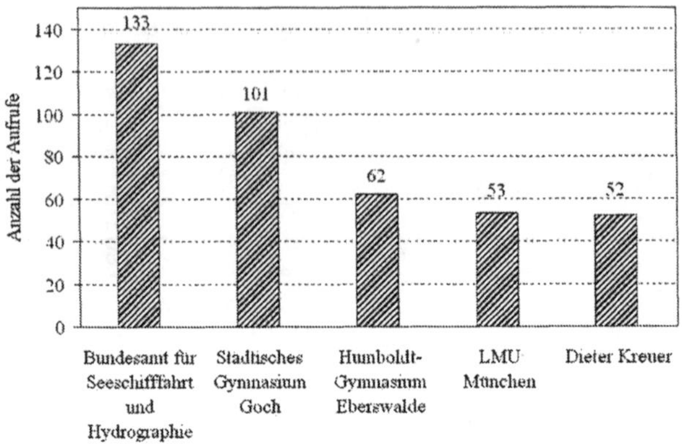


**Abbildung 7.5:** Von den Probanden am häufigsten besuchte Webseiten.

cher Einrichtungen genutzt haben. Darunter sind insbesondere Websites von Schulen und Universitäten. Mit über 130 Aufrufen ist die Beschreibung der Gezeiten des Bundesamtes für Seeschifffahrt und Hydrographie der Spitzenreiter unter den besuchten Seiten, gefolgt von einer Webseite des Städtischen Gymnasiums Goch mit rund 100 Besuchen und einer Internetseite des Humboldt Gymnasiums Eberswalde mit über 60 Aufrufen.

Befragt nach den drei hilfreichsten Webseiten, die sie genutzt haben, gaben die Probanden die in Abbildung 7.6 genannten Seiten an. In der Abbildung nicht dargestellt sind Empfehlungen, die von drei oder weniger Schülern ausgesprochen wurden.

Die drei am häufigsten besuchten Seiten sind die gleichen Seiten, die die Schüler als die hilfreichsten Quellen bezeichnet haben. Demzufolge arbeiten sie genau mit den Seiten, die sie für hilfreich halten bzw. halten sie die Seiten für hilfreich, mit denen sie arbeiten. Offensichtlich gelingt es den Schülern insgesamt ganz gut, ihrer Meinung nach relevante Seiten im Internet zu finden, und dies nicht erst am Ende der Bearbeitungszeit.

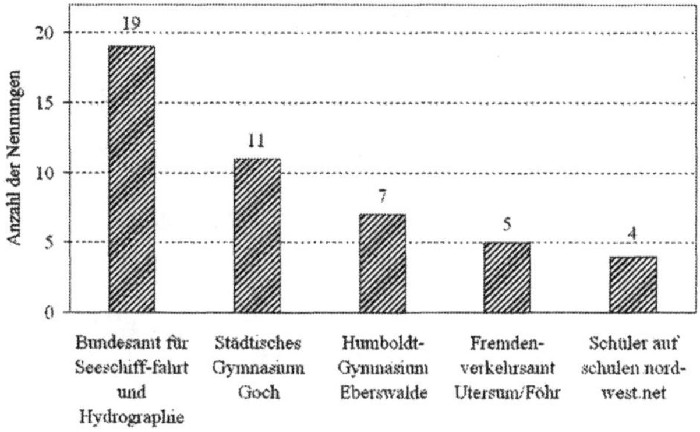


**Abbildung 7.6:** Von den Probanden als am hilfreichsten bezeichnete Webseiten.

## Diskussion

Die „Hitliste“ der Webseitenbesuche zeigt, dass sich die Schüler im Wesentlichen auf die Veröffentlichungen von staatlichen Institutionen stützen. Dass dahinter das Kalkül steckt, auf diese Weise besonders zuverlässige Quellen „anerkannter“ Autoren zu nutzen, kann aber angezweifelt werden, da sich im Computerkenntnistest keine besondere Neigung der Probanden zu einem kritischen Umgang mit Informationen gezeigt hat (Kap. 7.1.3). Ein Blick auf die Ergebnisseiten von Suchmaschinen zeigt, dass die meistbesuchten Quellen in der Rangliste weit oben stehen. Dies wird maßgeblich zur getroffenen Wahl der Webseiten beigetragen haben. Darüber hinaus stammen zwei vielbesuchte Seiten von Schulen und wurden vermutlich alleine deshalb von den Probanden gewählt. (Dies bedeutet jedoch nicht, dass diese Seiten inhaltlich fehlerfrei waren, vgl. Kap. 5.3)

Die drei am häufigsten besuchten Seiten können von der Zielgruppenorientierung her als „schülergerecht“ bezeichnet werden (vgl. Kap. 5.3). Damit ist es den Schülern gelungen, einem angemessenen Niveau entsprechend Quellen im WWW zu finden und „unseriöse“ bzw. „ungeeignete“ Seiten zu meiden. Dies ist eine wichtige Fähigkeit im Umgang mit Informationen im Internet.

### 7.2.2 Nutzung von Suchmaschinen

Suchmaschinen haben eine zentrale Bedeutung für die Recherche mit dem Internet. Mithilfe der Logfiles kann auch deren Verwendung genau aufgezeichnet werden. In der vorliegenden Untersuchung werden Meta-Suchmaschinen, Suchmaschinen anderer Sprachen als Deutsch oder Suchmaschinen von bestimmten Datenbanken nicht gesondert betrachtet, da diese von den Probanden kaum genutzt wurden. Unter einer Suchanfrage wird der komplette Text verstanden, der in die Maske der Suchmaschine eingegeben wird. Dieser kann aus mehreren Suchbegriffen bestehen. Tabelle 7.8 beschreibt die Suchmaschinennutzung der Schüler anhand verschiedener Variablen: Anzahl genutzter Suchmaschinen, Anzahl verschiedener Suchanfragen und Anzahl der Begriffe bei Suchanfragen.

**Tabelle 7.8:** Suchmaschinennutzung.

| | Anzahl genutzter Suchmaschinen | Anzahl verschiedener Suchanfragen | Anzahl der Begriffe bei Suchanfragen |
|---|---|---|---|
| $M$ | 1.8 | 3.7 | 2.2 |
| $SD$ | 1.2 | 3.5 | 2.0 |
| $MIN$ | 0 | 0 | 1 |
| $MAX$ | 6 | 20 | 10 |

Im Durchschnitt werden von den Schülern immerhin zwei verschiedene Suchmaschinen, aber nur knapp vier Anfragen verwendet. Dabei werden lediglich zwei Begriffe pro Suchanfrage eingegeben.

Weiterhin wird erfasst, welche Suchbegriffe bei Suchanfragen verwendet werden. Abbildung 7.7 stellt die Häufigkeiten verschiedener Begriffe dar. Unberücksichtigt bleibt dabei zunächst, ob diese Begriffe allein oder in Kombination mit anderen verwendet wurden.

Werden Begriffskombinationen (durch mehrere Suchbegriffe) bei der Suchanfrage berücksichtigt, ergeben sich die in Abbildung 7.8 dargestellten Häufigkeiten.

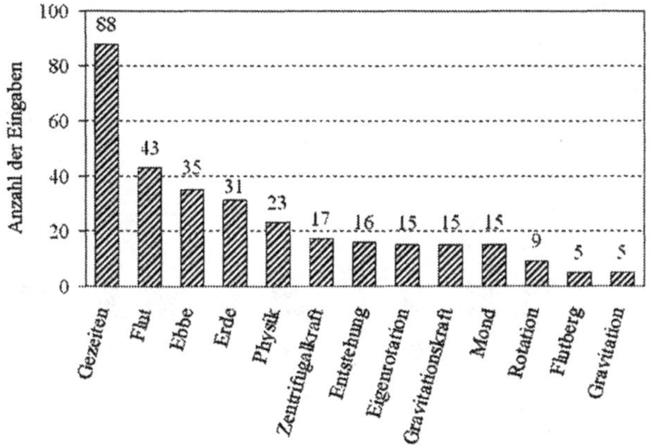


**Abbildung 7.7:** Verwendete Suchbegriffe bei Suchanfragen.

Naturgemäß halten sich die Schüler bei der Formulierung der Suchanfragen an die in der Aufgabenstellung verwendeten Begriffe. Lediglich vier Schüler haben die Funktion der „erweiterten Suche“ mit zusätzlichen Suchoptionen verwendet, und nur ein Proband hat englischsprachige Suchanfragen gestartet.

„Google“ ist die am häufigsten genutzte Suchmaschine mit 640 Seitenaufrufen von 30 Schülern, gefolgt von „Yahoo“ mit 248 Seitenaufrufen von 15 Schülern. Damit wird durchschnittlich knapp 20 mal eine Suchmaschine pro Sitzung aufgerufen (von den Probanden, die diese beiden Suchmaschinen genutzt haben; genauere Daten siehe Tab. 7.10). Das bedeutet, dass bei durchschnittlich knapp 80 aufgerufenen Webseiten rund jede vierte besuchte Webseite eine Suchmaschine ist. Verdeutlicht wird dadurch die zentrale Bedeutung der Suchmaschinen, die „optimale Startpunkte“ (Frisse, 1988, 882; vgl. auch Goldman & Wiley, 2002, 11) darstellen und damit für einen erfolgreichen Informationszugriff besonders wichtig sind.

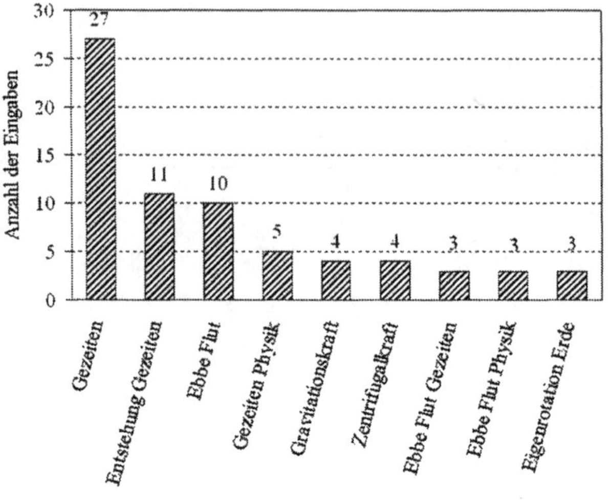


**Abbildung 7.8:** Verwendete Suchanfragen.

## Diskussion

Die verwendeten Suchbegriffe sind größtenteils mit denen der Aufgabenstellung identisch. Es zeigt sich daran, dass die Suche der Schüler nach Informationen sehr eng an die Aufgabenstellung gekoppelt ist. Dieses Vorgehen deckt sich mit von Dumais, Furnas, Landauer, Deerwester und Harshman (1988) identifizierten Standardvorgehen. Es werden solche Seiten aufgerufen, die Worte aus der Formulierung der Aufgabenstellung enthalten. Astleitner (1997, 76; vgl. auch Goldman & Wiley, 2002, 12) führt zwei Probleme auf, die mit diesem Vorgehen verbunden sind: „Erstens werden verschiedene Wörter für die Bezeichnung ein und desselben Begriffes verwendet; zweitens kann ein Wort mehrere Bedeutungen aufweisen.“ Dies kann dazu führen, dass sowohl relevante Quellen nicht gefunden („Misses“), als auch irrelevante Quellen aufgerufen werden („False Alarms“). Suchmaschinen versuchen diese Probleme zu reduzieren, allerdings nur mit mäßigem Erfolg.

Mit wie vielen Quellen die Schüler durch die Suchmaschinen zu ihren Suchanfragen versorgt werden, zeigt beispielhaft Tabelle 7.9. Für die zwei am häufigsten verwendeten Suchmaschinen und die drei am häufigsten verwendeten Suchanfragen sind neben der Häufigkeit dieser Anfragen von den Schülern die Anzahl der Treffer der Suchmaschinen angegeben (diese Zahlen können sich täglich ändern und sollen nur die Größenordnung verdeutlichen).

**Tabelle 7.9:** Suchanfragen und Anzahl der Treffer der Suchmaschinen (Stand: Oktober 2002).

| | Suchanfrage „Gezeiten“ | Suchanfrage „Entstehung Gezeiten“ | Suchanfrage „Ebbe Flut“ |
|---|---|---|---|
| Anzahl der Suchanfragen | 27 | 11 | 10 |
| Anzahl der Treffer bei Google | 25 200 | 1 620 | 27 800 |
| Anzahl der Treffer bei Yahoo | 22 900 | 1 570 | 25 300 |

Zwei der drei häufigsten Anfragen sind mit extrem hohen Trefferzahlen verbunden, die Suche kann als sehr grob und undifferenziert bezeichnet werden. Dies liegt daran, dass die Schüler im Durchschnitt nur zwei Suchbegriffe verwendet haben und deshalb automatisch aufgrund der Datenmenge viele „relevante“ Seiten von den Suchmaschinen angezeigt bekommen. Die Nutzung dieser Ergebnisse der Suchmaschinen durch die Probanden beschränkte sich in der Regel auf die erste, maximal die zweite Ergebnisseite. Die Testpersonen verlassen sich insgesamt also wesentlich auf die Quellenselektion durch die Suchmaschinen.

Immerhin verwenden die Schüler im Durchschnitt mehr als eine Suchmaschine (und Suchanfrage). Einige mögliche Anfängerfehler im Umgang mit dem Internet und insbesondere mit Suchmaschinen wurden vermieden (z. B. die Nutzung nur eines einzigen Suchbegriffs in einer Suchanfrage oder das Aufrufen der angeführten Quellen streng nach der angegebenen Reihenfolge). Dies ist auch mit Blick auf die Ergebnisse des Computerkenntnistests zu erwarten gewesen. Dass die Schüler trotz ihrer recht undifferenzierten Suchanfragen keine Suchanfänger sind, zeigt darüber hinaus die nachfolgend beschriebene Auswertung der Navigationsmuster.

### 7.2.3 Muster der Navigation

Zur Einschätzung der Probanden hinsichtlich deren Expertise in der Recherche mit dem Internet wird das Recherchevorgehen der Probanden, die Nutzung von Suchmaschinen und Wahl von Webseiten dem von Experten anderer Untersuchungen gegenübergestellt. Die zu Grunde liegende Analyse ermittelt dazu Regelmäßigkeiten in der Internetnutzung. Diese werden in Kapitel 8 im Weiteren dazu genutzt, um beispielsweise Zusammenhänge zu Lernerfolgen zu prüfen. Zur Erkennung von Mustern der Computer- und Internetnutzung der Probanden werden die mit jeder Linknutzung verbundenen Aktivitäten unterschieden in:

- Ausführen lokaler Aktivitäten auf dem Computer (in der Regel Arbeiten mit dem Textverarbeitungsprogramm)
- Aufrufe von Suchmaschinenseiten
- Besuch einer neuen Seite auf einer anderen Domain (Unter einer Domain wird eine URL, z. B. www.xyz.de, mit allen Unterverzeichnissen verstanden.)
- Besuch einer neuen Seite auf der gleichen Domain

Auf diese Weise ist es möglich, die Computernutzung in vier Kategorien einzuteilen, auf deren Basis Muster gesucht werden können. Tabelle 7.10 stellt anhand dieser Größen das Nutzungsverhalten der Probanden dar.

Mit durchschnittlich 18.2 Aufrufen des Textverarbeitungsprogramms während der Bearbeitung der Aufgabe machen lokale Aktivitäten 18% der durch Links eingeleiteten Computernutzung aus. Für Internetseiten gilt: Nach einer Linknutzung erscheint in 27% ($M = 28.0$) der Fälle eine Suchmaschine, in 34% ($M = 34.7$) erscheint eine neue Seite auf einer anderen Domain und in 21% ($M = 21.5$) wird eine neue Seite auf der gleichen Domain aufgerufen (Abb. 7.9).

**Tabelle 7.10:** Klassifikation des Nutzungsverhaltens der Probanden (absolute Anzahl der mit Linknutzung verbundenen Aktivitäten).

| | Lokale Aktivitäten | Aufrufe von Suchmaschinenseiten | Besuch einer neuen Seite auf einer anderen Domain | Besuch einer neuen Seite auf der gleichen Domain |
|---|---|---|---|---|
| *M* | 18.2 | 28.0 | 34.7 | 21.5 |
| *SD* | 14.7 | 20.4 | 31.0 | 22.2 |
| *MIN* | 1 | 0 | 3 | 0 |
| *MAX* | 63 | 101 | 175 | 144 |

Abbildung 7.10 veranschaulicht exemplarisch den Verlauf der Internetnutzung des Probanden „Paul". Auf der Abszisse ist die Linknutzung chronologisch dargestellt, die Ordinate repräsentiert die unterschiedliche Aktivität.

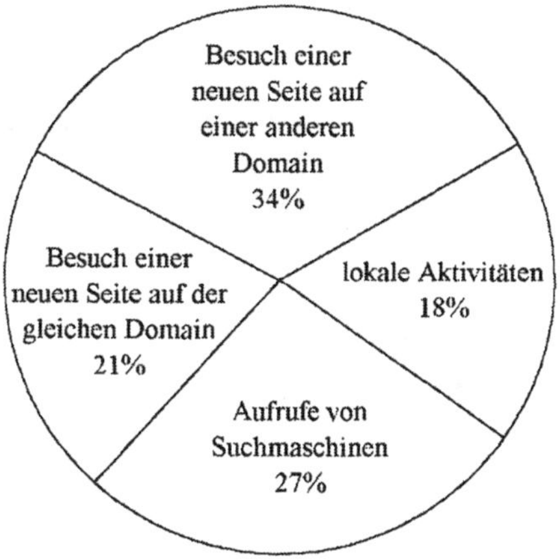


**Abbildung 7.9:** Prozentuale Verteilung der mit Linknutzung verbundenen Aktivitäten (im Durchschnitt über alle Nutzer).

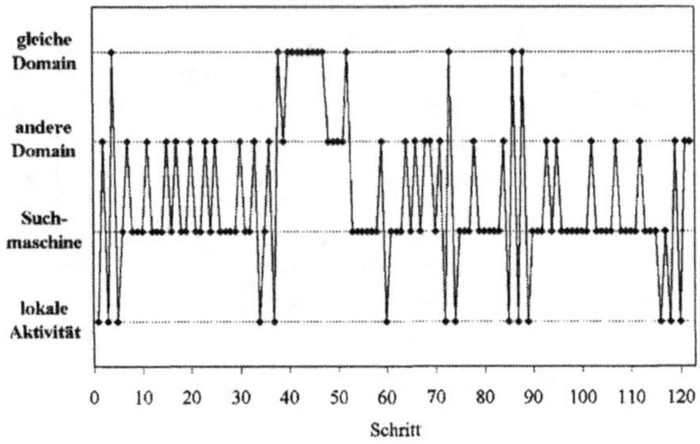


**Abbildung 7.10:** Verlauf der Computer- und Internetnutzung des Probanden „Paul".

Zur Erkennung von Mustern wird untersucht, welche Folgen von Aktivitäten am häufigsten bei den Probanden auftreten (Tab. 7.11). Benannt ist jeweils das Aufeinanderfolgen von zwei Aktivitäten.

**Tabelle 7.11:** Anzahl der Muster der Internetnutzung („lokal": Ausführen lokaler Aktivitäten; „suchm": Aufrufe von Suchmaschinenseiten; „diff dom": Besuch einer neuen Seite auf einer anderen Domain; „same dom": Besuch einer neuen Seite auf der gleichen Domain).

| | *lokal* zu *diff dom* | *diff dom* zu *lokal* | *suchm* zu *diff dom* | *diff dom* zu *suchm* | *suchm* zu *suchm* | *diff dom* zu *diff dom* | *same dom* zu *same dom* |
|---|---|---|---|---|---|---|---|
| *M* | 9.4 | 9.9 | 13.3 | 9.1 | 12.1 | 9.8 | 11.8 |
| *SD* | 11.4 | 10.7 | 10.7 | 8.2 | 10.5 | 15.1 | 18.5 |
| *MIN* | 0 | 0 | 0 | 0 | 0 | 0 | 0 |
| *MAX* | 57 | 52 | 50 | 34 | 39 | 79 | 120 |

Tabelle 7.11 gibt die Anzahl der häufigsten Muster an, alle weiteren traten deutlich seltener auf ($M < 5.0$). Die zentrale Bedeutung der Suchmaschinen für die Probanden spiegelt sich auch in dieser Darstellung wider. Das häu-

figste Muster ist der Wechsel von einer Seite einer Suchmaschine auf eine Internetseite ($M = 13.3$; 13%), die nicht unmittelbar zuvor besucht wurde. Der „Rücksprung“ zur Suchmaschine tritt ebenfalls häufig auf ($M = 9.1$; 9%). Analog kann der Wechsel von lokalen Aktivitäten auf eine derartige Internetseite ($M = 9.4$; 9%) mit dem dazugehörigen „Rücksprung“ ($M = 9.9$; 10%) betrachtet werden. Drei weitere Muster sind von besonderem Interesse, sie beschreiben Nutzungen innerhalb einer der vier Aktivitäten: der Wechsel von einer Suchmaschinenseite auf eine andere ($M = 12.1$; 12%), der Wechsel zwischen Seiten unterschiedlicher Domains ($M = 9.8$; 10%) und der Wechsel von Seiten auf der selben Domain ($M = 11.8$; 12%). Abbildung 7.11 veranschaulicht diese Verteilung mit den prozentualen Angaben.

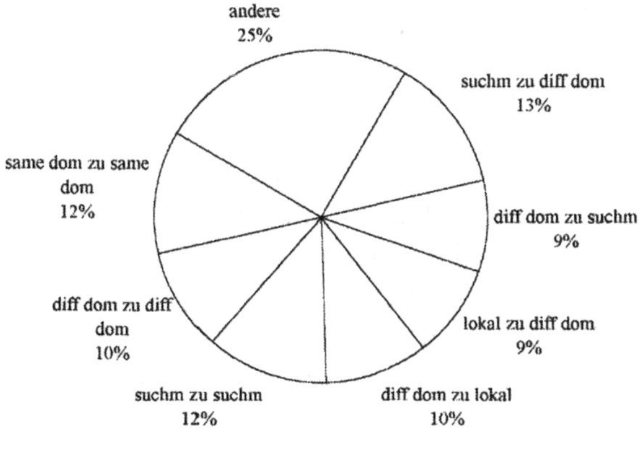


**Abbildung 7.11:** Prozentuale Verteilung der Muster der Internetnutzung.

Auf diese Weise ist es nun möglich, zu beschreiben, welche Aktivitäten die Probanden ausführen, nachdem sie entweder lokal Arbeiten, mit einer Suchmaschine arbeiten oder von einer Seite auf eine neue Seite der gleichen oder einer anderen Domain wechseln. Damit wird schließlich ersichtlich, wie die Recherche der Schüler im Internet abläuft. Abbildung 7.12 veranschaulicht dies anhand eines Flussdiagramms. Angegeben ist die prozentuale Verteilung für jeden Wechsel, 100% stellen alle Optionen zusammen dar. Anhand

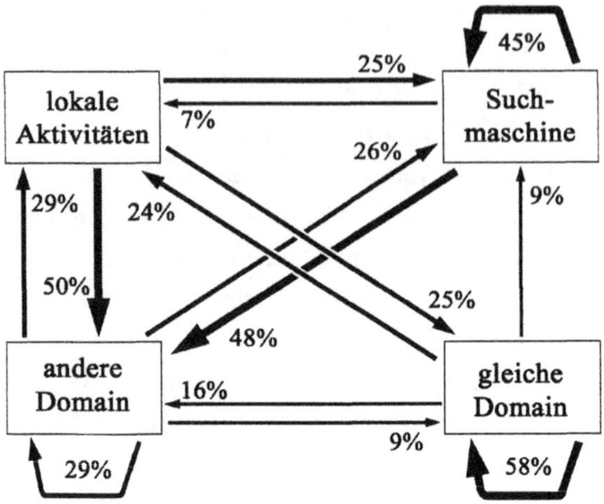


**Abbildung 7.12:** Flussdiagramm für unterschiedliche Navigationsaktivitäten.

dieser prozentualen Darstellung ist beispielsweise erkennbar, welche „Hauptpfade“ eingeschlagen werden, wie häufig zu Suchmaschinen zurückgekehrt wird bzw. nach welchen Seiten im Internet lokal gearbeitet wird.

*Aufrufe von Suchmaschinenseiten:* Von einer Suchmaschine aus wird entweder eine andere Seite der Suchmaschine aufgerufen (45% der Fälle) oder eine neue Webseite angewählt (48%). Der Wechsel zu lokalen Aktivitäten spielt mit 7% eine untergeordnete Rolle.

*Besuch einer neuen Seite auf einer anderen Domain:* Der Nutzer kehrt entweder zur Suchmaschine zurück (26%), wählt mit der gleichen Häufigkeit direkt eine neue Seite auf einer anderen Domain (29%) oder arbeitet lokal (29%). Auf der gleichen Domain verbleibt der Nutzer nur in 16% der Fälle.

*Ausführen lokaler Aktivitäten:* Nach lokalen Aktivitäten wechseln die Nutzer in 50% der Fälle auf eine nicht unmittelbar zuvor besuchte Internetseite. Gleich häufig, in etwa 25% der Fälle, wird die gleiche Internetseite besucht oder eine Suchmaschine aufgerufen.

*Besuch einer neuen Seite auf der gleichen Domain:* Bleibt der Nutzer auf der gleichen Domain, so besucht er in 58% der Fälle eine weitere Seite auf dieser Domain, wechselt in 24% der Fälle zu lokalen Aktivitäten oder geht in jeweils 9% der Fälle entweder zu einer Suchmaschine oder wechselt auf eine andere Domain.

## Diskussion

Die ausführliche Darstellung und Analyse der Internetnutzung gibt einen detaillierten Einblick in die Arbeitsweise der Schüler. Neben dem rein deskriptiven Wert dieser Daten werden die Muster der Internetnutzung in Kapitel 8 wieder aufgegriffen und in weitere Zusammenhänge gestellt.

Die Schüler der Untersuchung haben ein ähnliches Nutzerverhalten gezeigt wie Experten in einer Studie zur Untersuchung von Suchverhalten im Internet von Hoelscher und Strube (1999): Von einer Suchmaschine aus wird in knapp der Hälfte der Fälle wieder eine Suchmaschinenseite besucht, oder der Nutzer wählt eine der angebotenen Seiten aus (vgl. Abb. 7.12). Von diesem Dokument aus unterscheiden Hoelscher und Strube bei der Recherche nicht mehr zwischen Webseiten der gleichen oder einer anderen Domain (wie in der vorliegenden Untersuchung), sondern bezeichnen den Fortgang des Besuchs von Seiten, die nicht zu Suchmaschinen gehören, als Browsing. Dabei haben sie beobachtet, dass in rund 50% der Fälle ein Nutzer nach der ersten Seite wieder zur Suchmaschine zurückkehrt, im anderen Fall aber zum Browsing übergeht. Die Schüler der vorliegenden Untersuchung kehren nur halb so oft nach Besuch der ersten Zielseite zurück zur Suchmaschine wie die Experten bei Hoelscher und Strube. Offenbar Browsen sie schneller als Experten, sind also mit dem Ergebnis der Suchmaschinen „schneller zufrieden“ bzw. stehen der aufgerufenen Seite unkritischer gegenüber. In vergleichbarer Größenordnung liegt wieder das Zurückkehren zur Suchmaschine nach Browsing-Episoden.

Der z. T. relativ geringe Unterschied zwischen den Ergebnissen ist erstaunlich, da die Schüler der Untersuchung den Vortests zu Folge keinen besonders hohen Grad an Expertise im Fach oder im kritischen Umgang mit dem Internet besitzen. Dennoch zeigen sie eine Experten-ähnliche Navigation. Berücksichtigt werden müssen aber auch die verschiedenen Aufgabenstellungen der Untersuchungen bzw. die gestiegene Nutzerfreundlichkeit und Trefferquote der Suchmaschinen. Weiterhin ist es möglich, dass das beschriebene Navigationsverhalten den Grad der Expertise nur bedingt widerspiegelt.

Die Überprüfung der Linknutzung nach Mustern hat erneut die zentrale Bedeutung der Suchmaschinen für die Bearbeitung der Aufgabe gezeigt. Der Wechsel von einer Suchmaschine auf eine Webseite und wieder zurück ist ein häufig auftretendes Muster: die Schüler betrachten die Suchmaschine als „Ausgangsbasis“ von der „Ausflüge“ in den Hypertext unternommen werden. Vielfach wird auch von lokalen Aktivitäten auf eine Webseite gewechselt und wieder zum eigenen Dokument zurückgekehrt. Es kann vermutet werden, dass die Probanden bei der Bearbeitung ihres Textes spezielle Informationen kurz nachlesen. Sie kehren danach unmittelbar zu ihrem Dokument zurück.

Ähnliche Ergebnisse werden in einer Untersuchung zur Suchmaschinennutzung von Körber (2000) berichtet. Obwohl die Auswertung der Muster der Knotenbesuche mit anderer Zielrichtung vorgenommen wurde, zeigen sich vergleichbare Resultate: Häufigstes Muster bei Körber sind Browsing-Aktionen auf Zielseiten, also solchen Seiten, die nicht zu Suchmaschinen gehören. In der vorliegenden Untersuchung entspricht dies im Wesentlichen den Übergängen „same dom“ zu „same dom“ und „diff. dom“ zu „diff. dom“, die zusammengenommen ebenfalls am häufigsten vorkamen (vgl. Tab. 7.11). Am zweithäufigsten bzw. dritthäufigsten sind sowohl bei Körber als auch in dieser Untersuchung Sprünge zwischen Suchmaschinenseiten und Zielseiten bzw. Übergänge innerhalb verschiedener Seite einer Suchmaschine.

Die Probanden dieser Untersuchung zeigen insgesamt betrachtet ein Navigationsverhalten, das dem von Experten (anderer Untersuchungen) bemerkenswert ähnlich ist. Aus diesem Grund kann mit aller gebotenen Vorsicht gefolgert werden, dass die Schüler keine Anfänger in der Internetrecherche sind.

### 7.2.4 Verfahren der Textproduktion

In diesem Abschnitt wird analysiert, wie die Schüler bei der Erstellung ihrer Texte vorgegangen sind. Im Vordergrund stehen zunächst formale Aspekte der Textproduktion wie beispielsweise das Zählen der geschriebenen Wörter. Anhand der Logfiles, mit denen jedes durch die Tastatur eingegebene Zeichen registriert wird, kann festgestellt werden, welche Wörter der erstellten Texte von den Probanden selbst geschrieben und welche mit Sicherheit anderen Quellen entnommen sind. Allen Probanden war die Funktion des Markierens, Kopierens und Einfügens von Text mit dem Computer („Copy-and-Paste") bekannt.

Der Einfluss des Mediums Internet und technische Möglichkeiten des Computers zeigen sich anhand des Umgangs der Schüler mit besuchten Internetseiten und den darin enthaltenen Texten, auf dessen Grundlage eine Typisierung der Schüler vorgenommen wird. Die Untersuchung des prinzipiellen Vorgehens der Schüler bei der Erstellung der Texte hat nicht nur erstaunliche Unterschiede hervorgebracht, es konnten auch Zusammenhänge zum Lernerfolg aufgedeckt werden (Kap. 8.2.2).

#### Verfahren

Mithilfe eines Programms (siehe Anhang 11-14) können aus den Logfiles bzw. den Arbeitsprodukten der Probanden die folgenden Variablen des Textes bzw. des Texterstellens gewonnen werden: Anzahl der Wörter im Text, Anzahl der vom Probanden geschriebenen Wörter des Textes, Anzahl aller vom Probanden geschriebenen Wörter (einschließlich später gelöschter Textanteile), prozentualer Eigenanteil am Text (aus dem Verhältnis von selbstgeschriebenen Wörtern und Gesamtzahl der Wörter im Text) und prozentualer Anteil der Wörter, die geschrieben und in den Text übernommen wurden (aus dem Verhältnis der selbstgeschriebenen Wörter im Text und der Gesamtzahl selbstgeschriebener Wörter).

## Ergebnisse

Tabelle 7.12 stellt die Ergebnisse hinsichtlich des Texterstellens dar.

**Tabelle 7.12:** Variablen des Texterstellens.

| | Anzahl der Wörter im Text | Anzahl der vom Probanden geschriebenen Wörter des Textes | Anzahl aller vom Probanden geschriebenen Wörter | Prozentualer Eigenanteil am Text | Prozentualer Anteil der Wörter, die geschrieben und in den Text übernommen wurden |
|---|---|---|---|---|---|
| *M* | 532 | 300 | 361 | 68 | 77 |
| *SD* | 291 | 199 | 223 | 41 | 19 |
| *MIN* | 202 | 4 | 9 | 0 | 26 |
| *MAX* | 1613 | 682 | 815 | 100 | 99 |

Im Mittel bestehen die Schülertexte aus 532 Wörtern, davon wurden 300 von den Probanden selbst geschrieben. Insgesamt schrieben die Schüler im Durchschnitt 361 Wörter.

## Diskussion

Auffallend bei Betrachtung der Ergebnisse der Tabelle 7.12 ist die Tatsache, dass einige Probanden offensichtlich beachtliche Teile ihres Textes aus Internetseiten entnommen haben. Deshalb wird der prozentuale Eigenanteil am erstellten Text näher untersucht. Abbildung 7.13 zeigt die Verteilung

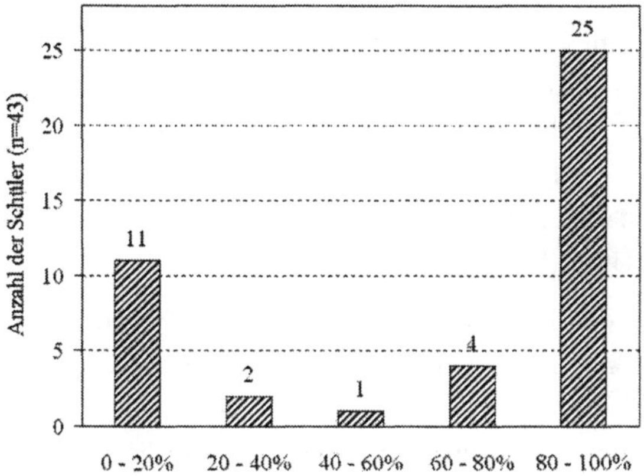


**Abbildung 7.13:** Prozentualer Eigenanteil am erstellen Text.

der Schüler in Abhängigkeit von dem prozentualen Eigenanteil am erstellten Text. Dieser spiegelt das Verhältnis von Eigen- zu Fremdleistung am Arbeitsprodukt wider.

Die annähernd dichotome Verteilung lässt erkennen, dass es offensichtlich zwei Gruppen gibt: Rund 1/4 der Probanden weisen einen sehr geringen Eigenanteil von 0 bis 20% am erstellten Text auf, sie arbeiten im Wesentlichen mit „fertigen“ Textbausteinen aus Internetseiten und werden deshalb im Weiteren als *Compiler* (compilo, lat. für „plündern“, „rauben“) bezeichnet. Hingegen sind knapp die Hälfte der Probanden mit einem Eigenanteil von 80 bis 100 % *Autoren*, sie schreiben die Texte selber. Diese Klassifizierung wurde mit einer Clusteranalyse nachgerechnet. (Ein Mittelwertsplit führt zu der gleichen Einteilung.) Dabei ergab sich für den prozentualen Eigenanteil am erstellten Text für *Compiler* ($n = 15$) ein Mittelwert von $M = 16\%$ ($SD = 20\%$, $MIN = 0\%$, $MAX = 63\%$) und für den *Autor* ($n = 28$) ein Mittelwert von $M = 96\%$ ($SD = 9\%$, $MIN = 70\%$, $MAX = 100\%$). Da diese Typen einer relativ kleinen Stichprobe entspringen, ist deren Existenz als Hypothese aufzufassen (vgl. Kap. 8.2.2).

Die Ausprägung des Kopierverhaltens und damit die Zugehörigkeit der Probanden zu einem dieser Typen kann durch unterschiedliche Faktoren bedingt sein (z. B. durch den fachlichen Inhalt oder die Aufgabenstellung) und muss nicht notwendig eine grundsätzliche, personengebundene Eigenschaft sein (vgl. Laurillard, 1979, der ähnliche Ergebnisse bzgl. von Lernstilen berichtet). Ein *Autor* in Physik unter den Schülern könnte beispielsweise ein *Compiler* im Unterrichtsfach Geschichte sein.

Man kann aus den Ergebnissen schließen, dass mit dem Vorhandensein der Möglichkeit, Textpassagen elektronisch kopieren zu können, diese auch von den Schülern (aus-) genutzt wird. Dies ist nicht weiter verwunderlich und dürfe in der Schulpraxis zum Alltag gehören. Mit dieser Untersuchung wird aufgezeigt, mit welchem Ausmaß gerechnet werden muss. Einzelne Schüler haben beispielsweise kein einziges Wort selbst verfasst! Immerhin sind aber 3/4 der Probanden keine „reinen *Compiler*“, dass heißt, dass diese Schüler bestrebt sind, ihre Texte selber zu schreiben und nur vereinzelt Passagen aus „fremden“ Dokumenten übernehmen. Welche Eigenschaften die beiden erkannten Typen haben, ob sie sich in ihren Vorkenntnissen unterscheiden oder welche Lernerfolge sie erzielen, wird im Kapitel 8.2.2 ausführlich untersucht.

## 7.3 Strategietypen und Arbeitsweisen

Über die deskriptive Darstellung der Internetnutzung hinaus wird anhand zweier Ansätze gezeigt, wie Internet-Arbeitsstrategien zum einen aus den Daten der Logfiles und zum anderen aus Befragungen gewonnen werden können. Basis der Generierung dieser Strategien ist in beiden Fällen die Klassifizierung von Canter, Rivers und Storrs (1985), für die sowohl qualitativ als auch quantitativ eine präzisere Beschreibung gewonnen wird. Die mit der Wahl dieser Typen verbundene Einschränkung erlaubt Vergleiche zwischen Probanden, die diesen Strategien nachgehen. Eine Aussage, welche Strategie ganz allgemein und über die vorgegebenen Typen hinaus die „günstigste“ ist, kann nicht getroffen werden.

Weiterhin wird ergänzend ein Fragebogen zur Selbsteinschätzung der Arbeitsweise der Schüler vorgestellt und dessen Ergebnisse präsentiert. Anhand dieser Resultate ist es möglich, identifizierte Strategien genauer zu charakterisieren.

### 7.3.1 Strategietypen aus der Logfile-Analyse

Im theoretischen Teil dieser Arbeit (Kap. 4.4) wird ausführlich auf Verfahren der Strategietypenidentifizierung eingegangen. An dieser Stelle erfolgt nun eine Anwendung anhand der gewonnenen Daten. Dabei wird zunächst detailliert das angewendete Verfahren beschrieben, mit dem die Typen identifiziert werden. Dieses basiert auf Arbeiten von Canter, Rivers und Storrs (1985), die einen graphentheoretischen Ansatz mit einer Reihe von navigationsbeschreibenden Größen gewählt haben. Die Auswertung dieser Größen wird aber im Gegensatz zu Canter et al. in dieser Untersuchung empirisch vorgenommen. (Canter et al. verfolgten einen theoretischen Weg.) Mithilfe dieses neues Weges gelingt es, zu quantifizierbaren Klassifikationen von Strategietypen zu kommen, die nicht rein theoriegeleitet sind. Der Mangel an Möglichkeiten einer solchen Quantifizierung ist an verschiedenen Stellen geäußert worden (Canter et al., 1985, 99; Astleitner, 1997, 75; Wenzel, 2001, 44). Auch Unz (2000, 87) bemängelt die theoretisch geleitete Quantifizierung von Canter et al. und sieht hierin ebenfalls eine eher empirische Frage.

#### Verfahren

Prinzipiell wird in folgenden Schritten vorgegangen:

1. Aus den Logfiles werden die relevanten graphentheoretischen Maße extrahiert.

2. Mithilfe einer Clusteranalyse werden anhand der Daten auf empirischem Weg Typen generiert.

3. Die Typen werden derart verallgemeinert, dass sie von der vorliegenden Untersuchung unanhängig sind.

4. Anhand der Daten der Klassifikation erfolgt eine Reduzierung der Typen-beschreibenden Variablen.

5. Die erhaltenen Typen werden denen von Canter et al. gegenübergestellt.

*Schritt 1:* Die sechs zu Grunde liegenden graphentheoretischen Maße, mit denen das Navigationsverhalten beschrieben wird, sind (Definitionen in Kap. 4.3): Anzahl der Pfade ($PQ$), Anzahl der Ringe ($RQ$), Anzahl der Loops ($LQ$), Anzahl der Spikes ($SQ$), Explorationsgrad ($NV/NT$) und Redundanzgrad ($NV/NS$). Diese Größen werden mithilfe eines für diese Zwecke entwickelten Programms (siehe Anhang 11-14) auf der Basis eines Quelltextes von Wenzel (2001) aus den Logfiles gewonnen. Tabelle 7.13 zeigt die Ergebnisse dieser Größen im Vergleich mit den Werten aus Canter, Rivers und Storrs (1985, 98).

**Tabelle 7.13:** Werte der navigationsbeschreibenden Variablen.

| | Werte der eigenen Untersuchung | | Werte aus Canter et al. (1985, 98) | |
|---|---|---|---|---|
| | $M$ | $SD$ | $M$ | $SD$ |
| $PQ$ | 22.2 | 13.7 | 22.5 | 4.8 |
| $RQ$ | 4.7 | 6.5 | 61.2 | 12.4 |
| $LQ$ | 1.8 | 1.8 | 22.0 | 9.8 |
| $SQ$ | 16.3 | 10.2 | 17.0 | 5.3 |
| $NV/NT$ | 0.029 | 0.018 | 34.8 | 7.2 |
| $NV/NS$ | 0.44 | 0.15 | 33.0 | 9.8 |

Während die Größenordnungen für die Pfade, Ringe, Loops und Spikes in vergleichbaren Dimensionen zu denen aus Canter et al. liegen, weichen Explorations- und Redundanzgrad um drei bzw. zwei Zehnerpotenzen ab. Dies lässt sich durch die Größe des Internets mit der hohen Knotenzahl erklären. Die Gesamtzahl aller Knoten in der Hypertextumgebung ($NT$) ist in dieser Untersuchung gleich der Anzahl aller unterschiedlichen von allen Probanden besuchten Knoten gesetzt worden. Dementsprechend nimmt $NT$ hohe Werte an, der Quotient $NV/NT$ wird im Vergleich zu weniger umfangreichen Hypertextumgebungen klein. Einher mit der Recherche im Internet bzw. der Navigation in umfangreichen Hypertexten geht die vergleichsweise hohe Zahl an Wiederholungsbesuchen (z. B. Ergebnisseiten einer Suchmaschine oder „Landmark"-Seiten; vgl. Valdez, Chignell & Glenn, 1988), die bei der Orientierung in unstrukturierten Hypertexten helfen. Dies wirkt sich auf den Redundanzgrad aus, der hoch ausfällt (geringer Wert $NV/NS$).

*Schritt 2:* Um zu einer Typisierung der Internetnutzung anhand dieser Größen zu gelangen, wurde eine hierarchische Clusteranalyse gerechnet, mit der vier Cluster erzeugt werden konnten (Tab. 7.14).

**Tabelle 7.14:** Cluster von Nutzungstypen auf Basis von navigationsbeschreibenden Variablen.

| | | Cluster 1 | Cluster 2 | Cluster 3 | Cluster 4 | Gesamt |
|---|---|---|---|---|---|---|
| | Probanden | $n = 15$ | $n = 8$ | $n = 15$ | $n = 7$ | $n = 45$ |
| $PQ$ | $M$ | 8.7 | 16.9 | 27.7 | 45.6 | 22.2 |
| | $SD$ | 2.7 | 2.5 | 3.7 | 10.4 | 13.7 |
| $RQ$ | $M$ | 1.5 | 1.6 | 5.5 | 13.1 | 4.7 |
| | $SD$ | 1.6 | 2.8 | 3.6 | 11.8 | 6.5 |
| $LQ$ | $M$ | 0.93 | 0.88 | 2.3 | 3.7 | 1.8 |
| | $SD$ | 0.88 | 1.5 | 1.3 | 2.6 | 1.8 |
| $SQ$ | $M$ | 6.0 | 12.4 | 20.5 | 33.9 | 16.3 |
| | $SD$ | 2.2 | 2.1 | 3.3 | 6.2 | 10.2 |
| $NV/NT$ | $M$ | 0.016 | 0.024 | 0.037 | 0.049 | 0.029 |
| | $SD$ | 0.006 | 0.011 | 0.014 | 0.027 | 0.018 |
| $NV/NS$ | $M$ | 0.54 | 0.43 | 0.40 | 0.31 | 0.44 |
| | $SD$ | 0.14 | 0.11 | 0.12 | 0.12 | 0.15 |

*Schritt 3:* Der vorliegenden Klassifizierung (Tab. 7.14) liegen die Werte dieser speziellen Untersuchung zu Grunde. Um auf Basis dieser Werte zu einer allgemeinen, übersichtlicheren und einfacher handhabbaren Klassifizierung zu gelangen, wurden drei generelle Klassen („low", „medium" und „high")

gewählt (vgl. Kap. 4.4). Zur Zuordnung der Werte dieser Untersuchung zu diesen Klassen werden zwei verschiedene Verfahren angewendet und miteinander verglichen:

a. *Klassifizierung mithilfe der Berechnung des Mittelwertes und der halben Standardabweichung:* Für jede Variable wird die mittlere Klasse „medium“ als Intervall „Mittelwert plus/minus der halben Standardabweichung“ festgelegt. Diese Dimensionierung führt zu einer ausgewogenen Dreiteilung des Wertebereichs der Daten.

b. *Klassifizierung mithilfe einer Clusteranalyse:* Für jede der Variablen wird eine Clusteranalyse gerechnet, mit der drei Cluster für jede Variable erzeugt werden, in denen die Variablen nach Größe geordnet sind. Auch mit diesem Verfahren ergibt sich eine ausgewogene Dreiteilung des Wertebereichs der Daten.

Beide Verfahren haben bis auf geringe Abweichungen zu der gleichen Klassifizierung geführt. Nunmehr können die gewonnenen Daten der Untersuchung in übersichtlicherer Form in Klassen dargestellt werden (Tab. 7.15).

**Tabelle 7.15:** Cluster von Nutzungstypen auf Basis von Klassifizierungen von navigationsbeschreibenden Variablen.

| Probanden | Cluster 1 $n = 15$ | Cluster 2 $n = 8$ | Cluster 3 $n = 15$ | Cluster 4 $n = 7$ |
|---|---|---|---|---|
| *PQ* | low | medium | medium | high |
| *RQ* | low | low | medium | high |
| *LQ* | medium | low | medium | high |
| *SQ* | low | medium | medium | high |
| *NV/NT* | low | medium | high | high |
| *NV/NS* | high | medium | medium | low |

Diese Einteilung unterscheidet sich wesentlich von der von Canter et al. (vgl. Kap. 4.4), da sie die Typen auf allen sechs Variablen bestimmt und somit präziser ist. Darüber hinaus tauchen nur vier anstelle von fünf Typen auf.

*Schritt 4:* In diesem Schritt des Verfahrens wird eine grobe Vereinfachung vorgenommen, die zu einer abschließenden Typeneinteilung führt. Durch die Datenlage und das explorative Vorgehen kann es sich hierbei jedoch nur um das Aufzeigen eines prinzipiellen Weges handeln. Die Zulässigkeit dieses Schrittes ist zu überprüfen.

Betrachtet man die in der Tabelle 7.15 dargestellten Merkmale, fällt zunächst auf, dass innerhalb der Typen das Ausfallen der Indizes Pfade, Ringe, Loops und Spikes nicht besonders stark variiert. Fasst man deshalb diese Indizes zusammen, so ergibt sich ein Parameter „Anzahl der Wege", der die Anzahl der Wegtypen beschreibt. Beispielsweise ist der Typ des Clusters 3 in allen Indizes $PQ$, $RQ$, $LQ$ und $SQ$ mit „medium" klassifiziert worden. Das heißt sein zurückgelegter Weg weist mittelmäßig viele Pfade, Ringe, Loops und Spikes auf, er hat demnach insgesamt mittelmäßig viele Wege (in allen diesen Mustern) zurückgelegt. Im Gegensatz dazu hat der Typ des Clusters 4 viele Wege zurückgelegt. Insgesamt kann daraus gefolgert werden: Es können vier Typen anhand der drei Eigenschaften „Exploration", „Redundanz" und „Anzahl der Wege" beschrieben werden (Tab. 7.16).

**Tabelle 7.16:** Ergebnisse der Typeneinteilung mit Bezug zu den Navigationsstrategien von Canter, Rivers und Storrs (1985).

| | Cluster 1 | Cluster 2 | Cluster 3 | Cluster 4 |
|---|---|---|---|---|
| Exploration | gering | mittel | hoch | hoch |
| Wiederholungs-besuche | wenige | mittel | mittel | viele |
| Anzahl der Wege | wenige (Präferenz für Loops) | wenige (Präferenzen für Pfade und Spikes) | mittel (keine Präferenzen) | viele (keine Präferenzen) |
| Zuordnung der Cluster zu den Typen nach Canter et al. (1985) | *Searcher* | *Wanderer* und *Browser* | *Scanner* | *Explorer* |

*Schritt 5:* Mit Blick auf die Navigationstypen von Canter et al., die nachvollziehbaren theoretischen Überlegungen entspringen, erscheint es sinnvoll, die generierten Typen dieser Klassifizierung gegenüberzustellen. Dadurch wird es möglich, die Ergebnisse zu vergleichen.

1. *Searcher:* Der Typ des Clusters 1 exploriert den Hypertext nur gering, besucht wenige Knoten mehrfach und weist nur relativ wenige Wege auf. Dies entspricht in der Argumentation von Canter et al. dem Searcher. Werden bestimmte Informationen gesucht, so geht der Nutzer gezielt vor, indem er verschiedene Knoten bis zum gewünschten Ziel verfolgt (wenige Wiederholungsbesuche). Nach Auffinden der gesuchten Informationen (oder Abbruch) ist seine relativ begrenzte Aufgabe beendet (wenige Wege). Der Wunsch des *Searchers* ist nicht, einen breiten Überblick zu erhalten (geringe Exploration).

2. *Wanderer und Browser:* Eine mäßige Exploration, eine mittlere Anzahl an Wiederholungsbesuchen und eher wenige Wege sind Eigenschaften des Typs des Clusters 2. Nach Canter et al. entspricht dieses Verhalten der Strategie des *Wanderers* oder des *Browsers.* Der Nutzer lässt sich im Hypertext treiben und besucht verschiedene Knoten (mäßige Exploration), trifft dabei gelegentlich auf bereits besuchte Knoten (mittlere Anzahl an Wiederholungsbesuchen) und bricht die Navigation vergleichsweise schnell ab (wenige Wege).

3. *Scanner:* Den Typen des Clusters 3 zeichnen eine hohe Exploration, mäßig viele Wiederholungsbesuche und eine mittlere Anzahl an Wegen aus. Dies passt nach der Beschreibung der Typisierung von Canter et al. zum *Scanner.* Der Nutzer möchte viele Knoten erkunden (hohe Exploration), ohne ins Detail zu gehen oder Informationen regelmäßig zu vergleichen (mittlere Anzahl an Wiederholungsbesuchen). Für diese Tätigkeit muss ein durchschnittlicher Teil des Hypertexts bearbeitet werden (mittelmäßig viele Wege).

*4. Explorer:* Der Typ des Clusters 4 exploriert große Teile des Hypertexts, besucht viele Seiten mehrmals und durchläuft viele Wege. Nach den Ausführungen von Canter et al. sind dies Eigenschaften des *Explorers*. Der Nutzer versucht, das bearbeitete Feld möglichst vollständig zu erkunden (hohe Exploration), auf Informationen an verschiedenen Knoten wird wiederholt zurückgegriffen (viele Wiederholungsbesuche), und der Arbeitsprozess schließt umfangreiche Navigationstätigkeiten ein (hohe Anzahl an Wegen).

### Diskussion

Insgesamt werden mit diesem empirischen Vorgehen die Typen nach Canter et al. durch neue Definitionen anhand der vorgegebenen Indizes festgelegt. Dabei fließen für jeden Typen zunächst alle sechs Variablen ein. Der Datensatz erlaubte eine Reduktion auf drei Größen, die leicht zu interpretieren sind. (Die Zulässigkeit dieses Vorgehens sollte jedoch durch tiefergehendere Untersuchungen überprüft werden.) Die darauf beruhenden Typen lassen sich gut voneinander unterscheiden, da jeweils mindestens zwei der drei Variablen verschieden sind. Mit dem beschriebenen Verfahren ist es folglich möglich, Navigationstypen anhand von Logfiles zu klassifizieren. Diese Klassifikation deckt sich durchaus mit der von Canter et al. entwickelten, die aufgrund ihrer Plausibilität weit verbreitet ist. Das Auswertungsverfahren verbessert die Typeneinteilung von Canter et al., sodass eine quantitative Einteilung möglich wird.

Aus der Anzahl der Probanden, der Beschränkung auf sechs berücksichtigte graphentheoretischen Größen und der Summation über die gesamte Arbeits- bzw. Navigationszeit folgen aber Einschränkungen hinsichtlich der Verallgemeinerbarkeit der Aussagen. Im Ausblick (Kap. 10) wird auf Empfehlungen, wie die Ergebnisse untermauert werden können, im Detail eingegangen.

Der *Browser* taucht in dieser Klassifizierung nicht mehr explizit als einzelner Typ auf, da sein Verhalten entweder als allen Typen übergeordnete

Strategie interpretiert werden kann (vgl. Zajonc, 2002). Oder es wird der Interpretation von Astleitner (1997, 75) gefolgt, der bemerkt, dass die Typen *Browser* und *Wanderer* nur schwer voneinander abgegrenzt werden können und deshalb in eine Klasse fallen.

Abschließend wird ein Blick auf die Verteilung der Strategietypen unter den Probanden dieser Untersuchung geworfen. Abbildung 7.14 zeigt die Anzahl der Probanden für die verschiedenen Typen unter Verwendung der Bezeichnungen von Canter et al.

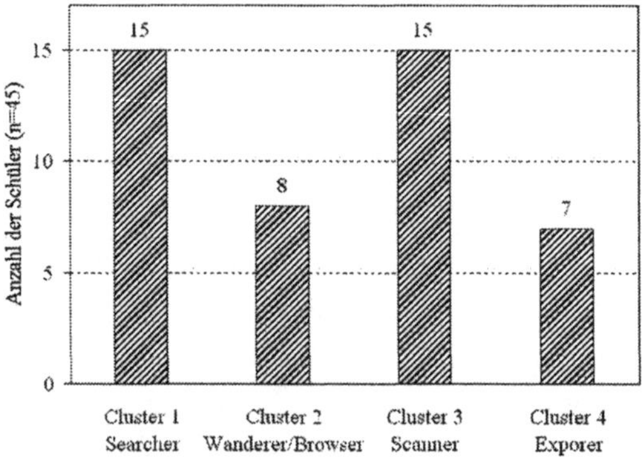


**Abbildung 7.14:** Typisierung der Probanden nach Navigationsstrategien aus der Logfile-Analyse.

Rund 1/3 der Probanden dieser Untersuchung können mit dem dargestellten Auswertungsverfahren als *Searcher* und *Scanner* und jeweils rund 1/6 der Probanden als *Wanderer/Browser* und *Explorer* bezeichnet werden. Geht man davon aus, dass *Wandering* und *Browsing* diejenigen Strategien sind, die am meisten als intuitiv und ungeplant bezeichnet werden können, so trifft dieses Vorgehen auf lediglich acht der 45 Probanden zu, 15 Schüler wenden als *Searcher* sogar ein ausgesprochen zielorientiertes Vorgehen an. Es kann also davon ausgegangen werden, dass nur eine Minderheit der Testpersonen „ziellos im Internet surft", um das Thema zu bearbeiten.

Ein Blick auf den Explorations- und Redundanzgrad zeigt darüber hinaus, dass etwa die Hälfte der Probanden (*Searcher, Wanderer/Browser*) eher weniger vom Hypertext explorieren und weniger oft Seiten mehrfach besuchen. Sie stützen ihre Arbeit damit offensichtlich auf die genaue Betrachtung einzelner Dokumente. *Scanner* und *Explorer* hingegen sind bemüht, den Überblick über das Thema zu gewinnen. Sie besuchen viele Seiten und kehren zu ausgewählten Quellen wiederholt zurück. Das Internet als Informationsquelle wird diesen beiden Präferenzen gleichermaßen gerecht (vgl. Kap. 8.2.1).

## 7.3.2 Strategietypen aus Selbsteinschätzungen

Neben den dargestellten objektiven Verfahren der Strategietypenerkennung werden Selbsteinschätzungen durchgeführt, um zum einen Auffassungen der Schüler über ihre eigene Strategie zu gewinnen. Zum anderen können die Einschätzungen mit der tatsächlichen Navigation und schließlich auch mit der Klassifikation der Strategien anhand der Logfile-Analyse verglichen werden (Kap. 8.3).

### Testkonstruktion

Zur Bestimmung der Internet-Arbeitsstrategien durch Selbsteinschätzungen werden den Probanden Übersetzungen der Beschreibungen der fünf Navigationsstrategien von Canter, Rivers und Storrs (1985, 100) durch Worte vorgelegt:

- *Scanning:* darauf ausgerichtet, einen groben Überblick zu gewinnen, ohne zu sehr ins Detail zu gehen
- *Browsing:* davon geprägt, solange Links zu folgen, bis auf interessante Quellen gestoßen wird
- *Searching:* im Wesentlichen gezieltes Suchen nach bestimmten Informationen

- *Exploring:* darauf ausgelegt, einen möglichst umfassenden und vollständigen Überblick zu gewinnen

- *Wandering:* davon geprägt, spontan und eher unstrukturiert Links zwischen interessanten Quellen zu folgen

Die Probanden werden gebeten, den Grad ihrer Zustimmung zu diesen fünf umschriebenen Navigationsstrategien auf einer fünfstufigen Ratingskala auszudrücken. Die Antworten der Probanden werden folgendermaßen kodiert: „stimmt gar nicht“: -2, „stimmt wenig“: -1, „stimmt teils/teils“: 0, „stimmt ziemlich“: 1 und „stimmt völlig“: 2. Diese Skalen werden als Intervallskalen interpretiert (vgl. Bortz & Döring, 2002, 175 und 180).

Bedingt durch den explorativen Charakter der Arbeit konnte die Erfassung der Strategien nur mit einer geringen Anzahl an Items erfolgen. Für zukünftige Untersuchungen wäre es wünschenswert, die vorgestellten Typen durch präzisere Fragebögen zu erfassen.

## Ergebnisse

Für die verschiedenen Strategien ergaben sich die in Tabelle 7.17 dargestellten Ergebnisse.

**Tabelle 7.17:** Zustimmung der Probanden zu den verschiedenen Navigationsstrategien nach Canter, Rivers und Storrs (1985).

| | *Scanner* | *Browser* | *Searcher* | *Explorer* | *Wanderer* |
|---|---|---|---|---|---|
| $M$ | 0.33 | −0.73 | 1.16 | 0.89 | −0.84 |
| $SD$ | 1.1 | 1.2 | 0.7 | 0.8 | 1.2 |
| $MIN$ | −1 | −2 | −1 | −1 | −2 |
| $MAX$ | 2 | 2 | 2 | 2 | 2 |

Abbildung 7.15 gibt für jede der Navigationsstrategien den Mittelwert der Stichprobe graphisch wieder (der neutrale Wert „stimmt teils/teils“ liegt bei dem Wert 0).

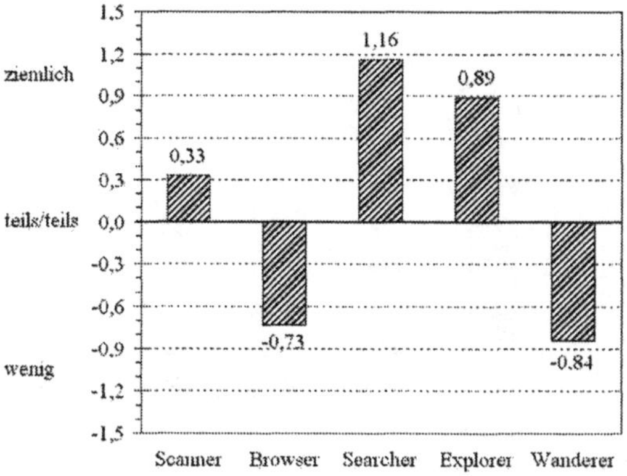


**Abbildung 7.15:** Zustimmung der Probanden zu den unterschiedlichen Navigationsstrategien nach Canter, Rivers und Storrs (1985).

Da alle Probanden eine Selbsteinschätzung in allen fünf Strategien vorgenommen haben, ist eine Einteilung in disjunkte Gruppen anhand der vorliegenden Daten nicht möglich. Einige Schüler haben sich z. B. sowohl als *Explorer* als auch als *Searcher* charakterisiert. Legt man den Grad der Zustimmung mit „stimmt ziemlich" und „stimmt völlig" für die Zuordnung zu einer Strategie fest, so lässt sich die Probandenanzahl pro Navigationstyp bestimmen (Mehrfachzuordnungen möglich) (Abb. 7.16).

Diese Klassifizierung spiegelt das Ausfallen der in Abbildung 7.15 dargestellten Mittelwerte wider. Die Probanden schätzten sich bevorzugt als *Searcher, Explorer* und *Scanner* ein.

## Diskussion

Abbildung 7.15 und Tabelle 7.17 ist zu entnehmen, dass sich die Probanden im Durchschnitt vorzugsweise als *Scanner*, insbesondere aber als *Explorer* und *Searcher* einschätzen. Sie sehen sich damit als Anwender, die sowohl bestimmte Informationen gezielt im Internet suchen als auch einen sehr gu-

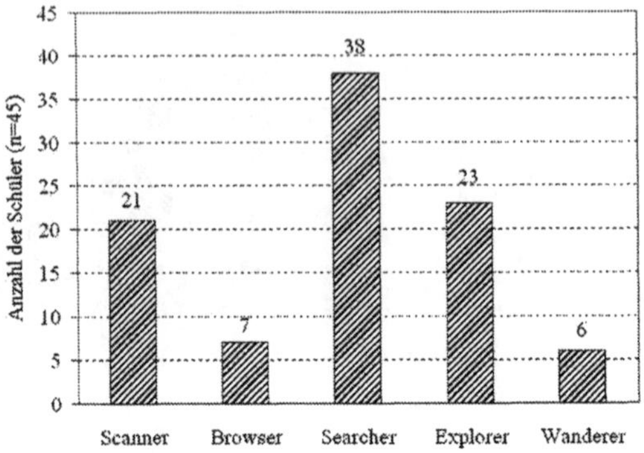


**Abbildung 7.16:** Zuordnung der Probanden zu den verschiedenen Navigationsstrategien nach Canter, Rivers und Storrs (1985) aufgrund von Selbsteinschätzungen.

ten Überblick über das gesamte Themengebiet erhalten wollen. Hieran kann man eine positive Grundhaltung der Schüler gegenüber ihrer Arbeitsstrategie erkennen. In ihren Augen haben sie versucht, während der Bearbeitung der Aufgabe geeignete und angemessene Strategien anzuwenden. In welchem Zusammenhang dieses Ergebnis mit der tatsächlich ausgeführten Navigation steht, wird in Kapitel 8.3 untersucht.

### 7.3.3 Selbsteinschätzung der Arbeitsweise

Zusätzlich wird die Einstellung der Schüler zur eigenen Arbeitsweise anhand verschiedener Merkmale erfasst, da ein Zusammenhang zur Strategie und zum Lernerfolg vermutet werden kann. Dieser Abschnitt berichtet die Ergebnisse der Erhebung der Sichtweisen der Schüler auf ihre eigene Arbeitsweise.

### Testkonstruktion

Die Probanden werden gebeten, anhand vorgegebener Eigenschaften ihre Arbeitsweise zu charakterisieren und einzuschätzen. Folgende Aspekte der Arbeitsweise werden abgefragt:

> effizient; unüberlegt; geplant; desinteressiert; optimal; unzufriedenstellend; gezielt; chaotisch; gründlich; verbesserungswürdig; Gewinn bringend; flüchtig; detailgenau; ohne viel Aufwand; so, wie ich sonst auch vorgehe; erfolglos; pedantisch; oberflächlich; ausdauernd; von meiner heutigen Stimmung abhängig

Anhand der angeführten Merkmale haben die Probanden den Grad ihrer Zustimmung zu diesen 20 Eigenschaften ihrer Arbeitsweise auf einer fünfstufigen Ratingskala ausgedrückt. Die Antworten der Probanden werden folgendermaßen kodiert: „stimmt gar nicht“: -2, „stimmt wenig“: -1, „stimmt teils/teils“: 0, „stimmt ziemlich“: 1 und „stimmt völlig“: 2.

### Faktorenanalyse

Nach dem Einsatz der Skala wurde über die 20 verschiedenen Items eine Faktorenanalyse (Hauptkomponentenanalyse) durchgeführt, um verschiedene dieser Eigenschaften zusammenfassen zu können. Dabei ergaben sich fünf Faktoren mit einem Eigenwert von $\lambda > 1$. Der erste Faktor mit einem Eigenwert von $\lambda = 8.11$ ist deutlich größer als alle weiteren, die sich untereinander nur wenig unterscheiden, und erklärt 40.6% der Gesamtvarianz. Aus diesem Grund wird (nur) dieser Faktor näher betrachtet. Berücksichtigt man Faktorladungen mit Beträgen größer .65, so laden 12 Items auf diesem Faktor (Tab. 7.18).

Dieser Faktor wird nach Berücksichtigung der Vorzeichen der Ladungen als „positive Arbeitsweise“ interpretiert, bezeichnet und an verschiedenen Stellen verwendet.

**Tabelle 7.18:** Ladungen des Faktors „positive Arbeitsweise“.

| *Eigenschaften* | *Ladungen* | *Eigenschaften* | *Ladungen* |
|---|---|---|---|
| chaotisch | .806 | gezielt | −.758 |
| unüberlegt | .799 | flüchtig | .752 |
| verbesserungswürdig | .780 | optimal | −.742 |
| erfolglos | .780 | gründlich | −.711 |
| unzufriedenstellend | .760 | effizient | −.709 |
| oberflächlich | .760 | Gewinn bringend | −.675 |

## Ergebnisse

Abbildung 7.17 zeigt das Antwortverhalten der Probanden in allen 20 Eigenschaften der Arbeitsweise im Mittel.

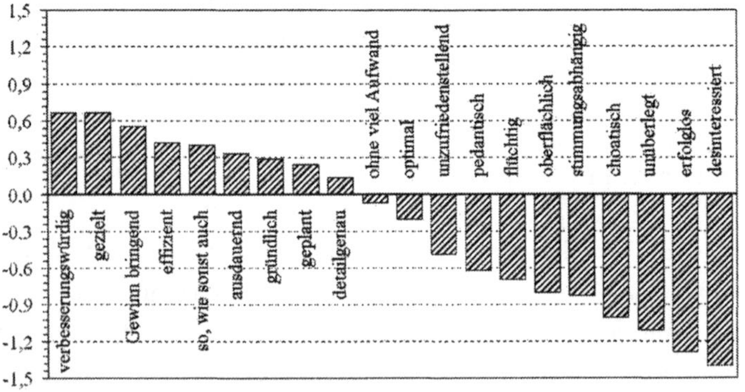


**Abbildung 7.17:** Grad der Zustimmung der Probanden zu verschiedenen Eigenschaften ihrer Arbeitsweise.

Erwartungsgemäß fallen die negativ belasteten Eigenschaften wie „unüberlegt“, „desinteressiert“, „chaotisch“ und „erfolglos“ schwach, positiv belegte wie „effizient“, „geplant“, „gezielt“, „gründlich“, „Gewinn bringend“, „detailgenau“ und „ausdauernd“ stark aus.

**Diskussion**

Dieses zu positiven Merkmalen neigende Antwortverhalten der Testpersonen hat sich bereits in den Selbsteinschätzungen der Navigationsstrategien gezeigt (Kap. 7.3.2). Darüber hinaus lassen die Probanden aber erkennen, dass sie ihre Arbeitsweise nicht für besonders optimal, sondern für verbesserungswürdig halten. Die Schüler schätzen sich damit nicht als „ausgereifte“ Experten ein, sie erkennen aus der Erfahrung der Recherche offensichtlich, dass sie ihre Arbeitsweise optimieren könnten. Die Angaben bzgl. der Eigenschaften „so, wie ich sonst auch vorgehe“ und „von meiner heutigen Stimmung abhängig“ unterstützen darüber hinaus die Annahme, dass die Schüler in der Laboruntersuchung gegenüber anderen Lernsituationen kein besonderes oder abweichendes Verhalten gezeigt haben.

## 7.4 Lernerfolge

Die Erfassung von Lernerfolgen ist ein zentraler Punkt der Untersuchung. Die von den Schülern erbrachten Leistungen werden an vielen Stellen herangezogen. Aus diesem Grund werden drei verschiedene Verfahren zur Messung gewählt. Die Bewertung der Schülertexte ist eines dieser Verfahren, die Ergebnisse werden in Kapitel 7.4.3 dargestellt. Darüber hinaus wird der Lernerfolg mit zwei weiteren Testverfahren erfasst. Zum einen wird ein Multiple-Choice-Test zum Thema Gezeiten verwendet, der sich eng an der Aufgabenstellung orientiert (Kap. 7.4.1). Zum anderen werden Concept Maps verwendet (Kap. 7.4.2). Dieser Abschnitt berichtet die Ergebnisse aller drei Verfahren.

### 7.4.1 Multiple-Choice-Nachtest zum Thema Gezeiten

Die Wahl, einen Leistungstest mit einem Multiple-Choice-Test durchzuführen, wird getroffen, da eine objektive Auswertung der Ergebnisse eines derartigen Testverfahrens leicht möglich ist. Des Weiteren sprechen zwei zusätzliche Gründe für dieses Vorgehen: Zum einen besteht die Gefahr, dass die Probanden am Ende der Untersuchung durch „Ermüdungserscheinungen" die Beantwortung offener Fragen nur unvollständig durchführen und somit unterhalb ihrer tatsächlichen Fähigkeiten bleiben. Zum anderen haben die Schüler durch die Erstellung der Texte bereits erhebliche Schreibarbeit geleistet.

### Testkonstruktion

Dieser in einer Voruntersuchung erprobte Test besteht aus 8 Items mit insgesamt 10 Fragen (zwei Items bestehen aus Teilfragen; siehe Anhang 5). Die Konstruktion der Fragen ist eng an die Formulierung der Aufgabenstellung und die daran gekoppelten inhaltlichen Teilbereiche gelehnt. Damit wird sichergestellt, dass nur die Aspekte des Themas geprüft werden, auf die ausdrücklich in der Aufgabenstellung hingewiesen wird. Der inhaltliche Schwerpunkt liegt aus den in der Beschreibung der Aufgabenstellung (Kap. 6.5) genannten Gründen auf dem Modell „Umwälzbewegung".

Die Itemanalyse führte zur Streichung der Items 2.2, 3 und 7 aufgrund zu geringer Trennschärfe (Items mit $r < .25$). Eine Reliabilitätsanalyse ergab für die reduzierte Skala von sieben Items eine interne Konsistenz von $\alpha = .70$ (bei 45 Testpersonen). Damit genügt auch dieser informelle Test den gesetzten Anforderungen (siehe hierzu Ausführungen zum Vortest zu allgemeinen Kenntnissen in Physik in Kap. 7.1.1).

### Ergebnisse

Analog zum Vortest in Physik wird die Gesamtpunktzahl durch Summenscorebildung bestimmt. Die maximal zu erreichende Punktzahl liegt bei 7 Punkten. Die Probanden ($n = 45$) erzielten im Mittel $M = 4.3$ ($SD = 1.9$) Punkte (Tab. 7.19).

**Tabelle 7.19:** Ergebnisse des Multiple-Choice-Nachtests zum Thema Gezeiten.

| | |
|---|---|
| *M* | 4.3 |
| *SD* | 1.9 |
| *MIN* | 1 |
| *MAX* | 7 |

Die Anzahl der Schüler in Abhängigkeit von der erreichten Punktzahl ist in Abbildung 7.18 dargestellt. Im Durchschnitt erreichen die Schüler mehr als 4 von insgesamt 7 Punkten. Die volle Punktzahl haben 7 Schüler erzielt, nur einen Punkt haben drei Schüler erhalten.

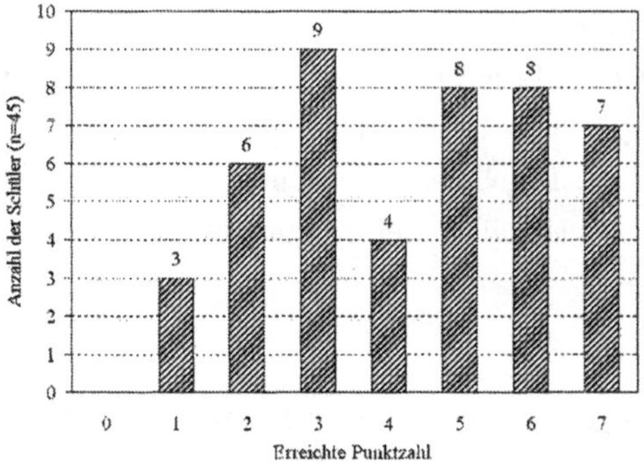


**Abbildung 7.18:** Erreichte Punktzahlen im Multiple-Choice-Nachtest zum Thema Gezeiten.

### Diskussion

Alles in allem haben die Schüler in diesem Test gute Ergebnisse erzielt, es ist ihnen gelungen, bei der Arbeit mit dem Internet beachtliche Lernerfolge zu erzielen. (Dies gilt insbesondere, wenn man die Ergebnisse des Vortests in Betracht zieht.) Sicherlich muss bei der Interpretation der Ergebnisse bedacht werden, dass das verwendete Testverfahren nur eines der physikalischen Modelle berücksichtigt (vgl. Kap. 5.1). Darüber hinaus ist es auch nur möglich gewesen, einen kleinen inhaltlichen Bereich des Themas Gezeiten mit den Items abzudecken. Hieraus ergeben sich Einschränkungen in der Güte des Tests. (Beide Effekte würden in der Tendenz allerdings die ausgewerteten Schülerleistungen eher schlechter darstellen als sie sind.) Weiterhin besteht der Test aus Fragen, die zwar in einer Voruntersuchung erprobt wurden, die den strengen Kriterien standardisierter Verfahren aber nicht genügen können und wollen. Für die vorliegende Untersuchung erfüllt der Test jedoch alle notwendigen Voraussetzungen. In der Auswertung werden darüber hinaus zwei weitere Verfahren der Lernerfolgsmessung herangezogen.

Insgesamt kann die vielfach geäußerte Annahme widerlegt werden, dass sich das Internet bzw. Lernsoftware allgemein nur zur oberflächlichen Informationsaufnahme eignet. Bestätigt wird dieses Ergebnis durch die im Folgenden dargestellten Ergebnisse der Concept Maps und der Texte und den Vergleich der Ergebnisse aller drei Instrumente zur Messung der Lernerfolge (Kap. 8.5).

### 7.4.2 Concept Maps zum Thema Gezeiten

In diesem Abschnitt werden die Ergebnisse der Auswertung der Concept Maps berichtet. Im Anhang 6-7 sind Beispiele von Concept Maps der Probanden angeführt. Zur Vorbereitung der Erstellung der Concept Maps durch die Schüler wurde in der Untersuchung zunächst der Begriff und das Verfahren des Concept Mapping kurz erläutert.

#### Testkonstruktion

Die Probanden werden gebeten, mithilfe 12 vorgegebener und vier frei zu wählender Begriffe ein Concept Map auf Papier zum Thema Gezeiten zu erstellen. Als vorgegebene Begriffe werden verwendet:

Erde; Mond; Schwerpunkt Erde-Mond; Gravitationskraft; Zentrifugalkraft; Gezeiten erzeugende Kraft; Kreisbewegung; Eigenrotation der Erde; Rotation der Erde um den Schwerpunkt Erde-Mond; Flutberg auf der mond**zu**gewandten Seite; Flutberg auf der mond**ab**gewandten Seite; Flut alle 12 Stunden 25 Minuten

Die Wahl der 12 vorgegebenen Begriffe erfolgte zum einen auf der Basis einer Analyse von Schulbüchern und Internetseiten. Diese Quellen wurden nach Fachbegriffen und deren Häufigkeiten durchsucht und ausgewertet. Zum anderen wurden die Begriffe der Aufgabenstellung erneut aufgegriffen und verwendet.

**Ergebnisse**

Die Concept Maps werden auf zweierlei Weise ausgewertet: bezüglich formaler Aspekte anhand einer Reihe von Strukturparametern und nach inhaltlichen Gesichtspunkten. Ergänzend zu erstgenanntem Verfahren wird die Zentralität der verschiedenen verwendeten Begriffe bestimmt.

Zur Begutachtung werden keine Expertenmaps als Vergleich oder Bewertungsmaßstab herangezogen, um der Individualität der Netze der Schüler gerecht zu werden. Ausschlaggebend für die Untersuchung ist die Vergleichbarkeit der Netze innerhalb der Probandengruppe. Die Pfeilrichtungen werden in der Auswertung ebenfalls nicht berücksichtigt, obwohl diese in der Instruktion der Probanden vorkommen, da sie für die Konstruktion der Maps hilfreich sind.

*Formale Aspekte der Concept Maps*

Die Concept Maps werden formal hinsichtlich folgender leicht zu erfassender und zu interpretierender Strukturparameter ausgewertet: Anzahl der Knoten ($KNO$), Anzahl der Kanten ($KAN$), Anzahl der Komponenten ($KOM$), Anzahl zentraler Begriffe ($AZB$), Anzahl einzeln verknüpfter Begriffe ($EVB$) und Komplexität ($KPX$). Tabelle 7.20 stellt die erzielten Er-

Tabelle 7.20: Ausfallen verschiedener Strukturparameter der Concept Maps.

| | $KNO$ | $KAN$ | $KOM$ | $AZB$ | $EVB$ | $KPX$ |
|---|---|---|---|---|---|---|
| $M$ | 11.8 | 14.4 | 1.1 | 2.1 | 2.9 | 1.2 |
| $SD$ | 2.1 | 4.2 | 0.3 | 1.8 | 2.1 | 0.2 |
| $MIN$ | 7 | 8 | 1 | 0 | 0 | 0.9 |
| $MAX$ | 16 | 25 | 3 | 9 | 8 | 1.8 |

gebnisse der Probanden dar (zur Definition der Parameter siehe Friege und Lind, 2000).

Im Mittel haben die Probanden 12 Begriffe gelegt. Dies entspricht der Anzahl der vorgegebenen Begriffe. Die Begriffsnetze enthalten im Durchschnitt 14 bis 15 Verknüpfungen und weisen eine mittlere Komplexität auf. In der Regel bestehen die Netze aus einer Zusammenhangskomponente. Rund zwei Knoten haben einen Grad größer vier (zentrale Begriffe), und etwa drei Begriffe werden nur mit einem einzigen weiteren Begriff verknüpft (einzeln verknüpfter Begriff). Das Ausfallen dieser Werte entspricht in der Größenordnung denen bei Friege und Lind (2000, 162).

*Inhaltliche Auswertung der Concept Maps*

Ergänzend zur Ermittlung der Strukturparameter erfolgt eine inhaltliche Auswertung der Maps. Dazu werden die Propositionen aufgrund der Beschriftungen der Probanden in Kategorien eingeteilt: richtige Verbindung ($RV$), falsche Verbindung ($FV$), triviale Verbindung ($TV$) und unbeschriftete Verbindung ($NV$). Darauf aufbauend sind zwei weitere Qualitätsmaße für die Maps definiert:

- der Fehlerquotient ($FQU$) definiert durch $FQU = FV/(RV + TV + NV + FV)$ und
- der Richtigkeitsquotient ($RQU$) mit $RQU = (3RV+2TV+NV)/(RV+TV + NV + FV)$.

Tabelle 7.21 berichtet das Ausfallen der oben angeführten inhaltlichen Parameter in den Concept Maps der Probanden.

**Tabelle 7.21:** Ausfallen verschiedener inhaltlicher Parameter der Concept Maps.

| | *RV* | *FV* | *TV* | *NV* | *FQU* | *RQU* |
|---|---|---|---|---|---|---|
| *M* | 8.1 | 1.3 | 2.3 | 2.7 | 0.09 | 2.20 |
| *SD* | 3.6 | 1.5 | 1.6 | 3.2 | 0.11 | 0.38 |
| *MIN* | 0 | 0 | 0 | 0 | 0 | 1.08 |
| *MAX* | 17 | 5 | 8 | 17 | 0.36 | 2.80 |

Mit durchschnittlich 8 richtigen Verbindungen und einer durchschnittlichen Gesamtzahl von 15 Verbindungen ist etwa jede zweite Proposition inhaltlich richtig. Im Schnitt ist nur eine Relation falsch, gut zwei sind trivial und etwa drei ohne weitere Angaben. Fehler- und Richtigkeitsquotient beschreiben darüber hinaus die Qualität der Maps.

*Zentralität der verwendeten Begriffe*

Die von den Probanden verwendeten Begriffe werden bzgl. ihrer Position und damit der Wichtigkeit in den Maps ausgewertet (Friege & Lind, 2000, 163). Dazu wird für alle Begriffe in allen Netzen bestimmt, zu wie vielen weiteren Knoten Verbindungen bestehen. Ersichtlich ist damit die Bedeutung der verwendeten Begriffe für das behandelte Thema. In der Auswertung werden die von den Probanden neu hinzugefügten Begriffe zusammengefasst. Tabelle 7.22 gibt für die 12 vorgegebenen Begriffe den Rang und den Mittelwert ($M$) der Anzahl der Verbindungen an.

Als zentrale Begriffe können damit „Erde“, „Gravitationskraft“, „Zentrifugalkraft“ und „Mond“ bezeichnet werden. Sie wurden mit rund drei weiteren Begriffen verbunden. In der Tat sind dies auch die Begriffe, die für die Erklärung der Entstehung der Gezeiten in dem betrachteten Modell von zentraler Bedeutung sind.

Den Schülern ist es offensichtlich gelungen, die Bedeutung dieser Begriffe zu erkennen und sie entsprechend in den Maps einzubauen.

**Tabelle 7.22:** Zentralität der verschiedenen Begriffe der Concept Maps.

| *Rang* | *Begriff* | *M* |
|---|---|---|
| 1 | Erde | 3.4 |
| 2 | Gravitationskraft | 3.0 |
| 3 | Zentrifugalkraft | 2.8 |
| 4 | Mond | 2.7 |
| 5 | Gezeiten erzeugende Kraft | 2.2 |
| 6 | Flut alle 12 Stunden 25 Minuten | 2.0 |
| 7 | Flutberg auf der mondzugewandten Seite | 1.9 |
| 8 | Flutberg auf der mondabgewandten Seite | 1.8 |
| 9 | *neu hinzugefügte Begriffe* | 1.8 |
| 10 | Schwerpunkt des Systems Erde-Mond | 1.7 |
| 11 | Kreisbewegung | 1.5 |
| 12 | Rotation der Erde um dem Schwerpunkt Erde-Mond | 1.3 |
| 13 | Eigenrotation der Erde | 1.2 |

### Diskussion

Die Concept Maps der Schüler spiegeln insgesamt eine gute Leistung wider. Die Probanden erstellen komplexe Maps, die in der Mehrheit sowohl hochwertige netzartige Strukturen aufweisen als auch physikalisch korrekte Relationen verwenden. Die dargestellten Auswertungen belegen damit erneut, dass es den Schülern gelungen ist, sich mit dem Internet einen komplexen Sachverhalt zu erarbeiten.

Dies ist insbesondere deshalb positiv zu werten, da diese Lernerfolge zum einen am Ende der gesamten Untersuchung erfasst wurden (nach gut 3 Stunden Beschäftigung). Gewisse „Ermüdungserscheinungen“ waren bei den Probanden deshalb nicht auszuschließen. Zum anderen war das Verfahren des Concept Mapping für einige der Schüler neu, sodass Unsicherheiten mit der Erstellung der Netze auftreten konnten.

### 7.4.3 Textanalyse und Bewertung

Die Texte der Schüler werden inhaltlich bewertet. Damit liegt eine dritte Form der Leistungsmessung vor. (Dabei ist zu beachten, dass zur Erstellung der Texte die Quellen des WWW zur Verfügung standen.) Dieser Abschnitt stellt das verwendete Verfahren der Textanalyse ausführlich dar und zeigt die damit erzielten Ergebnissen auf. Im Anhang 8-9 sind Beispiele von Texten der Schüler angeführt.

#### Verfahren

Grundlage der Bewertung sind Verfahren der Textanalyse (Lissmann, 2001; Eigler, Jechle, Kolb & Winter, 1995, 147; vgl. auch Quellen in Nieswandt, 1997, 60). Die Schülertexte werden in Sätze bzw. Aussagen (Textelemente) zerlegt und einer von sieben verschiedenen Klassen gemäß der in der Aufgabenstellung geforderten Inhalte zugeordnet. Dem Schlagwort „Gezeiten erzeugende Kraft“ wird dabei keine Klasse zugeordnet, da der damit verbundene Inhalt bereits durch die anderen Klassen abgedeckt ist. Textelemente, die inhaltlich nicht einer dieser Klassen zugeordnet werden können, also über den in der Aufgabenstellung geforderten Stoff hinausgehen, werden gesammelt, aber für die Bewertung nicht herangezogen. Alle Sätze und Aussagen werden auf Richtigkeit, die Klassen auf Vollständigkeit geprüft. Pro Klasse werden drei Punkte vergeben, sodass insgesamt maximal 21 Punkte erreicht werden können. In der Bewertung bleiben Struktur, Stil und sprachliche Richtigkeit der Schülertexte unberücksichtigt.

Durch die Zerlegung des Textes ist es allerdings schwierig, das Werk in seiner Gesamtheit zu beurteilen. Dazu kommt, dass unklare Aussagen der Schüler mitunter nicht ganz einfach zu klassifizieren und zu bewerten sind. Beide Aspekte zusammen führen zu einem Ermessensspielraum des Beurteilers, der nicht frei von Subjektivität ist. Dem wurde begegnet, indem die Texte mehreren Experten vorgelegt wurden.

### Ergebnisse

Nach diesem Verfahren wurden die Schülertexte von drei Experten bewertet, sodass die Bewertungen für die vorliegende Untersuchung hinreichend objektiv sind. Die vergebenen Punkte der drei Experten korrelieren hoch signifikant miteinander (Produkt-Moment-Korrelationen: Experte 1 und Experte 2: $r = .81$, $p < .01$; Experte 1 und Experte 3: $r = .89$, $p < .001$; Experte 2 und Experte 3: $r = .95$, $p < .001$; $r$ bezeichnet den Korrelationskoeffizienten nach Pearson, $p$ bezeichnet die Irrtumswahrscheinlichkeit). Die Probanden erzielten im Mittel $M = 8.8$ ($SD = 3.5$) Punkte (Tab. 7.23) (Intraclass-Korrelationskoeffizient $r = .94$).

**Tabelle 7.23:** Ergebnis der Bewertung der Texte.

| | |
|---|---|
| *M* | 8.9 |
| *SD* | 3.5 |
| *MIN* | 1 |
| *MAX* | 18 |

Abbildung 7.19 zeigt darüber hinaus die Anzahl der Schüler in Abhängigkeit von der erreichten Punktzahl.

Im Durchschnitt werden nur knapp neun Punkte erzielt. Ein Schüler erreicht 18 von 21 Punkten und damit das beste Ergebnis, etwas mehr als 1/3 der Probanden erlangen mehr als die Hälfte der maximal erreichbaren Punkte. Ebenfalls etwa 1/3 der Probanden erhalten eine Gesamtpunktzahl kleiner gleich 7 Punkte.

### Diskussion

Dieses eher schwache Ergebnis kann darauf zurückgeführt werden, dass das Verfassen von umfangreicheren Texten in den Naturwissenschaften für viele Schüler ungewohnt ist. Die Verwendung von präziser Fachsprache zur Darstellung inhaltlich korrekter Zusammenhänge fällt vielen Schülern deshalb

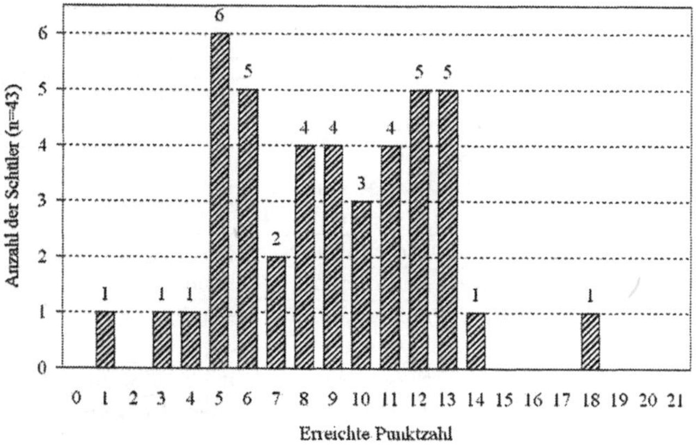


**Abbildung 7.19:** Erreichte Punktzahlen für die erstellten Texte.

schwer. Hinzu kommt, dass durch die äußeren Vorgaben der Untersuchung den Schülern nur begrenzt Zeit zum Schreiben der Texte zur Verfügung stand. Beide Einflüsse können die Qualität der Texte schmälern. Des Weiteren ist die Bewertung der Texte eng an die Aufgabenstellung gekoppelt. Die Texte der *Compiler* enthielten sowohl „überflüssige", nicht geforderte Inhalte als auch Lücken und Mängel in den Inhalten, die bearbeitet werden sollten. Dies führt zu schwachen Ergebnissen, die sich auf den Gesamtdurchschnitt der Stichprobe auswirken.

## 7.5 Zusammenfassung

Zusammenfassend kann bezüglich der Voraussetzungen der Probanden festgehalten werden, dass die Schüler über mittelmäßige allgemeine Physikkenntnisse, keine Vorkenntnisse zum Thema Gezeiten, gute Computerkenntnisse mit mittelmäßigen Internetkompetenzen und weitgehend adäquate Ansichten über Physik und Lernen von Physik verfügen (vgl. Tab. 7.24). Das

**Tabelle 7.24:** Übersicht über die wichtigsten Ergebnisse des Kapitels 7.

| | *Kriterium* | *Ergebnis* | *Kapitel* |
|---|---|---|---|
| Vorkenntnisse | Allgemeine Vorkenntnisse in Physik | mittelmäßig | 7.1.1 |
| | Vorkenntnisse zum Thema Gezeiten | keine | 7.1.2 |
| | Computerkenntnisse | gut | 7.1.3 |
| | Internetkompetenz | mittelmäßig | 7.1.3 |
| | Epistemologische Überzeugungen | weitgehend adäquat | 7.1.4 |
| Computer- und Internetnutzung | Recherchevorgehen | mittelmäßig bis gut | 7.2.2 |
| | Textproduktion | Typen: *Compiler* vs. *Autor* | 7.2.4 |
| | Strategietypen (Logfiles) | häufigste Typen: *Searcher* und *Wanderer* | 7.3.1 |
| | Strategietypen (Selbstein-schätzung) | häufigste Typen: *Searcher, Explorer* und *Scanner* | 7.3.2 |
| | Arbeitsweise (Selbstein-schätzung) | positiv | 7.3.3 |
| Arbeitsergebnisse | Multiple-Choice-Nachtest | gut | 7.4.1 |
| | Concept Maps | gut | 7.4.2 |
| | Erstellte Texte | mittelmäßig | 7.4.3 |

Recherchevorgehen ist gemessen an ähnlichen Untersuchen als mittelmäßig bis gut zu bezeichnen. Aus der Analyse der Logfiles ergaben sich sowohl zwei Typen der Textproduktion, *Compiler* und *Autor*, sowie vier Navigationsstrategien, *Searching* (suchen), *Wandering/Browsing* (wandern/durchstöbern), *Scanning* (überfliegen) und *Exploring* (entdecken). Die Schüler schätzen sich selbst vorwiegend als *Searcher, Explorer* und *Scanner* ein und zeigen eine positive Einstellung zur eigenen Arbeitsweise. Die Lernerfolge der Probanden sind insgesamt recht gut.

# Kapitel 8

# Zusammenhänge zwischen Vorkenntnissen, Computernutzung und Lernerfolg

Mit der Präsentation der Resultate der einzelnen Testinstrumente (Kap. 7) sind die Grundlagen geschaffen, um in diesem Kapitel Zusammenhänge zwischen den Ergebnissen zu betrachten. Damit beantwortet dieser Teil der Arbeit einen großen Teil der aufgestellten Forschungsfragen (Kap. 6.2). Da zum einen nur eine Auswahl an untersuchten Beziehungen angeführt, beschrieben und diskutiert werden kann und zum anderen durch das explorative Vorgehen ein Prüfen und Entdecken unterschiedlichster Zusammenhänge vollzogen wird, ist dieses Kapitel zur besseren Orientierung analog zu Kapitel 7 gegliedert. Das heißt im Wesentlichen wird erneut die Reihenfolge des Untersuchungsablaufs beibehalten, betrachtet werden Vorkenntnisse und epistemologische Überzeugungen, Computer- und Internetnutzung und Textproduktion, Strategien und Arbeitsweisen und Lernerfolge.

Nach einer Diskussion des Vergleichs der Variablen, die einen Einfluss auf Lernerfolge gezeigt haben, werden in einer Ergänzung geschlechtsspezifische Unterschiede betrachtet.

## 8.1 Einfluss der Vorkenntnisse und epistemologischen Überzeugungen

Die Betrachtung der Zusammenhänge zwischen den Ergebnissen richtet sich zunächst auf die Untersuchung des Einflusses der Vorkenntnisse und epistemologischer Überzeugungen auf verschiedene Testergebnisse.

### 8.1.1 Vorkenntnisse in Physik in Bezug zu Lernerfolgen

Die große Bedeutung von domänenspezifischen Vorkenntnissen für einen Lernzuwachs wird in Kapitel 3.1 diskutiert. Dieser Abschnitt berichtet, welche Zusammenhänge zwischen dem Vortest zu allgemeinen Kenntnissen in Physik und den erstellten Texten, den Concept Maps und dem Multiple-Choice-Test bestehen. Damit wird überprüft, ob sich in dieser Untersuchung ebenfalls starke Einflüsse der Vorkenntnisse zeigen. Dazu wurden Produkt-Moment-Korrelationen zwischen den jeweiligen Punktzahlen der entsprechenden Testleistungen berechnet (Tab. 8.1).

Die Ergebnisse des Vortests zu allgemeinen Kenntnissen in Physik korrelieren signifikant mit allen Nachtestergebnissen ($n = 44$): Multiple-Choice-Nachtest ($r = .46$, $p < .01$), erstellte Texte ($r = .30$, $p < .05$), Concept Map: Anzahl richtiger Korrelationen ($r = .50$, $p < .001$), Concept Map: Richtigkeitsquotient ($r = .44$, $p < .01$), Concept Map: Anzahl falscher Relationen ($r = -.32$, $p < .05$) und Concept Map: Fehlerquotient ($r = -.40$, $p < .01$). Das bedeutet: Je größer die Vorkenntnisse sind, desto bessere Leistungen haben die Schüler im Multiple-Choice-Test, in den erstellten Texten und in den Concept Maps erbracht.

**Tabelle 8.1:** Produkt-Moment-Korrelationen zwischen der Punktzahl im Vortest zu allgemeinen Kenntnissen in Physik und verschiedenen Nachtests ($n = 44$).

| | Vortest zu allgemeinen Kenntnissen in Physik | |
|---|---|---|
| Multiple-Choice-Nachtest | $r = .46$ | $p < .01$ |
| Erstellte Texte | $r = .30$ | $p < .05$ |
| Concept Map: Anzahl richtiger Relationen | $r = .50$ | $p < .001$ |
| Concept Map: Richtigkeitsquotient | $r = .44$ | $p < .01$ |
| Concept Map: Anzahl falscher Relationen | $r = -.32$ | $p < .05$ |
| Concept Map: Fehlerquotient | $r = -.40$ | $p < .01$ |

### Diskussion

Die Ergebnisse spiegeln auf eindrückliche Weise den Einfluss der Vorkenntnisse auf Lernerfolge wider. Der beschriebene Zusammenhang ist ein einer Reihe von Untersuchungen nicht nur zum Lernen in hypermedialen Umgebungen gefunden worden (siehe z. B. Unz, 2000, 63; vgl. Kap. 3.1). Dass dieses Ergebnis reproduziert wird, ist ein Anzeichen für die Validität dieser Untersuchung.

Für die Arbeit mit dem Internet ist dieser Zusammenhang zwischen Vorkenntnissen und Lernzuwachs m. E. besonders wichtig (dafür sprechen die hohen Korrelationen), da der Besuch von Quellen im Internet kein strukturierter, in sich geschlossener und für die Lehre konzipierter Unterrichtsgang ist (im Gegensatz zu vielen Hypertexten, Software-Anwendungen oder Lehrbüchern). Der Lernende muss relevante Quellen finden, auswählen und entsprechend der Lernziele nutzen und sich somit sein „Curriculum“ selbstständig zusammenstellen. Der Internetnutzer kann sich zudem dabei nicht grundsätzlich auf die Richtigkeit der Informationen verlassen. Weiterhin deckt das inhaltliche Niveau der Seiten die gesamte Spannbreite ab. Vorwissen hilft deshalb in besonderem Maße, die Relevanz aufgefundener Quellen für die eigene Zielsetzung abzuschätzen, das Niveau der Darstellungen im Internet schnell einzuschätzen und die fachliche Richtigkeit der Dokumente zu beurteilen. Dies liegt daran, dass Vorkenntnisse bildlich ausgedrückt inhaltliche Punkte darstellen, an denen sich Anwender in der „neuen“ Umgebung (Thema) festhalten und orientieren können. Diese Verbindung von neuem mit altem Wissen begünstigt Lernprozesse und ist aufgrund des Mangels anderer Hilfen (Lehrer, Curriculumaufbau) beim selbstgesteuerten Internet-Lernen besonders wichtig.

*Hypothese 1: Für die selbstgesteuerte Erarbeitung eines komplexen Themas aus der Physik mithilfe des Internets sind domänenspezifische Vorkenntnisse besonders wichtig zum Erzielen aufgabenrelevanter Lernerfolge.*

Einschränkungen dieser Aussage sind hinsichtlich der Offen- bzw. Geschlossenheit und der Komplexität der Aufgabenstellung zu machen. Werden beispielsweise Aufgaben gestellt, die auf die Gewinnung eines groben Überblicks eines Themas zielen oder nach reinen Fakten fragen, so treten domänenspezifische Vorkenntnisse in der Bedeutung zurück. Denn einen Überblick über Zusammenhänge zu gewinnen oder einzelne Informationen zu suchen, lässt sich auch mit geringeren Vorkenntnissen erreichen. Beispielsweise setzt die Bearbeitung der Aufgabe, herauszufinden, was Gezeiten grundsätzlich sind oder wann an einem bestimmten Ort auf der Erde Flut ist, nur wenige domänenspezifische Kenntnisse voraus.

### 8.1.2 Computerkenntnisse in Bezug zu Lernerfolgen und zur Textproduktion

Kompetenzen im Umgang mit Computern sind Fähigkeiten, welche den Erfolg der Arbeit mit dem Internet und Textverarbeitungsprogrammen wesentlich bestimmen. Diese Untersuchung möchte die Stärke dieses Einflusses abschätzen, da hierin wesentliche Voraussetzungen für ein erfolgreiches Arbeiten mit dem Internet liegen.

*Lernerfolge*

Mithilfe der Zuordnung der Probanden zu einem der sechs verschiedenen Levels der Computerkenntnisse (Kap. 7.1.3) wird überprüft, ob sich die

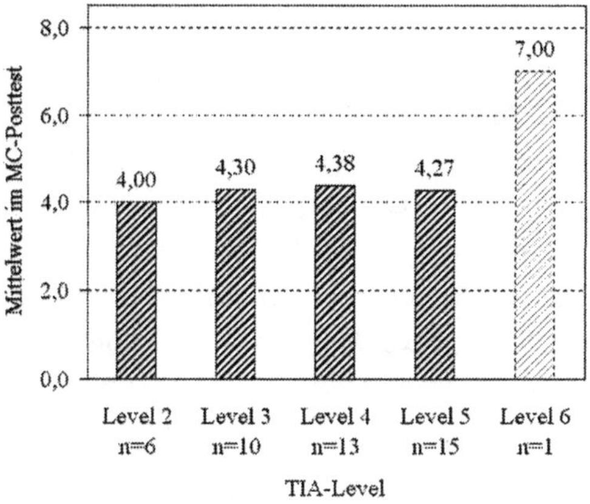


**Abbildung 8.1:** Mittelwerte der Punktzahlen im Multiple-Choice-Posttest für verschiedene TIA-Levels.

Posttestleistungen der Probanden dieser Levels voneinander unterscheiden. Dazu wurden einfaktorielle Varianzanalysen berechnet. Für keinen der Posttests ergeben sich für die durch TIA-Levels klassifizierten Computerkenntnisse signifikante Unterschiede in den Mittelwerten (Multiple-Choice-Nachtest, $n = 45$: $F(4, 40) = .53$, $p > .05$; Erstellte Texte, $n = 43$: $F(4, 38) = .40$, $p > .05$; Concept Map (Anzahl richtiger Relationen), $n = 44$: $F(4, 39) = .33$, $p > .05$; Concept Map (Anzahl falscher Relationen), $n = 44$: $F(4, 39) = 1.42$, $p > .05$).

Abbildung 8.1 veranschaulicht diesen Zusammenhang exemplarisch, dargestellt sind die Mittelwerte der Punktzahlen im Multiple-Choice-Posttest der Probanden der verschiedenen TIA-Levels.

Bestätigt wird dieses Ergebnis durch die Betrachtung der Gesamtpunktzahl im Computerkenntnistest und auf der Subskala „Basic Internet Knowledge", die technische Kenntnisse und Fähigkeiten im Umgang mit dem Internet erfasst. Beide Korrelationen zwischen der jeweils erreichten Punktzahl und der im Multiple-Choice-Nachtest sind nicht signifikant (TIA Gesamt:

$r = .12$, $p > .05$, $n = 45$; TIA Subskala „Basic Internet Knowledge“: $r = -.03$, $p > .05$, $n = 45$).

Ein völlig anderes Bild zeigt sich jedoch bei der Betrachtung des Zusammenhangs zwischen der Subskala „Internet Information Skills“ und dem Abschneiden im Multiple-Choice-Posttest. Hier tritt ein hoch signifikanter Zusammenhang auf ($r = .51$, $p < .001$, $n = 45$). Dies bedeutet: Je stärker die Fähigkeit eines Probanden ausgeprägt ist, kritisch mit Informationen im Internet hinsichtlich deren Wert, Zuverlässigkeit und Gültigkeit umzugehen, desto größer ist der Lernerfolg.

*Textproduktion*

Die Unterschiede der Probanden der verschiedenen TIA-Levels bezüglich zweier Variablen des Textproduzierens wurden durch einfaktorielle Varianzanalysen berechnet. Die Mittelwerte der Anzahl der Wörter im Text ($F(4, 38) = 4.69$, $p < .01$, $f = .70$, $n = 43$; $f$ bezeichnet die Effektgröße) und des prozentualen Anteils der Wörter, die geschrieben und in den Text übernommen wurden ($F(4, 38) = 3.98$, $p < .01$, $f = .65$, $n = 43$), unterscheiden sich zwischen den verschiedenen TIA Levels signifikant. Abbildung 8.2 zeigt, dass mittlere Computerkenntnisse (Level 3 bis 4) erstens zu den kürzesten Texten (Level 4: $M = 390$ Wörter) und zweitens zu dem maximalen prozentualen Anteil an Wörtern, die geschrieben und in den Text übernommen wurden (Level 3: $M = 89\%$), geführt haben.

Schüler mit mittleren Computerkenntnissen haben demnach am effektivsten gearbeitet: sie kreieren die kürzesten Texte und schreiben „am druckreifsten“.

## Diskussion

Ein Einfluss allgemeiner Computerkenntnisse auf den Lernerfolg konnte auch in dieser Untersuchung nicht festgestellt werden (vgl. Ausführungen in Kap. 3.2; siehe auch Ford & Chen, 2000). Dabei muss ein wichtiger Unterschied dieser Untersuchung zu anderen betont werden: Im Gegensatz zu

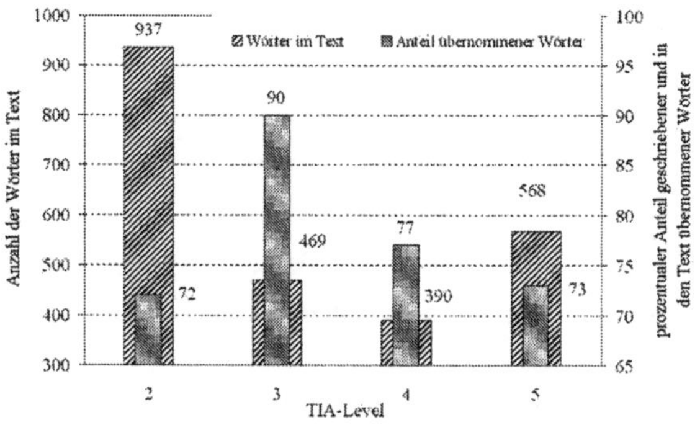


**Abbildung 8.2:** Anzahl der Wörter im Text und prozentualer Anteil an Wörtern, die geschrieben und in den Text übernommen wurden, in Abhängigkeit der TIA-Levels.

den meisten der anderen Untersuchungen, die ähnliche Ergebnisse berichten, geht diese Arbeit über die bloße Informationssuche hinaus, indem Lernen komplexer Inhalte betrachtet wird.

Offensichtlich sind Kompetenzen im Bereich des Levels 2 und 3 ausreichend, um im Rahmen der vorliegenden Aufgabenstellung erfolgreich mit dem Internet zu arbeiten. Diese können beschrieben werden, liegen auf einem recht geringen Niveau (vgl. Beschreibung der Levels in Kap. 7.1.3) und lassen sich schnell erlernen. Ab diesem Kenntnisniveau führen noch weitergehendere Fähigkeiten im Umgang mit Computern nicht „automatisch" zu höheren Lernerfolgen.

Die Ursache dieser Befunde kann auf eine umwelt- und gesellschaftsbedingt gewachsene technische Kompetenz der Probanden zurückgeführt werden. Die Anwendung von Standardsoftware bzw. die Orientierung in technischen Umgebungen ist vielen Schüler bereits sehr vertraut. Durch eine Sozialisation in einer technisierten Gesellschaft (Gameboys, Handys) gewinnen Jugendliche ein anwenderorientiertes Verständnis technischer Verfahren, welches ihnen hilft, die Funktion verschiedener Software vom Grundprinzip her recht schnell zu verstehen. Dies trifft auch auf die Nutzung des Internets zu, dessen Nutzerfreundlichkeit zusätzlich in den letzten Jahren erheblich gestiegen ist. Aus diesem Grund liegen die notwendigen technischen Kompetenzen auf einem vergleichsweise niedrigen Niveau und können deshalb von den Schülern schnell erlernt werden.

Hinsichtlich eines kritischen Umgangs der Schüler mit Informationen aus dem Internet sieht dies anders aus. Hier konnte ein signifikanter Zusammenhang zum Lernerfolg festgestellt werden. Je ausgeprägter die Fähigkeit, kritisch mit Informationen im Internet hinsichtlich deren Wert, Zuverlässigkeit und Gültigkeit umzugehen, desto besser sind die Posttest-Leistungen. Die damit zusammenhängenden Kompetenzen nehmen offensichtlich eine Schlüsselfunktion beim Arbeiten mit dem Internet ein. Schüler müssen lernen, sich in der Flut der Informationen im Internet gültige und zuverlässige inhaltliche Grundlagen für das Lernen zu schaffen. Dazu gehört, sich begründet auf bestimmte Informationsquellen zu verlassen und andere Dokumente hingegen zu überprüfen bzw. zu hinterfragen. Nur so kann es in der Recherche gelingen, zu einer Sammlung an Quellen zu gelangen, die alle notwendigen Voraussetzungen für ein erfolgreiches Lernen bietet. Werden von Schülern hingegen nur einzelne (fachlich fragwürdige) Quellen ausgewählt, stehen auch Lernerfolge infrage.

Damit wird deutlich, mit welch hohen Anforderungen die Arbeit mit dem Internet verbunden ist (vgl. auch Britt & Gabrys, 2000, 82). Hinzu kommt, dass die Steuerung des Arbeitsprozesses mit diesem Medium, beispielsweise hinsichtlich des Umfangs, des Niveaus und des Tempos der Informationspräsentation, dem Nutzer selbst obliegt (Priemer & Zajonc, 2002, 156). Naturwissenschaftlicher Unterricht in der Schule sieht im Vergleich dazu vielfach anders aus. Schüler, die in der Regel nur mit von Lehrern ausgewählten Materialien arbeiten, erwerben zwar Wissen, in der Regel nicht aber Qualifikationen in einem kritischen Umgang mit Quellen, die für die Arbeit mit dem Internet so wichtig sind. Deshalb kann die von Lehrkräften begleitete Internetnutzung im Fachunterricht als Schritt in Richtung der Schulung von Internetkompetenzen betrachtet werden. Auf diese Weise, aber auch durch entsprechenden „traditionellen“ Unterricht, kann Schülern ein kritischer Umgang mit Quellen vermittelt werden.

Es kann als eines der zentralen allgemeinen Bildungsziele der Schule angesehen werden, Schüler auf die Ansprüche und Anforderungen einer Informationsgesellschaft vorzubereiten. Als Schlüsselqualifikation zählt, wie dargestellt, z. B. der Umgang mit einer großen Menge an Quellen unterschiedlicher Zuverlässigkeit. „Engaging in a critical reading process for science communications is especially important in an age of web-page proliferation and ubiquitous web access where there is very limited control over the quality of science information put out there and easily accessible over the internet“ (Goldman & Wiley, 2002, 2). Die Wichtigkeit eines derartigen „reflektierenden Informationsmanagements“ hat sich in dieser Untersuchung erneut gezeigt. Physikunterricht kommt diesen Bildungszielen relativ nah und ist deshalb für diese Ziele m. E. besonders geeignet, da über die reine Informationssuche hinaus die Behandlung komplexer Zusammenhänge im Vordergrund steht. Beispielsweise werden auch im Physikunterricht anhand von Informationen und Daten (theoretische Grundlagen, Planung und Ergebnisse von Experimenten) unterschiedlicher Genauigkeit (Fehlerbetrachtungen) gültige Aussagen (physikalische Gesetzmäßigkeiten) getroffen (vgl. hierzu auch Goldman & Wiley, 2002, 2). Die Ergebnisse sind darüber hinaus auf fachliche Richtigkeit hin überprüfbar.

*Hypothese 2: Während technischen Computerkenntnissen eine geringere Bedeutung für die selbstgesteuerte Erarbeitung eines komplexen Themas der Physik mithilfe des Internets beizumessen ist, haben Kompetenzen im kritischen Umgang mit Informationen einen großen Einfluss auf das Erzielen aufgabenrelevanter Lernerfolge.*

Zusammengefasst haben sich damit zwei Faktoren, die Einfluss auf potentielle Lernerfolge haben, als ausschlaggebend erwiesen: domänenspezifische Vorkenntnisse und Internetkompetenzen. Im Folgenden wird in einem kleinen Exkurs neben der Erläuterung des Begriffes der Internetkompetenz der Zusammenhang beider Faktoren umrissen.

*Exkurs.* Unter Internetkompetenz wird eine vom Fach unabhängige Fähigkeit des Umgangs mit dem Medium Internet hinsichtlich von vier Gesichtspunkten verstanden (nach Kübler, 1999, 27, der diese Definition allgemeiner für Medienkompetenz aufgestellt hat; vgl. auch Winterhoff-Spurk, 1997):

*Kognitive Fähigkeiten:* Kenntnisse hinsichtlich Struktur, Organisationsformen und Funktionsweisen des Mediums. Für das Internet bedeutet dies z. B.: Kennen von Suchmaschinen und deren Funktionsweise, Kennen von bestimmten Internetseiten (Portalen) und Newsgroups, Wissen, wie Informationen effektiv und effizient gefunden werden können (Recherchetechnik)

*Analytische und evaluative Fähigkeiten:* kritischer Umgang mit Informationen und Beurteilung von Quellen des Mediums. Zum Beispiel: Hinterfragen der Kompetenzen des Autors von Webseiten, Überprüfen der Richtigkeit anhand mehrerer Quellen, Einschätzung von Webseiten bzgl. ideologischer Färbungen

*Sozial-reflexive Fähigkeiten:* bewusster normkonformer Umgang mit dem Medium. Zum Beispiel: Beachten der Netiquette und kultureller Unterschiede insbesondere bei der Kommunikation, legale Nutzung des WWW

*Handlungsorientierte Fähigkeiten:* technische Handhabung des Mediums. Zum Beispiel: Kennen der Funktionsweise von Webbrowsern, Installation von Software, Nutzung von E-Mail

Beide Einflussgrößen, Fachkompetenz und Internetkompetenz, können herangezogen werden, um potentielle Lernerfolge zu beschreiben (vgl. Abb. 8.3).

Die dem Prinzip von „Jeff's Law“ (Staes, 2002, 5) nachempfundene Darstellung in Abbildung 8.3 beschreibt folgenden Zusammenhang: Mithilfe der Ausprägung von Internet- und Fachkompetenz, aufgetragen auf Ordinate

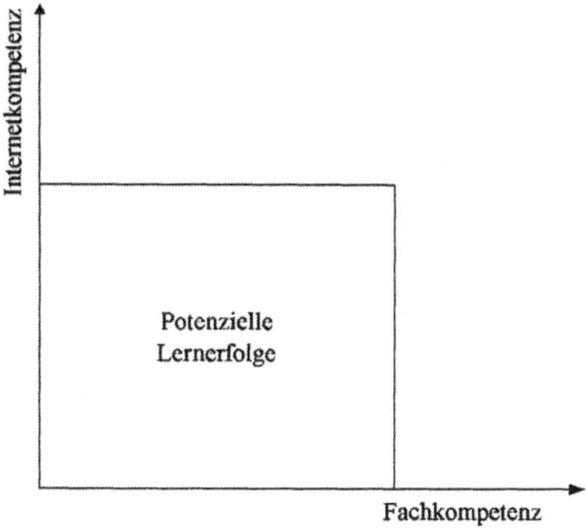


**Abbildung 8.3:** Einfluss von Internet- und Fachkompetenz auf potentielle Lernerfolge.

und Abszisse, wird ein Viereck aufgespannt, dessen Flächeninhalt potentielle Lernerfolge widerspiegelt. Hohe Internetkompetenz allein reicht demnach nicht aus, um zu Lernerfolgen zu kommen, wenn fachliche Kenntnisse fehlen. Der Lernende weiß zwar im Prinzip, wie „gute" Quellen gefunden werden können, wegen mangelnder fachlicher Kenntnisse kann der Inhalt von Informationen aber nicht hinreichend beurteilt werden. Potentielle Lernerfolge werden so geschmälert. Anderseits kann auch ein fachlich hervorragend geschulter Nutzer nicht mit Informationen aus dem WWW (dazu-) lernen, wenn es ihm nicht gelingt, mithilfe des Internets geeignete Quellen zu finden. Optimale Ergebnisse erzielen demnach Lernende, die sowohl Internet- als auch fachkompetent sind. Die Schulung dieser beiden Aspekte sollte m.E. im Unterricht deshalb gleichermaßen erfolgen.

Diese Überlegungen lassen sich in zwei Schritten verallgemeinern, die damit über die Ergebnisse dieser Untersuchung hinausgehen und als Interpretation zu verstehen sind. Erstens kann die Internetkompetenz auf Medienkompetenz im Sinne der Definition von Kübler (1999, 27) erweitert werden. Diese

Verallgemeinerung hebt die Betrachtung eines speziellen Mediums auf und beschreibt Fähigkeiten in angeführten Sinne, die über das Internet hinaus auf weitere Medien übertragbar sind. Zweitens kann einer weiteren Verallgemeinerung folgend Medienkompetenz durch Methodenkompetenz ersetzt werden. Unter Methodenkompetenz wird (nach Klippert, 2002) die Kompetenz bzw. Befähigung verstanden, unabhängig von Fachwissen Informationen und Wissen zu beschaffen, zu verwerten, zu strukturieren, zu bearbeiten, aufzubereiten, darzustellen, zu interpretieren usw. Damit unterliegt ein Lernprozess zwei wichtigen Bedingungsgrößen: Kenntnissen im Fach und Kenntnissen über Methoden. Nur wenn beides sichergestellt ist, können Lernerfolge erzielt werden.

### 8.1.3 Epistemologische Überzeugungen in Bezug zu Physikkenntnissen

Analog zu Ergebnissen internationaler Untersuchungen (Halloun, 2001, Kap. 3.3), in denen Beziehungen zwischen epistemologischen Überzeugungen und Physikkenntnissen von Schülern und Studenten gefunden wurden, soll dieser Zusammenhang auch anhand der in dieser Untersuchung erfassten Daten näher untersucht werden. Es stellt sich dabei die prinzipielle Frage, ob durch die Anwendung des Mediums Internet neue oder veränderte Aussagen gefunden werden.

Dazu wird überprüft, ob sich die VASS-Typen *Experte*, *oberer* und *unterer Übergangstyp* und *Laie* (Kap. 7.1.4) hinsichtlich ihrer Leistungen in Physik, gemessen durch den Vortest, den Multiple-Choice-Nachtest und durch das Concept Mapping, voneinander unterscheiden. Es wurden einfaktorielle Varianzanalysen gerechnet (Tab. 8.2).

Das Ergebnis der Varianzanalyse zeigt signifikante Unterschiede zwischen den Mittelwerten der verschiedenen VASS-Typen im Vortest zur Physik ($F(3,40) = 6.14$, $p < .01$, $f = .68$, $n = 44$), im Multiple-Choice-Nachtest zum Thema Gezeiten ($F(3,41) = 3.65$, $p < .05$, $f = .52$, $n = 45$) und in der

**Tabelle 8.2:** Varianzanalysen über das Abschneiden in verschiedenen Tests zur Physik, getrennt nach VASS-Typen.

| | Quelle der Varianz | *ss* | *df* | *ms* | *F* | *Sig of F* |
|---|---|---|---|---|---|---|
| Vortest mit allgemeinen Fragen zur Physik | VASS-Typen | 68.16 | 3 | 22.72 | 6.14 | .002 |
| | Fehler | 148.09 | 40 | 3.70 | | |
| | Total | 216.25 | 43 | | | |
| Multiple-Choice-Nachtest | VASS-Typen | 12.77 | 3 | 4.26 | 3.65 | .020 |
| | Fehler | 47.79 | 41 | 1.17 | | |
| | Total | 60.55 | 44 | | | |
| Concept Map: Anzahl richtiger Relationen | VASS-Typen | 120.67 | 3 | 40.22 | 3.64 | .021 |
| | Fehler | 442.51 | 40 | 11.06 | | |
| | Total | 563.18 | 43 | | | |

(*ss* bezeichnet die Quadratsumme, *df* die Anzahl der Freiheitsgrade, *ms* das Mittel der Quadrate, *F* den Wert der *F*-Verteilung, *Sig of F* die Irrtumswahrscheinlichkeit)

Anzahl richtiger Relationen in den Concept Maps ($F(3, 40) = 3.64$, $p < .05$, $f = .52$, $n = 44$). Die Typeneinteilung scheint demnach eine Determinante des Lernerfolgs in Physik zu sein. Da die beiden Typen *Laie* und *unterer Übergangstyp* in der vorliegenden Stichprobe nur schwach vertreten waren, wurden zusätzlich Einzelvergleiche (t-Tests) zwischen *Experte* und *oberer Übergangstyp* berechnet. Diese zeigen, dass die VASS- *Experten* signifikant bessere Physikleistungen erbringen als die Probanden mit dem Profil *oberer Übergangstyp* (Tab. 8.3).

Der *Experte* ($n = 30$) schneidet im Vortest mit allgemeinen Fragen zur Physik ($t(40) = -3.19$, $p < .01$, $d = .99$), im Multiple-Choice-Nachtest zum Thema Gezeiten ($t(40) = -2.28$, $p < .05$, $d = .74$) sowie in den Concept Maps, gemessen durch die Anzahl richtiger Relationen ($t(40) = -2.99$, $p < .01$, $d = .96$), signifikant besser ab als der *obere Übergangstyp* ($n = 12$). Die Mittelwerte der Testleistungen der *Experten* (Vortest zur Physik: $M = 5.6$, $SD = 2.2$; Nachtest zu Gezeiten: $M = 5.5$, $SD = 1.9$; Anzahl richtiger Relationen im Concept Map: $M = 9.1$, $SD = 3.5$) sind in allen drei angeführten Tests höher als die des *oberen Übergangstypen*

**Tabelle 8.3:** Mittelwertvergleiche (t-Tests) der VASS-Typen *Experte* und *oberer Übergangstyp* für verschiedene Tests zur Physik.

| | | Vortest mit allgemeinen Fragen zur Physik | Multiple-Choice-Nachtest | Concept Map: Anzahl richtiger Relationen |
|---|---|---|---|---|
| *Experte* ($n = 30$) | $M$ | 5.55 | 5.50 | 9.13 |
| | $SD$ | 2.16 | 1.93 | 3.54 |
| *Oberer Übergangstyp* ($n = 12$) | $M$ | 3.42 | 3.92 | 5.64 |
| | $SD$ | 1.24 | 2.27 | 2.58 |
| gesamt ($n = 42$) | $M$ | 4.93 | 5.05 | 8.20 |
| | $SD$ | 2.16 | 2.13 | 3.63 |
| t-Test *Experte/oberer Übergangstyp* | $t$ | −3.19 | −2.28 | −2.99 |
| $df(40)$ | $p$ | .003 | .028 | .005 |

(t bezeichnet den Wert der $t$-Verteilung)

(Vortest zur Physik: $M = 3.4$, $SD = 1.2$; Multiple-Choice-Nachtest zu Gezeiten: $M = 3.9$, $SD = 2.3$; Anzahl richtiger Relationen im Concept Map: $M = 5.6$, $SD = 2.6$). (Werden die Vorkenntnisse der Probanden in Physik in einer Kovarianzanalyse berücksichtigt, so ergeben sich weiterhin signifikante Unterschiede, z. B. für das Abschneiden im Multiple-Choice-Nachtest: $F(1, 40) = 4.22$, $p < .05$.)

Weiterhin wird geprüft, welche Zusammenhänge zwischen der VASS Gesamtpunktzahl und dem Abschneiden in den einzelnen Physiktests bestehen. Zu diesem Zweck wurden Produkt-Moment-Korrelationen berechnet (Tab. 8.4).

Die erreichte VASS Punktzahl korreliert signifikant mit allen fachinhaltlichen Physiktests ($n = 45$): dem Vortest zur Physik ($r = .39$, $p < .01$), dem Vortest zum Thema Gezeiten ($r = .34$, $p < .05$), dem Multiple-Choice-Nachtest zum Thema Gezeiten ($r = .43$, $p < .01$) sowie dem Parameter „Richtigkeit" der Concept Maps ($r = .35$, $p < .05$). Das heißt: Je höher der Grad der Expertise bzgl. der epistemologischen Überzeugungen der Probanden (nach VASS), desto besser ist das Abschneiden in den Physiktests.

**Tabelle 8.4:** Produkt-Moment-Korrelationen zwischen der VASS Gesamtpunktzahl und verschiedenen Tests zur Physik ($n = 45$).

| | VASS Gesamtpunktzahl | |
|---|---|---|
| Vortest mit allgemeinen Fragen zur Physik | $r = .39$ | $p < .01$ |
| Vortest zum Thema Gezeiten | $r = .34$ | $p < .05$ |
| Multiple-Choice-Nachtest zum Thema Gezeiten | $r = .43$ | $p < .01$ |
| Parameter „Richtigkeit" des Concept Map | $r = .35$ | $p < .05$ |

Beziehungsweise: Je besser die Kenntnisse in Physik sind, über die ein Proband verfügt, desto höher ist der Grad der Expertise bzgl. epistemologischer Überzeugungen. Dies bedeutet, dass die Leistungen in Physik mit den Vorstellungen kovariieren, die Schüler über Physik und Lernen in diesem Fach haben.

## Diskussion

Die dargestellten Ergebnisse reproduzieren weitgehend die Resultate von Halloun (2001) (siehe Kap. 3.3 und 7.1.4). Dies kann mit Blick auf die Güte der deutschen Übersetzung des Tests „Views about Science Survey" als Validitätsanzeichen gedeutet werden.

Die erzielten Ergebnisse verdeutlichen, dass die epistemologischen Überzeugungen eines Lernenden – soweit diese mit dem verwendeten Test erfasst werden können – eine Variable darstellt, die mit dem Lernerfolg korreliert. Anhand der naturwissenschaftlichen Dimension „Struktur" des Tests VASS sei dies an einem Beispiel verdeutlicht: Während *Laien* isolierte Fakten oder spezielle Lösungsverfahren lernen, bemühen sich *Experten* darum, Zusammenhänge, Grundprinzipien und Analogien der Fachsystematik zu begreifen und anzuwenden. In Testverfahren mit Fragen zur Physik werden in der Regel gerade solche Fähigkeiten überprüft, die über das Reproduzieren von Fakten hinausgehen. Folglich schneiden *Experten* besser ab. Die Korrelation erlaubt aber prinzipiell auch die Interpretation, dass aus zunehmenden inhaltlichen Kenntnissen adäquatere Ansichten über Physik und

Lernen von Physik entstehen. Diese Folgerung wird aber vielfach infrage gestellt! Ohne so weit zu gehen wie Halloun (2001), der konstatiert, dass traditioneller Unterricht nichts an epistemologischen Überzeugungen ändert, kann jedoch gesagt werden, dass Physikunterricht in der Schule vielfach ein „verzerrtes“ und unzutreffendes Bild der Wissenschaft bei den Schülern entstehen lässt (vgl. auch Höttecke, 2001, 21). „It is highly unlikely that students and their teachers will come to understand that science is tentative, empirically-based, partly the product of human imagination and creativity, and is influenced by social and cultural factors solely through learning about the content of science or its processes“ (Lederman & Abd-El-Khalick, 1998, 83). Deshalb sind epistemologische Überzeugungen m. E. im Zusammenhang mit Fachinhalten zu sehen und zu thematisieren.

Die Vorstellungen über Physik und Lernen von Physik sind ausschlaggebend für Lehr- und Lernprozesse, unabhängig vom genutzten Medium.

*Hypothese 3: Je höher der Grad der Expertise von Schülern bzgl. epistemologischer Überzeugungen ist, desto höhere aufgabenrelevante Lernerfolge werden bei der selbstgesteuerten Erarbeitung eines komplexen Themas aus der Physik erzielt. Dies gilt auch bei der ausschließlichen Nutzung des Mediums Internet zum Lernen.*

Wenngleich die Bedeutung epistemologischer Überzeugungen mehrfach zum Ausdruck gebracht wurde (vgl. Baumert et al., 2000, 67), wird diesem Aspekt in der Unterrichtspraxis – besonders in Deutschland – bisher wenig Aufmerksamkeit geschenkt. Dies gilt, obwohl verschiedene Ansätze in der Vergangenheit versucht haben, epistemologische Aspekte in naturwissenschaftlichen Curricula zu berücksichtigen. Dabei standen die Verflechtung von Wissenschaft mit Technologie und Gesellschaft (für den angloamerikanischen Raum siehe z. B. Ziman, 1980; Solomon, 1993; für den deutschsprachigen Raum siehe z. B. Buck, 1992; Meyer et al., 1981), anwendungs- und produktionsbezogene Ansätze (siehe z. B. Buck, 1992), lebensweltlich orientierte Komponenten (siehe z. B. Bünder, 1998) und wissenschaftstheoretische Konzepte (von Oy, 1982; Niedderer & Schecker, 1982; Krüger

& Schecker, 1982; Develaki, 1998; Meyling, 1990) im Vordergrund. Darüber hinaus schlagen andere Konzeptionen vor, Schüler „professionelles" naturwissenschaftliches Arbeiten im Unterricht „simulieren" zu lassen (zum Experimentieren siehe Lind, 1979; Reinhold, 1996; Roth, 1997; zu Modellen siehe Kircher, 1995). Letztlich haben sich aber diese Ansätze in der Praxis wenig durchgesetzt.

Hinsichtlich der Vermittlung eines zutreffenden Bildes der Naturwissenschaften kann zu den genannten Ansätzen zusammenfassend kritisch bemerkt werden, dass die starke Ausrichtung an Technik und Gesellschaft dazu führen kann, dass die naturwissenschaftlichen Disziplinen als solche (in ihrer Bedeutung) aus dem Blick geraten. Konzepten, die wissenschaftliches Arbeiten für Schüler simulieren, lastet ferner an, dass das „laienhafte" Vorgehen der Schüler bei diesen ein negatives Selbstkonzept bewirken kann, wenn sie sich direkt mit Forschern vergleichen. Darüber hinaus ist die implizierte Folgerung einer Gleichheit von Schülerexperimenten und Forscherexperimenten und weiterhin die Ansicht einer Gleichheit in den Vorgehensweisen, die bei den Lernenden leicht entstehen kann, nicht unproblematisch. Ähnliches gilt für Unterricht, bei dem die von den Schülern zu entdeckenden Sachverhalte bereits vorher feststehen.

Aus den Erfahrungen lässt sich schließen, dass es schwierig ist, allen Aspekten derart gerecht zu werden, dass ein in sich geschlossenes zutreffendes Bild der Naturwissenschaften bei den Schülern entsteht. Vermutlich kann es nur langfristig – unter Einbeziehung der Lehrerausbildung – und in einem vielseitigen Verfahren, das Aspekte der verschiedenen angeführten Ansätze wiederholt aufgreift, gelingen, Schüler nach ihrer Schullaufbahn mit einem adäquaten Naturwissenschaftsbild zu entlassen.

Dazu gehört sicherlich auch, Wissenschaftstheorie explizit zu unterrichten (siehe z. B. der gesamtcurriculare Ansatz von Meyling, 1990) bzw. Metakonzepte zum Gegenstand von Unterricht zu machen, wie dies Mikelskis-Seifert (2002) am Beispiel von Modellen vorschlägt. Letztgenannte Untersuchung stellt im Übrigen auch an einer Stelle die Verbindung von epistemologischen Überzeugungen zu Lernerfolgen her, indem die These aufgestellt wird, dass „positive Veränderungen im Modellverständnis [...] mit einem umfassenden und kohärenten Wissen im mikroskopischen Bereich" einhergehen (Mikelskis-Seifert, 2000, 177).

Die Ansichten der Schüler nehmen damit im Kanon mit deren Kenntnissen (Wissen) und Können (Fähigkeiten) eine ebenso wichtige Rolle ein. Meines Erachtens kann nur im ausgewogenen Zusammenspiel dieser drei Aspekte der Persönlichkeits(aus)bildung langfristig die Effizienz des Physikunterrichts gesteigert werden. Dabei sind übertriebene Erwartungen zu vermeiden. Denn die Diskussion hat gezeigt, wie vielschichtig und heterogen selbst Expertenansichten über Physik und Lernen von Physik sein können. Es wäre unangemessen, diese alle zum Gegenstand von Unterricht zu machen. Vielmehr geht es darum, Schülern fundamentale Grundaussagen vor Augen zu führen und nicht Philosophen auszubilden (McComas, Clough & Almazroa, 1998, 6). „Since it takes historians and philosophers of science decades of study to derive generalizations about the nature of science from historical evidence, it is unrealistic to expect teachers or students to develop profound understandings from a necessarily limited exposure to the world of science" (Dawkins & Glatthorn, 1998, 64).

Neuen Medien können in diesem Zusammenhang neue Möglichkeiten, Chancen und Impulse liefern. Das Internet bietet beispielsweise Tools zur Kommunikation, zum Datenaustausch und zur Präsentation. Gepaart mit einem „open ended approach", der eine weitgehende Offenheit hinsichtlich von Lerninhalten- und zielen lässt, können Schüler nicht nur miteinander kommunizieren, kooperieren und kollaborieren, sondern auf authentisches Datenmaterial zurückgreifen und sogar Kontakt zu Forschungseinrichtungen aufnehmen (vgl. das WISE- bzw. GLOBE- Projekt, Kap. 2.2). Darüber hinaus gibt es Ansätze eines multimedial gestützten Unterrichts auf der Basis eines Curriculums, das sowohl fachlichen Interessen genügt als auch technische und gesellschaftliche Themen aufgreift. Unter dem Titel „Advancing Physics" schlagen z. B. Ogborn, Dobson und Whitehouse (2001) einen Unterrichtsgang in Physik vor, dessen Basismaterial (Quellen, Software und

Informationen, wie Graphiken, Daten, Texte, Bilder usw.) auf einer CD ROM vorliegt und welches durch ein Internetportal ergänzt wird. Der Kurs nutzt narrative Elemente, multimediale Visualisierungen, unterstützt Kommunikation und fordert und fördert mathematisches Denken. „It offers a broad vision of physics today, providing an introduction to physics and its uses“ (Ogborn, Dobson & Whitehouse, 2001, 4). Auf diese Weise kann es gelingen, Schüler schrittweise jeweils in Teilaspekten ein zutreffendes Bild der Naturwissenschaften zu vermitteln, um so deren Grad der Expertise hinsichtlich epistemologischer Überzeugungen langfristig zu steigern.

## 8.2 Einfluss der Computer- und Internetnutzung und der Textproduktion

Dieser Abschnitt untersucht Beziehungen zwischen der Computer- und Internetnutzung und der Textproduktion und anderen Variablen der Untersuchung. Im Vordergrund steht dabei zum einen die Frage, ob die Anzahl besuchter Quellen und die im Internet verbrachte Zeit im Zusammenhang mit Lernerfolgen steht. Ohne der Diskussion vorweggreifen zu wollen, kann jetzt schon gesagt werden, dass aufgrund individueller Unterschiede und Präferenzen der Probanden keine generelle Aussage über einen optimalen Hypertextumfang getroffen werden kann. Zum anderen werden die Verfahren der Texterstellung der Schüler und deren Auswirkungen und Ursachen betrachtet: Welche Eigenschaften haben beispielsweise die entdeckten Typen *Compiler* und *Autor*? Gibt es Unterschiede in den Lernerfolgen?

### 8.2.1 Nutzung von Internetseiten in Bezug zu Lernerfolgen, Computerkenntnissen und Arbeitsweisen

Zunächst wird anhand einer Reihe von aufgezeichneten Variablen untersucht, wie sich die Nutzung von Internetseiten auf Lernerfolge auswirkt. Folgt z. B. aus der zunehmenden Anzahl besuchter Internetseiten eine kognitive Belastung, die zu Lasten von Lernleistungen geht? Des Weiteren wird ausgeführt, welche Zusammenhänge zwischen der Nutzung von Webseiten und sowohl den Computerkenntnissen als auch den Arbeitsweisen der Schüler bestehen. Damit können Beziehungen zwischen Computerkenntnissen und tatsächlich gezeigter Navigation im WWW aufgestellt werden.

*Lernerfolge*

Zwischen den Variablen „Anzahl besuchter Internetseiten“ „durchschnittliche Zeit pro Internetseite“ und „Gesamtzeit im Internet“ und dem Abschneiden in den Posttests bestehen keine signifikanten Korrelationen. Dies gilt ebenso für eine Reihe weiterer Variablen, die aus den Logfiles gewonnen wurden, insbesondere aber auch für die in Kapitel 7.2.3 hergeleiteten Muster der Computer- und Internetnutzung. Deren Häufigkeit und Abfolge stand in keiner nachweisbaren Beziehung zum Lernzuwachs. In Abbildung 8.4 ist die Variable „Anzahl besuchter Webseiten“ in Abhängigkeit von der Punktzahl im Multiple-Choice-Posttest dargestellt.

Über die Prüfung auf lineare Zusammenhänge hinaus wurden im Rahmen einer Regression Kurvenanpassungen mit verschiedenen Modellen durchgeführt, die aber keine signifikanten Effekte zeigten. Aus den erhaltenen Daten lassen sich keine erkennbaren statistischen Zusammenhänge zwischen der Anzahl besuchter Seiten und dem Lernerfolg erkennen.

*Computerkenntnisse*

Zur Untersuchung des Zusammenhangs zwischen den Daten der Logfiles und den Computerkenntnissen wurden Produkt-Moment-Korrelationen berechnet. Dabei ergab sich, dass die durchschnittliche Zeit auf einer Webseite negativ ($r = -.37$, $p < .05$, $n = 45$) signifikant mit der Gesamtpunkzahl im

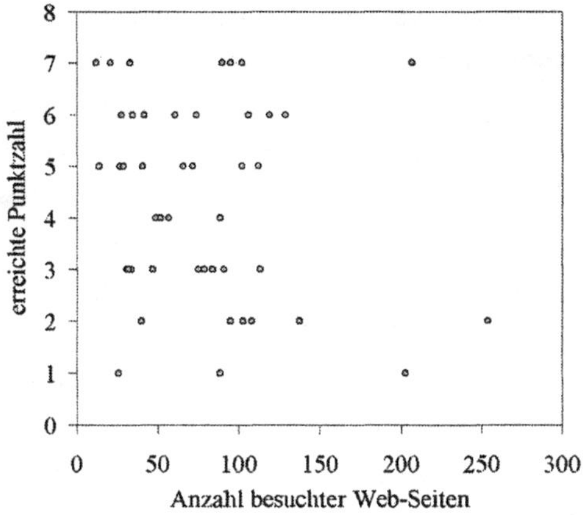


**Abbildung 8.4:** Streudiagramm der erreichten Punktzahl im Multiple-Choice-Posttest in Abhängigkeit von der Anzahl besuchter Webseiten ($n = 45$).

Computerkenntnistest korreliert. Das heißt, dass mit zunehmenden Kompetenzen im Umgang mit Computern die durchschnittliche Aufenthaltsdauer auf einer Internetseite sinkt.

*Arbeitsweise*

Abschließend werden Zusammenhänge zwischen zwei Variablen der Internetnutzung und der Selbsteinschätzung der Arbeitsweise berichtet: Die Anzahl besuchter Webseiten ($r = -.40$, $p < .01$, $n = 45$) und die Zeit im Internet ($r = -.43$, $p < .01$, $n = 45$) korrelieren negativ signifikant mit dem Faktor „positive Arbeitsweise“. Das heißt, je mehr Webseiten die Schüler besuchen und je länger sie im Internet nach Informationen suchen, desto negativer beurteilen sie ihre Arbeitsweise.

## Diskussion

Zunächst kann festgehalten werden, dass kein statistisch signifikanter Zusammenhang zwischen der Anzahl besuchter Webseiten und dem Lernerfolg gefunden wurde. Zu dem gleichen Ergebnis kommt Astleitner (1997,

145): „Die Anzahl von aufgerufenen Knoten und der Anteil unterschiedlicher aufgerufener Knoten zeigen wider Erwarten keine Effekte auf den Erwerb aufgabenstellungsrelevanten Wissens." Dies ist insofern erstaunlich, als dass hätte vermutet werden können, dass mit zunehmender Anzahl besuchter Webseiten die damit verbundene Belastung des Arbeitsgedächtnisses die Speicherung von Informationen einschränkt. Astleitner (1997, 145) führt den fehlenden Effekt auf den in der zitierten Untersuchung mittelgroßen Hypertext zurück, „bei dem davon ausgegangen werden kann, daß alle oder annähernd alle zielrelevanten Informationen relativ schnell gefunden sind." Für die vorliegende Untersuchung ist diese Begründung nicht stichhaltig: im Gegensatz zu der in Astleitner angeführten Arbeit ist in dieser Untersuchung mit dem Internet ein extrem umfangreicher (und unstrukturierter) Hypertext verwendet worden.

Das Ausbleiben eines Zusammenhangs kann aber dadurch erklärt werden, dass das Arbeitsgedächtnis durch bestimmte Webseiten (so genannte „Landmarks"; Valdez, Chignell & Glenn, 1988) „entlastet" wird, die den Nutzern eine leichte Orientierung in dem umfangreichen Hypertext bieten. Nutzer kehren zu diesen Knoten wiederholt zurück. Relativ schnell werden demnach nicht die zielrelevanten Seiten gefunden (Authorities), sondern Seiten von zentraler Bedeutung, die mit hoher Wahrscheinlichkeit zu zielrelevanten Informationen führen (Hubs). Dies sind im vorliegenden Fall die Ergebnisseiten der Suchmaschinen (oder abgespeicherte Seiten). Die große Bedeutung dieser Seiten der Suchmaschinen hat sich in dieser Untersuchung gezeigt: Rund jede vierte aufgerufene Webseite ist die einer Suchmaschine (vgl. Kap. 7.2.2).

Darüber hinaus kann die „optimale" individuelle Anzahl zu besuchender Seiten zwischen den Probanden stark variieren. Hier bestehen große individuelle Unterschiede auch bei Probanden ähnlicher Posttest-Leistungen. (Derartige Ergebnisse berichtet Mikelskis, 1999, 73, auch hinsichtlich von Navigationsmustern in Hypertexten.) Während einige Schüler wenige Quellen aufsuchen, die sie intensiv bearbeiten (wenig redundante Informationen, geringe Variation der Darstellung), wählen andere eine größere Anzahl an

Webseiten für ihre Arbeit (viele redundante Informationen, große Variation der Darstellung) und kommen ebenfalls zu guten Ergebnissen. Die identifizierten Strategietypen der Logfile-Analyse (Kap. 7.3.1) sind ein Beispiel dafür: Während *Searcher, Wanderer* und *Browser* den Hypertext weniger stark explorieren und wenige Quellen mehrfach besuchen, zeigen *Scanner* und *Explorer* das gegenteilige Verhalten. Dennoch konnten keine Unterschiede in Lernerfolgen der Schüler mit diesen Strategien festgestellt werden (Kap. 8.3.1). Offensichtlich hängt die Anzahl besuchter Seiten und das Navigationsverhalten von individuellen Merkmalen ohne direkten Einfluss auf Lernleistungen ab.

Die Wahl des Vorgehens obliegt dem Nutzer selber, er entscheidet über die Anzahl zu Hilfe genommener Webseiten. Somit kann das Internet verschiedenen Lernstilen gerecht werden, vorausgesetzt, der Lernende ist sich der Gestaltung des Lernprozesses zu einem gewissen Grad bewusst. In Bezug auf die Informationsorganisation können sich beispielsweise sequentielle Lerner (Felder, 1993, 286), auch als Serialisten bezeichnet, im Internet zunächst auf Details konzentrieren, während sich globale Lerner (Holisten) übergreifenden Zusammenhängen widmen können. Darüber hinaus ist es prinzipiell möglich, sowohl induktiv als auch deduktiv beim Lernen vorzugehen. Setzt man die Fähigkeit des Lernenden voraus, dementsprechend navigieren und selektieren zu können, so bietet das Internet einen hohen Grad an Möglichkeiten, den Lernprozess nach individuellen Präferenzen zu gestalten. Dies entspricht dem selbstregulierten Lernen. Nach Leutner (1999, 3) „kann Lernen dann als selbstreguliert beschrieben werden, wenn der Lerner die Komponenten einer Lernhandlung (Planung, Ausführung, Kontrolle) *selbst reguliert*, d. h. unter Einbeziehung von Informationen über seinen augenblicklichen Ist-Zustand gezielte Maßnahmen ergreift, die sein Lernen auf einen Soll-Zustand hin ausrichten.“

Das unterschiedlich schnelle Auffinden geeigneter Seiten kann des Weiteren auch davon abhängen, wie Schüler mit Suchmaschinen umgegangen sind (vgl. Kap. 7.2.2) und ob ggf. per Zufall „gute“ Seiten entdeckt wurden. Beide Aspekte sprechen ebenfalls gegen einen einfachen Zusammenhang zwischen der Anzahl besuchter Quellen und Lernerfolgen.

Wenngleich sich keine Zusammenhänge zwischen den Variablen „Anzahl besuchter Seiten“ und „Zeit der reinen Internetnutzung“ und dem Lernerfolg gezeigt haben, so hinterlassen beide Größen doch einen „subjektiven“ Eindruck bei den Schülern. Je mehr Seiten im Netz aufgerufen werden und je länger die Schüler im Internet „surfen“, desto negativer schätzen sie ihre Arbeitsweise ein. Dieser negative Eindruck kann aus zweierlei Gründen entstehen. Zum einen wird die Orientierung im Hypertext mit zunehmender Anzahl aufgerufener Knoten schwieriger. Besuchte Seiten können beispielsweise von dem Nutzer nicht mehr wiedergefunden werden. Dies wird auf eine mangelhafte Arbeitsweise zurückgeführt. Zum anderen galt es in dieser Untersuchung, neben der Recherche im Internet einen Text zu erstellen. Je mehr Seiten besucht werden und je länger die Schüler „im“ Internet sind, desto mehr Informationen müssen verarbeitet werden und desto weniger Zeit steht der Bearbeitung der Aufgabenstellung zur Verfügung.

*Hypothese 4: Je größer die Anzahl besuchter Webseiten und je länger die „im“ Internet verbrachte Zeit bei der selbstgesteuerten Erarbeitung eines komplexen Themas aus der Physik, desto schwächer schätzen Schüler ihre subjektiv erfahrene Arbeitsweise selber ein. Die Anzahl besuchter Knoten des Hypertextes und die auf diesen verbrachte Zeit haben jedoch keinen Einfluss auf aufgabenrelevante Lernerfolge.*

Weitreichende Computerkenntnisse führen nicht „automatisch“ zu besseren Lernerfolgen, jedoch zeigt sich der Grad der Expertise an einem optimierten Umgang mit dem Rechner: Experten arbeiten schneller und routinierter, sodass sie im Prinzip „mehr“ Zeit für Tätigkeiten haben, die nicht-technischer Natur sind (vgl. auch Reed, Oughton, Ayersman, Ervin & Giessler, 2000). Ford und Chen (2000) berichten darüber hinaus, dass mit zunehmenden Computerkenntnissen die Anzahl besuchter Knoten steigt und die Zeit, die mit der Aufgabe verbracht wird, sinkt. Von der Tendenz her können diese Ergebnisse bestätigt werden, wenngleich sich keine signifikanten Zusammenhänge gezeigt haben.

### 8.2.2 Textproduktion in Bezug zu Computer- und Physikvorkenntnissen, Internetnutzungen, Arbeitsweisen und Lernerfolgen

In Kapitel 7.2.4 ist der Befund dargestellt worden, dass etwa ein Drittel der Probanden große Teile der erstellten Texte aus Internetseiten kopiert haben (*Compiler*) während rund 2/3 der Schüler ihre Texte selbst geschrieben haben (*Autoren*). Im Folgenden wird der Frage nachgegangen, in welchen Merkmalen sich diese beiden Typen voneinander unterscheiden. Weiterhin wird untersucht, welchen Einfluss die unterschiedlichen Verfahren der Texterstellung auf Lernerfolge haben.

*Computer- und Physikvorkenntnisse*

Es wird überprüft, ob sich die beiden Typen *Compiler* und *Autor* hinsichtlich ihrer Vorkenntnisse in Physik und im Umgang mit Computern unterscheiden. Vermutet wird, dass die *Compiler* schwächere Physikkenntnisse zeigen, da mit dem Kopieren eine einfache Möglichkeit geschaffen ist, die „mühsame“ Auseinandersetzung mit dem Thema und das Schreiben eines Textes zu umgehen. Ferner wird vermutet, dass insbesondere die Schüler mit hohen Computerkenntnissen verstärkt die einfache und schnelle Möglichkeit des „Copy-and-Paste“ nutzen, um „schnell und effektiv“ mit dem Medium Computer zu arbeiten. Zur Überprüfung dieser Vermutungen wurden t-Tests gerechnet.

Die Ergebnisse zeigen, dass sich beide Typen nicht signifikant in den durch Tests gemessenen Physik- und Computerkenntnissen unterscheiden (Vortest mit allgemeinen Fragen zur Physik: $t(41) = -1.16$, $p > .05$, $n = 43$; Kenntnisse im Umgang mit Computern: $t(41) = 1.25$, $p > .05$, $n = 43$). Allerdings liegt in der Tat der Mittelwert des *Compilers* beim Vortest zur Physik ($M = 4.2$, $SD = 2.2$, $n = 15$) etwas unterhalb dem des *Autors* ($M = 5.0$, $SD = 2.3$, $n = 28$). Beim Computerkenntnistest fällt hingegen der Mittelwert des *Compilers* ($M = 246$, $SD = 28$, $n = 15$) ein wenig höher aus als der des *Autors* ($M = 236$, $SD = 26$, $n = 15$).

Weder Vorkenntnisse in Physik noch Kenntnisse im Umgang mit Computern sind demnach ausschlaggebende Merkmale der Unterscheidung dieser beiden Typen. Die Vermutungen haben sich damit nicht bestätigt, wenngleich eine Tendenz in Richtung der Vermutungen zu erkennen ist. Die Praxis des Kopierens von Text scheint also eher andere Ursachen, beispielsweise im individuellen Arbeitsstil, zu haben und lässt sich nicht auf Fachkenntnisse inhaltlicher und technischer Art zurückführen.

*Internetnutzung und Arbeitsweisen*

Vermutet werden ferner Unterschiede der beiden Typen im Navigationsverhalten. Die intensive Auseinandersetzung mit einem Thema durch das Schreiben von Texten und die genaue Betrachtung einzelner Quellen erfordert einen vergleichbar großen Zeitaufwand, der zu Lasten der Exploration des Hypertextes geht. *Compiler* sammeln hingegen Quellen und können eine große Menge von Informationsknoten besuchen. Zur Überprüfung dieser Vermutung wurde ein t-Test gerechnet. Die *Compiler* ($M = 38$, $SD = 24$, $n = 15$) besuchen signifikant mehr verschiedene Webseiten als *Autoren* ($M = 25$, $SD = 14$, $n = 28$): $t(41) = 2.22$, $p < .05$, $d = .69$.

Weiterhin wurden Zusammenhänge zwischen den Typen und der Einstellung zur eigenen Arbeitsweise gefunden. Mit einem t-Test konnte festgestellt werden, dass die *Autoren* ($M = 1.78$; $SD = 4.00$, $n = 28$) ihre Arbeitsweise (gemessen durch den Faktor „positive Arbeitsweise", siehe Kap. 7.3.3) signifikant besser einschätzen als die *Compiler* ($M = -4.29$, $SD = 8.23$, $n = 15$): $t(41) = -3.26$, $p < .01$, $d = .42$.

*Lernerfolge*

*Compiler* und *Autor* zeigen verschiedenes Navigationsverhalten und einen sehr unterschiedlichen Umgang mit den im Internet gefundenen Quellen. Es wird deshalb vermutet, dass sich diese Eigenschaften auf den Lernerfolg auswirken. Dazu wurde ein t-Tests gerechnet: *Autoren* ($M = 3.0$, $SD = 1.1$, $n = 28$) zeigen in der Tat signifikant bessere Leistungen im Multiple-Choice-Nachtest als *Compiler* ($M = 2.2$, $SD = 1.2$, $n = 15$): $t(41) = -2.31$, $p < .05$, $d = .67$. (Werden die Vorkenntnisse der Probanden in Physik in

**Tabelle 8.5:** Produkt-Moment-Korrelationen zwischen verschiedenen Variablen des Texterstellens und dem Abschneiden in verschiedenen Posttests ($n = 44$).

| | Multiple-Choice-Nachtest zum Thema Gezeiten | Anzahl richtiger Relationen im Concept Map |
|---|---|---|
| Prozentualer Eigenanteil am erstellten Text | $r =$ **.32** $p < .05$ | $r = .22$ $p > .05$ |
| Anzahl der vom Probanden geschriebenen Wörter des Texts | $r =$ **.38** $p < .05$ | $r =$ **.34** $p < .05$ |
| Anzahl aller vom Probanden geschriebenen Wörter | $r =$ **.43** $p < .01$ | $r =$ **.36** $p < .05$ |

einer Kovarianzanalyse berücksichtigt, so ergeben sich weiterhin signifikante Unterschiede: $F(1,40) = 4.26$, $p < .05$.)

Schließlich wird geprüft, welche Zusammenhänge zwischen Variablen des Texterstellens und dem Abschneiden in den Posttests bestehen. Zu diesem Zweck wurden Produkt-Moment-Korrelationen berechnet (Tab. 8.5).

Alle drei Variablen des Text-Erstellens korrelieren signifikant mit dem Abschneiden im Multiple-Choice-Nachtest zum Thema Gezeiten ($n = 44$; Prozentualer Eigenanteil am erstellten Text: $r = .32$, $p < .05$; Anzahl der vom Probanden geschriebenen Wörter des Textes: $r = .38$, $p < .05$; Anzahl aller vom Probanden geschriebenen Wörter: $r = .43$, $p < .01$). Zwei Variablen korrelieren darüber hinaus signifikant mit der Anzahl richtiger Relationen im Concept Map ($n = 44$; Anzahl der vom Probanden geschriebenen Wörter des Texts: $r = .34$, $p < .05$; Anzahl aller vom Probanden geschriebenen Wörter: $r = .36$, $p < .05$).

Dieses Ergebnis wird durch folgenden Sachverhalt ergänzt: Es konnte festgestellt werden, dass der prozentuale Eigenanteil am erstellten Text negativ signifikant mit der Wortzahl im Text korreliert ($r = -.52$, $p < .001$, $n = 44$). Das heißt je geringer der Eigenanteil am erstellten Text, desto länger sind die Texte. Weiterhin wurde ein signifikanter Zusammenhang zwischen der Wortzahl im Text und der Anzahl falscher Relationen im Concept Map gefunden ($r = .39$, $p < .01$, $n = 44$). Das heißt je länger die Texte der Schüler ausfallen, desto qualitativ schlechter sind die Concept Maps.

### Diskussion

Die technisch einfache Möglichkeit der Übernahme von Textelementen (und Abbildungen) aus fremden Quellen in eigene Arbeitsprodukte mithilfe des Computers verleitet einige Schüler zu einer bloßen Sammlung von Informationen. Sie kopieren aus Dokumenten im Internet. Hierbei handelt es sich nicht um Schüler mit besonders guten oder schlechten Kenntnissen in Physik oder im Umgang mit Computern. Vielmehr scheinen andere Ursachen hinter dieser Vorgehensweise zu liegen, über welche die vorliegende Untersuchung allerdings keine Aussagen treffen kann. Mögliche Faktoren könnten Lernstile, Aufgabentyp, Fach und Motivation sein.

Durch das Vermeiden der eigenständigen Textproduktion bleibt den Compilern schlicht mehr Zeit zur Suche im Internet. Das Überfliegen und Sammeln von Informationen ist deshalb mit dem Besuch einer großen Anzahl an Webseiten verbunden. Fraglich ist jedoch, ob der Besuch vieler Webseiten bereits mit einer *inhaltlichen* Exploration des Gegenstands verbunden ist. Vielmehr könnte auch ein bloßes Überfliegen der Quellen nach Schlagworten im Sinne einer *formalen* Exploration erfolgen. Dabei werden die besuchten Dokumente im WWW lediglich auf grundsätzliche Eignung überprüft (z. B., ob es sich um eine physikalische Behandlung des Themas Gezeiten handelt). Dafür spricht das Ergebnis der Untersuchung, dass *Compiler* zwar mehr Seiten im WWW aufrufen, aber schwächere Lernerfolge erzielen. Denn es besteht die Gefahr, dass sich diese Nutzer in der von ihnen erstellten Informationssammlung nicht ausreichend orientieren können. Sie erkennen die Struktur darin nicht, da sie selber nicht die Autoren des Textes sind. Oder diese hat keine erkennbare Struktur, da Textsegmente verschiedener Quellen beliebig aneinandergefügt wurden. Als Folge davon treten Schwierigkeiten auf, die gesammelten Informationen Gewinn bringend anzuwenden. Erfolgt aber keine *inhaltliche* Auseinandersetzung mit den Quellen, steht der gesamte Arbeitsprozess in seinem Wert infrage.

Offensichtlich ist, dass einige Schüler, die *Compiler*, bei der Textproduktion für „Knowledge Telling“ (Bereiter & Scardamalia, 1987) typische Verhaltensweisen zeigen. Sie reproduzieren vorgegebene Inhalte und lassen sich bei der Texterstellung von vorgegebenen Strukturen leiten, z. T. sogar auf so einfache Weise, dass die Beschreibung „Knowledge Compiling“ eher zutreffen würde. Denn das Sammeln und Arrangieren von Fremdtexten mit nur einem gelegentlichen Ergänzen von einzelnen Textpassagen ist mit einer noch geringeren kognitiven Aktivität verbunden, als das selbstständige Reproduzieren. Anders ist dies bei den *Autoren*. Die Qualität einiger Texte lässt darauf schließen, dass verschiedenen Probanden ein „Knowledge Transforming“ unterstellt werden kann. Sie überdenken das Thema kritisch und entwickeln für den erstellten Text eine eigene Struktur. Nach den Ergebnissen der vorliegenden Untersuchung scheint mit dem Schreiben (im Zusammenhang mit der Recherche und der gesamten Textproduktion) Lernen verbunden zu sein. Die Kreation von Text (Formulieren von Sätzen, Aufbau und Strukturierung des Gesamtwerkes) setzt dabei voraus, dass die Inhalte nicht bloß gesammelt, sondern auch verarbeitet werden. Die Schüler beschäftigen sich intensiv mit dem Thema. Dabei werden Zusammenhänge erkannt und verinnerlicht sowie auch Lücken geschlossen.

Es kann vermutet werden, dass sich *Compiler* der ungenügenden Auseinandersetzung mit dem Inhalt des zu bearbeitenden Themas im Sinne aufgabenrelevanter Lernziele entweder nicht bewusst sind und den Erhalt der Informationen mit dem Verstehen gleichsetzen. Oder sie gehen davon aus, dass ein Nachschlagen der Informationen in ihren Texten leicht möglich ist und ausreicht, um Fachfragen zu beantworten. Die Ergebnisse dieser Untersuchung zeigen, dass dies nicht immer zutrifft: Den *Compilern* ist es nicht gelungen, ihre erstellten Texte Gewinn bringend zur Beantwortung der Fragen zur Physik zu verwenden (nach Hasebrook, 1995, 85, könnte man auch von „copy & waste“ sprechen). Sie erbringen im Nachtest schlechtere Ergebnisse. Die vielfach von Schülern und Lehrern geäußerte Einstellung, dass es prinzipiell ausreicht, zu wissen, wo und wie man (schnell) an Informationen kommt, um sie anzuwenden, muss neu reflektiert werden.

*Hypothese 5: Bei der selbstgesteuerten Erarbeitung eines komplexen Themas aus der Physik zur Erstellung eines informativen Sachtextes mithilfe des Internets können zwei Typen unterschieden werden: „Compiler", die im Wesentlichen ihren Text aus Dokumenten im WWW übernehmen, und „Autoren", die ihren Text grundsätzlich selbst schreiben. „Autoren" erzielen höhere Lernerfolge als „Compiler", und „Compiler" explorieren einen größeren Teil des Hypertextes als „Autoren".*

Die einfache Möglichkeit der Übernahme von Fremdinhalten (mit deren Kennzeichnung!) soll aber nicht grundsätzlich abgelehnt werden, sondern kann ein wertvoller und hilfreicher Teil der Recherche sein. Oberflächenorientiertes Überfliegen von Dokumenten („Scannen"), Sammeln von Informationen aus verschiedenen Quellen und wörtliches Zitieren von Ausführungen anderer Autoren ist Teil des wissenschaftlichen Arbeitens. Deshalb sind die einzelnen Merkmale der Charakterisierung, welche die Typen *Compiler* und *Autor* auszeichnen, nicht als Wertungen zu verstehen.

Die Ergebnisse aus Kapitel 7.4 haben gezeigt, dass Schüler das Internet erfolgreich zum Lernen von Physik angewendet haben, dies bei freier Navigation ohne Vorgabe von Quellen. Auch sind rund 2/3 der Schüler *Autoren*, wenden also das Internet im Sinne der Lehrenden an. Das Internet kann somit prinzipiell als geeignetes Medium für weitgehend selbstgesteuerte Lehr- und Lernprozesse bezeichnet werden.

Ziel von Instruktion sollte es sein, Lernende (mit dem Internet) schließlich zu tiefen-orientierten Lernstrategien und darauf aufbauend zu elaborativer Textverarbeitung anzuregen: Der Tätigkeit des Sammelns von Informationen verschiedener Quellen (Organisationsprozess) muss eine bewusst gesteuerte Phase der Be- und Verarbeitung folgen, damit Wissenserwerb bzw. „Knowledge Transforming" stattfinden kann. Hierfür ist das Internet wiederum besonders geeignet, denn erstens bietet das WWW hinreichend

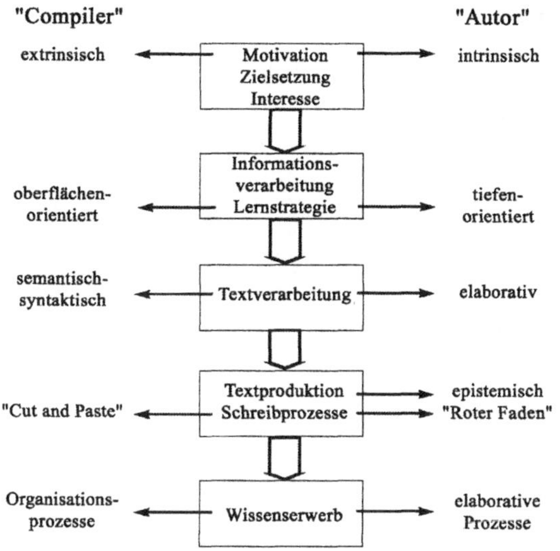


**Abbildung 8.5:** Charakterisierungen von Compiler und Autor.

viele wertvolle Quellen zu zahlreichen Themen und zweitens stehen Schüler diesem Medium grundsätzlich sehr aufgeschlossen gegenüber: 60% der 12- bis 19-jährigen Schüler geben an, dass das Internet für die Schule bzw. die Ausbildung nützlich ist, und knapp 80% äußern den Wunsch, den PC öfter in der Schule zu nutzen (Feierabend & Klingler, 2002). Wenngleich der Wert dieser Motivation der Schüler für Lehr- und Lernprozesse nicht überschätzt werden darf (man bedenke den Neuigkeitseffekt), kann diese doch eine wertvolle Quelle zur Initiierung elaborativer Prozesse sein.

*Hypothese 6: Aufgrund der „Gefahr" einer bloßen Übernahme von Fremdtexten aus dem Internet ist es bei der selbstgesteuerten Erarbeitung eines komplexen Themas aus der Physik mit diesem Medium zum Erzielen intendierter Lernerfolge notwendig, elaborative Prozesse bei Schülern auszulösen, beispielsweise mithilfe des eigenständigen Schreibens von Texten.*

*Exkurs.* Mögliche Ursachen der unterschiedlichen Texterstellung der Typen *Compiler* und *Autor* werden im Folgenden anhand der verschiedenen Verarbeitung von Informationen und Texten in einem Exkurs diskutiert. Schon an dieser Stelle soll darauf hingewiesen werden, dass die Ausführungen z. T. bewusst über direkte Folgerungen aus den Daten hinausgehen und nicht den Versuch einer Verallgemeinerung darstellen. Vielmehr wird eine Interpretation gegeben, die als Einordnung der Ergebnisse zu verstehen ist. Die angeführten Vermutungen, insbesondere hinsichtlich der Existenz und der Ausprägung der Eigenschaften der gefundenen Typen, sind einer Prüfung zu unterziehen. Sie zeigen damit gleichzeitig auf, in welche Richtung tiefergehende Untersuchungen gehen könnten.

Grundidee der Ausführungen ist eine Kette aufeinander wirkender Aspekte (Abb. 8.5): Motivation, Interesse und Zielsetzung bestimmen die Informationsverarbeitung und Lern- und Arbeitsstrategien. Diese wiederum wirken sich auf die Textverarbeitung aus, welche die Textproduktion und Schreibprozesse und schlussendlich den Wissenserwerb beeinflusst. Anhand der genannten Dimensionen des Arbeitsprozesses soll die unterschiedliche Ausprägung verschiedener Merkmale dieser Dimensionen zur Deutung der Arbeitsweise der Typen *Compiler* und *Autor* schrittweise betrachtet werden. Diese Charakterisierungen stellen Extremfälle dar, die von einzelnen Probanden mehr oder minder stark erreicht werden. Diese Art der Darstellung erlaubt es aber, die Arbeitsweise der Schüler zu interpretieren.

*Motivation, Interesse, Zielsetzung und Informationsverarbeitung.* Die Anwendung des Internets mit einem einfachen und schnellen Zugang zu einer großen Anzahl unstrukturiert vernetzter Quellen erfordert Kompetenzen in der Informationsverarbeitung. Unter Informationsverarbeitung wird die Auswertung von Informationen aufgrund eingehender Stimuli verstanden. Nach Ballstaedt, Mandl, Schnotz und Tergan (1981, 248) haben insbesondere drei Faktoren Einfluss auf die individuelle Informationsverarbeitung: Zielsetzung, Interesse und Motivation. Alle drei Aspekte können sich gegenseitig bedingen: die Motivation hat beispielsweise Einfluss auf die individuelle Zielsetzung. Unterstellen wir eine eher extrinsische Motivation des *Compi-*

*lers* und eine eher intrinsische Motivation des *Autors*, sind unterschiedliche Zielsetzungen zu erwarten. Während *Compiler* das Ziel besitzen, Informationen zu einem Thema zusammenzustellen, verfolgen die *Autoren* das Ziel, sich das Thema zu erarbeiten. Die infolge unterschiedlicher Ziele und somit Informationsverarbeitungen angewendeten Lern- und Arbeitsstrategien differieren.

*Lernstrategie.* In einer Untersuchung von Marton und Säljö (1976 a und b, zitiert nach Wild, 1995, 3) wurden zwei verschiedene grundsätzliche Lernstrategien gefunden, die sich im Verhalten der Probanden wiederfinden. Erstens eine eher extrinsisch motivierte oberflächen-orientierte Lernform („surface-level approach"), die auf das Behalten von Informationen fokussiert ist. Diese Form entspricht der des *Compilers*, das Auswendiglernen spiegelt sich in einem „unreflektierenden" Informationssammeln wider. Zweitens eine eher intrinsisch motivierte tiefen-orientierte Lernform („deep-level approach"), die auf das Verstehen von Informationen gerichtet ist. Diese Einstellung entspricht der des Autors, das Begreifen-Wollen zeigt sich an der Bereitschaft, Texte eigenständig zu verfassen.

*Textverarbeitung.* Aus der unterschiedlichen *Informations*verarbeitung folgt wiederum eine unterschiedliche Textverarbeitung, die den Umgang mit den Texten der einzelnen Dokumente beschreibt. Die *Compiler* können kaum über die semantisch-syntaktische Textverarbeitung hinauskommen, da sie oberflächliche Lernstrategien verfolgen. Sie erkennen den Inhalt und das im Text der Webseite gespeicherte Wissen, ohne aber ein tieferes Verständnis zu erreichen oder anzustreben. *Autoren* hingegen erreichen zumindest die Ebene der elaborativen Verarbeitung, durch Einfälle und Vorstellungen verknüpfen sie den Inhalt der Internetseiten mit dem eigenen Vorwissen und erreichen durch tiefen-orientierte Lernstrategien bessere Lernerfolge. Diese Erkenntnisse stehen im Einklang mit anderen Untersuchungen. Nach Wild (1995, 7) zeigen labornahe Untersuchungen deutliche Effekte, dass tiefen-orientierte Lernstrategien zu besseren Lernergebnissen führen als oberflächen-orientierte (zum Lernen mit Texten siehe z. B. Marton & Säljö, 1976 a und b).

*Textproduktion und Schreibprozesse.* Weiterhin wirkt sich die unterschiedliche Textverarbeitung der Typen auf die Textproduktion aus. Die Tätigkeiten des *Compilers* lassen auf die Anwendung der Teilstrategie „Cut and Paste" von Schreibprozessen schließen, die von Sharples und Pemberton (1992) identifiziert wurde. Der Schreiber sammelt und arrangiert Material entsprechend seiner Zielsetzung bzw. Aufgabenstellung. Nur nutzt der *Compiler* u. U. weder eigenes Material für diese Tätigkeit noch weist sein Arbeitsprozess weitere Teilstrategien auf. Im Extremfall entstanden die Texte der Probanden ohne „Arrangieren" des Materials durch bloße Aneinanderreihung von Textelementen unterschiedlicher Quellen: die Dokumente waren folglich inkohärent (Nussbaumer, 1993, 69). *Compiler* sammeln Textbausteine und erzeugen so umfangreichere Dokumente. Unter Umständen erfassen sie dabei auch eine große Menge an „überflüssiger" Information, die später eher hinderlich ist.

Im Gegensatz dazu zeigen *Autoren* verschiedene Teilstrategien von Schreibprozessen, wobei die des „Folgens eines roten Fadens" (Sharples & Pemberton, 1992) anhand der Aufgabenstellung die dominanteste sein dürfte. Dies zeigte sich auch daran, dass Worte aus der Formulierung der Aufgabenstellung als Begriffe bei der Eingabe in Suchmaschinen verwendet wurden. *Autoren* bilden „gedankliche Zusammenhänge" (Eigler, 1988) bzw. eine „Makrostruktur". „Diese neue Struktur läßt manchen Inhalt als unwesentlich erscheinen; er kann wegfallen. Anderswo zeigen sich Lücken, die bisher als unwesentlich erschienen, im Lichte des neuen Zusammenhangs aber der Füllung bedürfen. Dies veranlaßt zur Suche im eigenen Wissen oder in schriftlichen Äußerungen anderer" (Stork, 1993, 74). Die Dokumente der *Autoren* sind nach diesem Verfahren von überflüssigen Informationen bereinigt, Lücken wurden entdeckt und aufgefüllt.

*Wissenserwerb.* Beide Vorgehensweisen der Schüler führen schließlich zu unterschiedlichen Prozessen des Erwerbs von neuem Wissen. Der *Compiler* verfolgt vornehmlich Organisationsprozesse (Mandl, Friedrich & Hron, 1986): Informationen werden reduziert (kopiert) und organisiert (neu angeordnet), damit sie verstanden werden *können. Autoren aktivieren* hingegen ihre Vorkenntnisse zum Verstehen neuer Informationen: sie vollziehen elaborative Prozesse.

Das Kreieren von Text auf der Basis von erhältlichem Wissen und Information zwingt durch seine „relative Langsamkeit" zu einer intensiven inhaltlichen Befassung mit dem Stoff. Nach Stork (1993) ist Wissen nicht nur Voraussetzung für das Produzieren von Texten, sondern das Textproduzieren wirkt wiederum auf das Wissen zurück. In diesem Sinne kann man bei den *Autoren* Ansätze eines „epistemischen Schreibens" erkennen. Schreiben ist damit Teil eines Lernprozesses.

Die Arbeitsweise der zwei Typen wurde anhand unterschiedlicher Ausprägungen verschiedener Dimensionen des Arbeitsprozesses diskutiert. Zu prüfen bleibt, ob die angeführten Charakterisierungen zutreffen und sich nachweisen lassen (z. B. hinsichtlich der Motivation oder der Lernstile). Zwei möglichen Missverständnissen, die sich aus der Darstellung ergeben haben könnten, soll an dieser Stelle begegnet werden.

Erstens: Die lineare Darstellung des Arbeitsprozesses (vgl. Abb. 8.5) ist gewählt worden, um die beiden Typen in verschiedenen Dimensionen zu charakterisieren, möge aber ausdrücklich nicht implizieren, dass Wissenserwerb notwendig Produkt einer strengen chronologischen Abfolge dieser Aspekte ist. Es kann davon ausgegangen werden, dass die genannten Dimensionen gegenseitig aufeinander wirken. Beispielsweise kann mit einer Informationsverarbeitung auch direkt Wissenserwerb verbunden sein.

Zweitens: *Autoren* zeigen in ihrem Arbeitsprozess auch Merkmale, die den *Compilern* zugeordnet wurden (z. B. semantisch-syntaktisch Textverarbeitung oder Organisationsprozesse). Allerdings zeichnet sie schlussendlich die ihnen zugeschriebene Charakterisierung aus. *Compiler* hingegen zeigen keinerlei andere als die ihnen zugeschriebenen Merkmale.

## 8.3 Einfluss der Strategietypen und Arbeitsweisen

Es ist eines der Ziele der Untersuchung, Zusammenhänge zwischen identifizierten Arbeitsstrategien und Lernerfolgen herzustellen. In diesem Teil der Arbeit werden deshalb zum einen beide Verfahren der Identifizierung von Strategietypen und deren Ergebnisse gegenübergestellt. Zum anderen wird ausführlich dargestellt, welche Typen ggf. als günstig bzw. ungünstig hinsichtlich eines Lernzuwachses bezeichnet werden können. Hieraus erwachsen Erkenntnisse, die helfen, Lernprozesse in Hypertexten zu planen. Darüber hinaus werden Zusammenhänge zwischen der Arbeitsweise der Probanden und anderen Testergebnissen ausgeführt.

### 8.3.1 Strategietypen der Logfile-Analyse in Bezug zu Strategietypen der Selbsteinschätzung, zu Lernerfolgen und zu Vorkenntnissen

Beide Verfahren der Identifizierung von Typen greifen auf die Strategieeinteilung von Canter, Rivers und Storrs (1985) zurück. In einem Fall wird auf der Basis von graphentheoretischen Maßen und der Auswertung von Logfiles eine Typisierung vorgenommen (Kap. 7.3.1). Im anderen Fall werden die Beschreibungen der Typen in Textform herangezogen, mit deren Hilfe sich die Testpersonen selbst einschätzen (Kap. 7.3.2).

*Selbsteinschätzung der Navigationsstrategie*

Zunächst wird der Frage nachgegangen, in welchem Verhältnis die Navigationstypen der Logfile-Analyse zu denen der Selbsteinschätzung stehen. Dazu wurden einfaktorielle Varianzanalysen gerechnet (Tab. 8.6).

Es können für die Typen der Logfile-Analyse keine signifikanten Unterschiede in den Selbsteinschätzungen der Navigationsstrategien festgestellt werden (genaue Daten siehe Tab. 8.6). Einzelvergleiche bestätigen dieses Ergebnis.

**Tabelle 8.6:** Varianzanalysen über die Selbsteinschätzung der Navigationsstrategie, getrennt nach den Strategietypen der Logfile-Analyse.

| | Quelle der Varianz | *ss* | *df* | *ms* | *F* | *Sig of F* |
|---|---|---|---|---|---|---|
| Selbsteinschätzung: *Scanner* | Typen | 5.08 | 3 | 1.69 | 1.55 | .217 |
| | Fehler | 44.92 | 41 | 1.10 | | |
| | Total | 50 | 44 | | | |
| Selbsteinschätzung: *Browser* | Typen | 1.01 | 3 | 0.34 | 0.23 | .874 |
| | Fehler | 59.79 | 41 | 1.46 | | |
| | Total | 60.80 | 44 | | | |
| Selbsteinschätzung: *Searcher* | Typen | 2.83 | 3 | 0.94 | 1.84 | .156 |
| | Fehler | 21.08 | 41 | 0.51 | | |
| | Total | 23.91 | 44 | | | |
| Selbsteinschätzung: *Explorer* | Typen | 1.00 | 3 | 0.33 | 0.54 | .661 |
| | Fehler | 25.45 | 41 | 0.62 | | |
| | Total | 26.44 | 44 | | | |
| Selbsteinschätzung: *Wanderer* | Typen | 5.65 | 3 | 1.88 | 1.37 | .265 |
| | Fehler | 56.26 | 41 | 1.37 | | |
| | Total | 61.91 | 44 | | | |

Es kann deshalb davon ausgegangen werden, dass beide Klassifizierungsverfahren zu unterschiedlichen Typisierungen führen.

*Lernerfolge*

Zur Überprüfung des Zusammenhangs zwischen den Navigationstypen der Logfile-Analyse und dem Lernerfolg wurden einfaktorielle Varianzanalysen gerechnet (Tab. 8.7).

Die verschiedenen Typen zeigen auch in den Posttestleistungen keine signifikanten Unterschiede (genaue Daten siehe Tab. 8.7). Das heißt, dass die sehr unterschiedlichen identifizierten Strategien, beispielsweise *Exploring* und *Searching*, gleichermaßen zu guten Lernergebnissen führen können. Die Internet-Arbeitsstrategie ist keine Determinante des Lernerfolgs, wenn sie mit dem dargestellten Verfahren erfasst wird.

**Tabelle 8.7:** Varianzanalysen über Punktzahlen in verschiedenen Posttests, getrennt nach den Strategietypen der Logfile-Analyse.

| | Quelle der Varianz | *ss* | *df* | *ms* | *F* | *Sig of F* |
|---|---|---|---|---|---|---|
| Multiple-Choice-Posttest | Typen | 9.96 | 3 | 3.32 | 0.92 | .440 |
| | Fehler | 148.04 | 41 | 3.61 | | |
| | Total | 158 | 44 | | | |
| Erstelle Texte der Schüler | Typen | 5.87 | 3 | 1.96 | 0.15 | .931 |
| | Fehler | 521.30 | 39 | 13.37 | | |
| | Total | 527.16 | 42 | | | |
| Concept Map: Anzahl richtiger Relationen | Typen | 21.76 | 3 | 7.26 | 0.54 | .660 |
| | Fehler | 541.42 | 40 | 13.54 | | |
| | Total | 563.18 | 43 | | | |

*Vorkenntnisse*

Die identifizierten Strategietypen zeigen keine signifikanten Unterschiede in den erhobenen unabhängigen Variablen: Vorkenntnisse in Physik, Computerkenntnisse und epistemologische Überzeugungen. Damit kann die aufgestellte Vermutung verworfen werden, dass beispielsweise Ansichten der Schüler über Physik und Lernen von Physik einen direkten Einfluss auf die identifizierten Navigationsstrategien haben. Wie dies hinsichtlich anderer unabhängiger Variablen (z. B. Lernstile) aussehen würde, muss im Rahmen dieser Untersuchung offen bleiben.

## Diskussion

Auf den ersten Blick hätte vermutet werden können, dass beide Ansätze, die Identifizierung der Strategien mithilfe von Logfiles und durch Selbsteinschätzungen, zu den gleichen oder zumindest ähnlichen Ergebnissen führen. Ein *Explorer* der Logfile-Analyse hätte sich auch in der Selbsteinschätzung als *Explorer* bezeichnen müssen. Dieser Eindruck wird weiterhin dadurch gestärkt, dass beide Ansätze ihre Wurzeln in den Navigationsstrategien von Canter, Rivers und Storrs (1985) haben und für beide Klassifizierungen die gleichen Typennamen verwendet werden.

Dass keine signifikanten Zusammenhänge auftreten, ist aus folgenden Gründen dennoch erklärlich. Selbsteinschätzungen können aufgrund ihrer Subjektivität stark vom tatsächlich gezeigten Verhalten abweichen. Es gibt Nutzer, denen es grundsätzlich schwer fällt, sich selbst zu beurteilen, und solche, die sich bewusst zu schwach oder zu stark einschätzen. Dies führt zu Abweichungen zwischen tatsächlich gezeigten und den gewollten bzw. selbst empfundenen Strategien. Das heißt: Während das Verfahren der Logfile-Analyse anhand der Daten die Nutzer objektiv klassifiziert, führt die Selbsteinschätzung zu einer Beschreibung, welche Strategie die Schüler verfolgen wollten. Auftretende Diskrepanzen bei den Probanden zwischen Wunsch und Wirklichkeit sind folglich nicht erstaunlich. Weiterhin unterliegt die Operationalisierung der Strategien nach Canter et al. durch die Wahl einer endlichen Zahl definierter Größen der Graphentheorie einer (notwendigen) Einschränkung. Denkbar sind prinzipiell weitere Ansätze mit anderen Größen und Klassifikationsverfahren, die versuchen, diese Typen quantitativ zu erfassen.

Ein direkter Zusammenhang der Typen der Logfiles zum Lernerfolg ist nicht entdeckt worden. Dies kann auf folgende Ursachen zurückgeführt werden. Die Muster der Navigation, die Probanden im Hypertext durchlaufen, unterliegen vielen verschiedenen Einflüssen. Ein einzelnes Muster, beispielsweise ein Spike (vgl. Kap. 4.3), kann sehr unterschiedliche Ursachen haben: Der Nutzer ist „lost in hyperspace“ und geht Schritt für Schritt im Hypertext zurück, bis er auf einen „bekannten“ Knoten trifft. Oder aber: Der Nutzer geht gezielt Schritt für Schritt zu einem besuchten Knoten zurück, weil er aus diesem eine bestimmte Information benötigt. Schließlich: Der Nutzer geht Schritt für Schritt zurück, um einen Überblick der besuchten Seiten dieser Knotenkette zu erhalten. Unterschiedlichste Zielsetzungen können so zu gleichen Navigationsmustern führen. Andererseits können gleiche oder ähnliche Zielsetzungen zu unterschiedlichen Mustern führen: Die gezielte Suche nach Informationen kann beispielsweise durch schrittweises Zurückverfolgen von Knoten geschehen (Spikes) oder durch Rücksprung auf eine Seite (Loops oder Ringe). Insgesamt folgt, dass ein direkter Zusammenhang zwischen Navigationsmustern und kognitiven Prozessen nicht angenommen werden kann.

Weiterhin muss berücksichtigt werden, dass sich Zielsetzungen während der Arbeit ändern können. Die Summation der Indizes über die gesamte Sitzung hinweg wird diesem Aspekt nicht vollständig gerecht. Weitergehende Arbeiten könnten versuchen, innerhalb der Internetanwendung von Schülern Phasen unterschiedlicher Zielsetzungen zu differenzieren und die Analyse des Ausfallens der verschiedenen Indizes erneut durchzuführen.

*Hypothese 7: Es lassen sich anhand von Protokollen der Computer- und Internetnutzung und der Anwendung eines empirischen graphentheoretischen Verfahrens objektiv vier verschiedene Navigationsstrategien identifizieren: „Exploring“ (entdecken), „Wandering“/„Browsing“ (wandern/durchstöbern), „Scanning“ (überfliegen) und „Searching“ (suchen). Diese Navigationsstrategien lassen bei der selbstgesteuerten Erarbeitung eines komplexen Themas aus der Physik mit dem Internet aber keine direkten Schlüsse auf kognitive Prozesse zu und führen nicht notwendig zu unterschiedlichen Lernerfolgen.*

Es darf keinesfalls gefolgert werden, dass eine Nutzertypenidentifizierung grundsätzlich nicht sinnvoll ist. Die verschiedenen gefundenen Typen zeigen Unterschiede in der Navigation, es finden sich Präferenzen für bestimmte Navigationsmuster (Pfade, Ringe, Loops und Spikes), in der Exploration des Hypertextes sowie in den Wiederholungsbesuchen von Knoten (Redundanz). Anhand dieser Ausprägungen lassen sich die gefundenen Typen charakterisieren. Diese Charakterisierungen sind wiederum zur Gestaltung und Optimierung von Hypertexten wichtig, da sie Präferenzen von Nutzern berücksichtigen und damit zur Entwicklung anwenderfreundlicher Lernumgebungen beitragen (vgl. Winne, Gupta & Nesbit, 1994, 178).

## 8.3.2 Strategietypen der Selbsteinschätzung in Bezug zu Lernerfolgen und Arbeitsweisen

In diesem Abschnitt stehen die Eigenschaften der Strategietypen aus der Selbsteinschätzung im Vordergrund (vgl. Kap. 7.3.2). Diese können anhand der folgenden Zusammenhänge genauer charakterisiert werden.

*Lernerfolge*

Es wurden Produkt-Moment-Korrelationen zwischen den Ausprägungen der Navigationsstrategien *Scanner, Browser, Searcher, Explorer* und *Wanderer* und dem Abschneiden der Probanden im Multiple-Choice-Posttest, hinsichtlich der erstellten Texte und in den Concept Maps berechnet (Tab. 8.8).

**Tabelle 8.8:** Produkt-Moment-Korrelationen zwischen den Navigationsstrategien in Selbsteinschätzung und verschiedenen Posttests ($n = 45$).

| | *Scanner* | | *Browser* | | *Searcher* | |
|---|---|---|---|---|---|---|
| Multiple-Choice-Posttest | $r = -.07$ | $p > .05$ | $\mathbf{r = -.37}$ | $p < .05$ | $\mathbf{r = .36}$ | $p < .05$ |
| Erstellte Texte | $r = .20$ | $p > .05$ | $r = -.26$ | $p < .05$ | $r = .07$ | $p < .05$ |
| Concept Maps: Anzahl richtiger Relationen | $r = -.10$ | $p > .05$ | $\mathbf{r = -.32}$ | $p < .05$ | $\mathbf{r = .34}$ | $p < .05$ |

| | *Explorer* | | *Wanderer* | | |
|---|---|---|---|---|---|
| Multiple-Choice-Posttest | $\mathbf{r = .50}$ | $p < .001$ | $\mathbf{r = -.42}$ | $p < .01$ | |
| Erstellte Texte | $r = .06$ | $p < .05$ | $\mathbf{r = -.36}$ | $p < .05$ | |
| Concept Maps: Anzahl richtiger Relationen | $\mathbf{r = .31}$ | $p < .05$ | $r = -.24$ | $p < .05$ | |

Die Ergebnisse der Korrelationsanalyse ($n = 45$) zeigen, dass die von den Schülern angewendeten (und durch Selbsteinschätzungen gewonnenen) Strategien in einem nachweisbaren Zusammenhang zu Leistungen in den Posttests stehen. Die Selbsteinschätzung, ein Browser zu sein, korreliert signifikant mit dem Abschneiden im Multiple-Choice-Nachtest ($r = -.37, p < .05$) und der Anzahl richtiger Relationen in den Concept Maps ($r = -.32$, $p < .05$). Zwischen *Searching* und dem Multiple-Choice-Nachtest ($r = .36$, $p < .05$) und der Anzahl richtiger Relationen im Concept Map ($r = .34$, $p < .05$) können ebenfalls signifikante Korrelationen festgestellt werden. Ebenso zwischen *Exploring* und dem Multiple-Choice-Nachtest ($r = .50$, $p < .001$), *Exploring* und der Anzahl richtiger Relationen im Concept Map ($r = .31$, $p < .05$), *Wandering* und dem Multiple-Choice-Nachtest ($r = -.42$, $p < .01$) und *Wandering* und der Punktzahl für die erstellten Texte ($r = -.36$, $p < .05$).

Insgesamt folgt damit: Je mehr ein Proband seine Strategie als *Exploring* oder *Searching* bezeichnet, desto besser sind die Ergebnisse in den Nachtests. Andererseits gilt: Je mehr ein Proband sich als *Browser* oder *Wanderer* bezeichnet, desto schlechter sind die Nachtestergebnisse. Über den Typen des *Scanners* können keine Aussagen getroffen werden.

*Selbsteinschätzung der Arbeitsweise*

Um die Navigationstypen auf Basis der Selbsteinschätzungen genauer charakterisieren zu können, werden an dieser Stelle exemplarisch Zusammenhänge zwischen den Selbsteinschätzungen der Navigationsstrategie und denen der Arbeitsweise dargestellt.

Zwischen der Merkmalsausprägung *Searcher* und 14 von 20 Eigenschaften der Arbeitsweise bestehen signifikante Korrelationen (positive Korrelationen: effizient, geplant, optimal, gezielt, gründlich, Gewinn bringend, detailgenau; negative Korrelationen: unüberlegt, desinteressiert, unzufriedenstellend, chaotisch, flüchtig, ohne viel Aufwand, oberflächlich). Für den *Explorer* sind dies sechs Eigenschaften (positive Korrelationen: gezielt, detailgenau, gründlich; negative Korrelationen: chaotisch, flüchtig, oberflächlich), den *Wanderer* neun (positive Korrelationen: unüberlegt, desinteressiert, chaotisch, flüchtig, erfolglos, oberflächlich, stimmungsabhängig; negative Korrelationen: geplant, gezielt), den *Scanner* drei (positive Korrelationen: desinteressiert, oberflächlich; negative Korrelationen: detailgenau) und den *Browser* eine (positive Korrelationen: chaotisch). Mithilfe dieser Eigenschaften lassen sich die verschiedenen Strategien z. T. sehr detailliert beschreiben.

Darüber hinaus korreliert der Faktor „positive Arbeitsweise" signifikant mit drei der fünf Strategien (*Searcher*: $r = .49$, $p < .001$, $n = 45$; *Explorer*: $r = .30$, $p < .05$, $n = 45$; *Wanderer*: $r = -.38$, $p < .01$, $n = 45$). *Searching* und *Exploring* wird eher mit positiver Arbeitsweise, *Wandering* eher mit negativer Arbeitsweise verknüpft. Dies entspricht den für den Lernerfolg günstigen bzw. ungünstigen Strategien.

Zwischen den Strategietypen der Selbsteinschätzung und den erhobenen unabhängigen Variablen konnten keine signifikanten Zusammenhänge festgestellt werden.

*Anmerkung.* Bemerkenswert ist das Ergebnis, dass zwischen der Ausprägung der verschiedenen Navigationsstrategien und den Computerkenntnissen keine signifikanten Beziehungen auftreten. Das heißt, dass zunehmende Computerkenntnisse allein nicht zu Unterschieden in der Selbsteinschätzung von Strategien führen (soweit die hier dargestellten betrachtet werden). Wie das nach speziellen „Strategieschulungen" aussehen würde, muss jedoch offen bleiben. Insgesamt kann der Einfluss der Vorkenntnisse in Physik, der Computerkenntnisse und der epistemologischen Überzeugungen als nicht ausschlaggebend für die Selbsteinschätzung der Navigationsstrategie angesehen werden.

## Diskussion

Die Ergebnisse zeigen, dass zwischen den Selbsteinschätzungen der Navigationsstrategien und den Lernerfolgen signifikante Zusammenhänge bestehen.

Aufgrund dessen können vier der fünf Navigationsstrategien nach Canter et al. hinsichtlich aufgabenspezifischer Lernerfolge bewertet werden.

Die Verfahren des *Searching* und *Exploring* wirken sich positiv auf intendierte Lernerfolge aus, da sie eng an das Thema gekoppelt eine intensive Auseinandersetzung mit dem Lerngegenstand fördern. Die mit *Browsing* und *Wandering* verbundene ungezielte und unstrukturierte Herangehensweise führt zwar zur Gewinnung eines Überblicks über das Thema, allerdings kann diese Exploration über Aufgaben-relevante Aspekte hinausgehen. Verbunden mit beiden letztgenannten Vorgehensweisen können Lernerfolge sein, wenn auch nicht unbedingt aufgabenrelevante. Dieser Effekt der „Ablenkung" und der Fokussierung auf eine andere Information, als der eigentlich gesuchten, wird auch als „Serendipity" bezeichnet (Kuhlen, 1991, 129; Schulmeister, 1996, 55).

*Hypothese 8: Die subjektiv erfahrene Internet-Arbeitsstrategie der Nutzer bei der selbstgesteuerten Erarbeitung eines komplexen Themas aus der Physik mit dem Internet beeinflusst die intendierten Lernerfolge. „Exploring" (entdecken) und „Searching" (suchen) können in diesem Sinne als günstige, „Browsing" (durchstöbern) und „Wandering" (wandern) als ungünstige Strategien bezeichnet werden.*

Die vorliegende Untersuchung konnte die benannten „erfolgreichen" Strategien nur mit eingeschränkter Güte erfassen. Deshalb wäre es Gewinn bringend, diese Typen genauer zu beschreiben und den Zusammenhang zu Lernerfolgen erneut zu prüfen. Auf dieser Grundlage wäre es schließlich möglich, Strategieanweisungen für „günstiges" Arbeiten mit dem Internet zu entwickeln.

Die Ergebnisse dieses und des vorhergehenden Kapitels haben gezeigt, dass wider Erwarten die erfassten unabhängigen Variablen keinen nachweisbaren Einfluss auf die Navigationsstrategien gezeigt haben. Dies trifft sowohl auf die mit Logfiles identifizierten Typen als auch auf die durch Selbsteinschätzungen klassifizierten Typen zu. Zur Deutung dieses Befundes bzgl. der durch Logfiles identifizierten Typen kann auf die Argumentation aus Kapitel 8.3.1 zurückgegriffen werden: Navigationsmuster stehen im Allgemeinen nicht in einem direkten Zusammenhang zu kognitiven Prozessen. Hinsichtlich der Selbsteinschätzungen könnte dieser Sachverhalt folgende Ursachen haben: Die Selbsteinschätzung der Navigationsstrategie spiegelt die Präferenzen und die Neigungen des Probanden bzgl. seiner Arbeitsweise beim Lernen und Arbeiten mit dem Internet wider. Die dahinter liegenden bevorzugten Lernstile, Vorgehensweisen und Zielsetzungen (vgl. Kap. 8.2.1) können aber unabhängig von den Vorkenntnissen und Ansichten des Schülers sein.

*Hypothese 9: Domänenspezifische Vorkenntnisse, Computerkenntnisse und epistemologische Überzeugungen haben keinen direkten Einfluss auf die zur selbstgesteuerten Erarbeitung eines komplexen Themas in Physik mit dem Internet angewendete objektiv mit Logfiles bestimmbare oder subjektiv erfahrene Arbeitsstrategie.*

Ergänzend sei an dieser Stelle angemerkt, dass hier erneut zum Vorschein tritt, dass sich Empfindungen und Überzeugungen auf Lernerfolge auswirken können. Dieses Ergebnis wurde in Kapitel 8.1.3 in ähnlicher Form angeführt. Ansichten über Physik und Lernen von Physik stehen ebenfalls in einer Beziehung zum Lernerfolg.

### 8.3.3 Arbeitsweisen in Bezug zu Lernerfolgen und zur Internetnutzung

Die Selbsteinschätzungen der Arbeitsweise durch die Schüler werden dazu genutzt, die Navigationsstrategien genauer zu charakterisieren (Kap. 8.3.2). Um zusätzlich unabhängig von Strategietypen Aussagen über die Einflüsse der Arbeitsweise machen zu können, werden Zusammenhänge zu weiteren Variablen der Untersuchung, insbesondere aber zum Lernerfolg, angegeben.

*Lernerfolg*

Es wurden Produkt-Moment-Korrelationen zwischen Ausprägungen verschiedener Eigenschaften der Arbeitsweise und dem Abschneiden im Multiple-

Choice-Posttest und dem Richtigkeitsquotienten der Concept Maps berechnet.

Von 20 einzuschätzenden Eigenschaften der Arbeitsweise korrelieren 15 signifikant mit der Punktzahl im Multiple-Choice-Nachtest und 5 mit dem Richtigkeitsquotienten der Concept Maps (Definition des Richtigkeitsquotienten siehe Kap. 7.4.2): Je stärker ein Schüler seine Arbeitsweise als effizient, geplant, gezielt, gründlich, Gewinn bringend, detailgenau oder „wie immer" bezeichnet, desto besser ist das Posttest-Ergebnis. Weiterhin gilt: Je mehr ein Proband seine Arbeitsweise mit unüberlegt, desinteressiert, chaotisch, verbesserungswürdig, flüchtig, erfolglos, oberflächlich oder stimmungsabhängig charakterisiert, desto schwächer sind die Resultate im Nachtest. Darüber hinaus korrelieren beide Posttestvariablen mit dem Faktor „positive Arbeitsweise" (Multiple-Choice-Nachtest: $r = .34$, $p < .05$, $n = 44$; Richtigkeitsquotient des Concept Maps: $r = .47$, $p < .001$, $n = 44$).

Die Fragen zu der Arbeitsweise wurden den Schülern vor der Durchführung des Posttests gestellt. Das heißt es gelingt den Schülern offensichtlich sehr gut, den Erfolg ihrer Arbeitsweise einzuschätzen. Dies spricht dafür, dass die Probanden die Fragebögen der Selbsteinschätzung sehr gewissenhaft bearbeitet haben.

*Internetnutzung*

Um Zusammenhänge zwischen der Arbeitsweise und Variablen der Logfiles aufzudecken, wurden Produkt-Moment-Korrelationen berechnet. Als Variablen der Logfiles werden untersucht: Anzahl besuchter Internetseiten, Gesamtzeit der Internetnutzung und Anzahl verwendeter Suchanfragen.

Der Faktor „positive Arbeitsweise" korreliert nicht nur negativ signifikant mit der Anzahl besuchter Webseiten ($r = -.40$, $p < .01$, $n = 45$) und der Gesamtzeit, die ein Schüler das Internet genutzt hat ($r = -.43$, $p < .01$, $n = 45$; siehe Kap. 8.2.1), sondern auch mit der Anzahl verwendeter Suchanfragen ($r = -.35$, $p < .05$, $n = 45$). Je mehr Internetseiten während der Recherche aufgerufen werden, je länger insgesamt im Internet „gesurft" wird und je mehr Suchanfragen abgeschickt werden, desto negativer schätzen die Schüler ihre Arbeitsweise ein.

## Diskussion

Es ist den Schülern der Untersuchung sehr gut gelungen, den Erfolg ihrer Arbeitsweise selbst einzuschätzen, obwohl die schulrelevante Arbeit mit dem Internet für die meisten Schüler nicht zur Routine gehört. Offensichtlich erkennen sie recht selbstkritisch, inwiefern ihre Arbeitsweise Gewinn bringend ist (unabhängig davon, mit welchem Medium sie arbeiten). Während der Arbeit mit dem Internet stellen sie möglicherweise bereits fest, ob das angewendete Verfahren zielführend ist oder nicht. Schüler, die ihre Arbeitsweise eher negativ beschreiben, haben im Rahmen der vorgegebenen Aufgabenstellung Schwierigkeiten beim Umgang mit dem Medium festgestellt. Ursachen könnten darin liegen, dass sie beispielsweise gesuchte Informationen im Internet nicht (wieder)gefunden haben, dass sie „zu viel“ Zeit mit Suchen verbracht haben oder dass sie Schwierigkeiten hatten, aus der Fülle der Quellen die „richtigen“ auszuwählen. Dieses Ergebnis untermauert die Ausführungen hinsichtlich des Zusammenhangs von empfundenen Navigationsstrategien und Lernerfolgen.

Die Fähigkeit der Schüler, den Erfolg ihrer Arbeit selbst einzuschätzen zu können, kann als positiv gewertet werden, da damit eine Voraussetzung zur Verbesserungen der Arbeitsweise erfüllt wird.

*Hypothese 10: Es gelingt Schülern, den Erfolg ihrer Arbeitsweise bei der selbstgesteuerten Erarbeitung eines komplexen Themas aus der Physik mit dem Internet einzuschätzen, auch wenn sie nur auf geringe Erfahrungen bei der schulrelevanten Nutzung dieses Mediums zurückgreifen können.*

Weiterhin hat sich gezeigt, dass mit zunehmender Anzahl besuchter Webseiten die Probanden ein zunehmend schlechteres Bild ihrer Arbeitsweise erhalten (vgl. Kap. 8.2.1). Es kann vermutet werden, dass durch den Besuch von vielen Seiten und durch eine zeitlich lange Internetrecherche eine kognitive Belastung verbunden ist, die zwar nicht zu nachweisbaren schlechteren Lernergebnissen führt, wohl aber zu einem negativen Gesamteindruck.

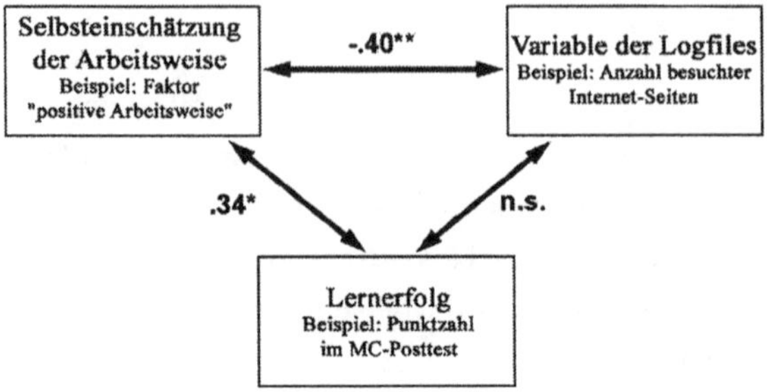


**Abbildung 8.6:** Zusammenhang zwischen Selbsteinschätzung der Arbeitsweise, Variablen der Logfiles und Lernerfolgen (angegeben sind die Korrelationen zwischen ausgewählten Variablen und das Signifikanzniveau).

Das heißt, dass ein Zusammenhang zwischen Anzahl besuchter Seiten und dem Lernerfolg über den „Umweg“ der empfundenen Arbeitsweise vermutet werden kann: Die Leistungen im Nachtest werden erst dann schwächer, wenn der Nutzer mit zunehmender Zahl besuchter Internetseiten selbst einen negativen Eindruck seiner Arbeitsweise erhält. Man kann hier von einem „indirekten Effekt“ sprechen, der als Verbindungsglied zwischen Anzahl an Quellen und Lernerfolgen auftritt. Abbildung 8.6 verdeutlicht diesen Zusammenhang anhand der in der Untersuchung verwendeten Variablen und den erzielten Ergebnissen.

## 8.4 Einfluss der Lernerfolge

Es wird dargestellt, welche Beziehungen zwischen den Ergebnissen der drei Instrumente bestehen, welche die Leistung messen: die erstellten Texte, die Multiple-Choice-Tests und die Concept Maps. Dem Schreiben der Texte kann beispielsweise ein wesentlicher Einfluss auf die Lernleistungen der Schüler unterstellt werden (vgl. Kap. 3.4). Aus diesem Grund werden die erstellten Texte den Ergebnissen der anderen Nachtestinstrumente gegenübergestellt. Von Interesse ist weiterhin, ob bei der Arbeit mit dem Internet bestimmte Aspekte des Lernens, die durch die unterschiedlichen Testverfahren berücksichtigt wurden, bevorzugt werden.

*Beziehungen zwischen den Ergebnissen der Lernerfolgserfassung*

Zur Untersuchung des Zusammenhangs zwischen den formalen und inhaltlichen Parametern der Concept Maps und der Punktzahl sowohl im Multiple-Choice-Posttest als auch in den erstellten Texten wurden Produkt-Moment-Korrelationen berechnet. Tabelle 8.9 stellt die signifikanten Korrelationen dar ($n = 44$).

Die Anzahl der Kanten in den Maps korreliert signifikant mit dem Multiple-Choice-Posttest ($r = .38$, $p < .05$) und der Punktzahl für die erstellten Texte ($r = .34$, $p < .05$). Weiterhin korrelieren die formalen Parameter „Anzahl zentraler Begriffe" ($r = .32$, $p < .05$) und „Komplexität" ($r = .36$, $p < .05$) signifikant mit dem Multiple-Choice-Posttest. Der inhaltliche Parameter „Fehlerquotient" korreliert signifikant mit dem Multiple-Choice-Posttest ($r = -.31$, $p < .05$). Schließlich korrelieren die beiden inhaltlichen Parameter „Anzahl richtiger Relationen" ($r = .50$, $p < .001$; $r = .47$, $p < .01$) und „Richtigkeitsquotient" ($r = .42$, $p < .01$; $r = .39$, $p < .01$) signifikant mit dem Multiple-Choice-Posttest und den erstellten Texten. (Für alle Korrelationen gilt $n = 44$.)

Für die formalen Parameter bedeuten diese Ergebnisse, dass mit steigender Anzahl an gebildeten Relationen, mit zunehmender Anzahl zentraler Begriffe und mit höherer Komplexität der Maps größere Lernerfolge verbunden sind. Sowohl Fehlerquotient und Anzahl richtiger Relationen als auch der Richtigkeitsquotient, alle inhaltlichen Parameter, korrelieren ebenfalls signifikant mit der Punktzahl im Multiple-Choice-Posttest.

Die Qualität der Texte korreliert darüber hinaus hoch signifikant mit dem Abschneiden im Multiple-Choice-Posttest zum Thema Gezeiten ($r = .49$, $p < .001$, $n = 44$).

**Tabelle 8.9:** Produkt-Moment-Korrelationen zwischen formalen und inhaltlichen Parametern der Concept Maps, der Punktzahl im Multiple-Choice-Posttest und dem Abscheiden in den erstellten Texten ($n = 44$).

| | Concept Maps | Multiple-Choice-Posttest | | Erstellte Texte | |
|---|---|---|---|---|---|
| formal | Anzahl der Kanten | $r = .38$ | $p < .05$ | $r = .34$ | $p < .05$ |
| | Anzahl zentraler Begriffe | $r = .32$ | $p < .05$ | | |
| | Komplexität | $r = .36$ | $p < .05$ | | |
| inhaltlich | Fehlerquotient | $r = -.31$ | $p < .05$ | | |
| | Anzahl richtiger Relationen | $r = .50$ | $p < .001$ | $r = .47$ | $p < .01$ |
| | Richtigkeitsquotient | $r = .42$ | $p < .01$ | $r = .39$ | $p < .01$ |

### Diskussion

Die Ergebnisse hinsichtlich der Concept Maps stehen im Einklang mit Angaben von Friege und Lind (2000, 177), die folgern, dass die Anzahl der Kanten und der zentralen Begriffe gut über den gesamten Expertisebereich differenzieren. Das heißt, dass bereits rein formale Größen der Concept Maps ein Abbild der Lernleistungen bieten. Dass sich dieses Ergebnis in der vorliegenden Untersuchung erneut zeigt, kann als Hinweis auf dessen Güte angesehen werden.

Die Resultate der drei sehr unterschiedlichen Verfahren, die Leistungen zu messen, die Texte, der Multiple-Choice-Posttest und die Concept Maps, korrelieren signifikant miteinander (Triangulation). Der Wissenserwerb im Rahmen der Aufgabenstellung mit dem Medium Internet erfolgt „gesamtheitlich“: Die Schüler können erlerntes Wissen strukturell, in Textform und anhand von Fachfragen darlegen. Dies spricht für den Wert des Internets für Lehr- Lernprozesse. Abbildung 8.7 verdeutlicht den Zusammenhang zwischen den verschiedenen Posttestinstrumenten und dem Text.

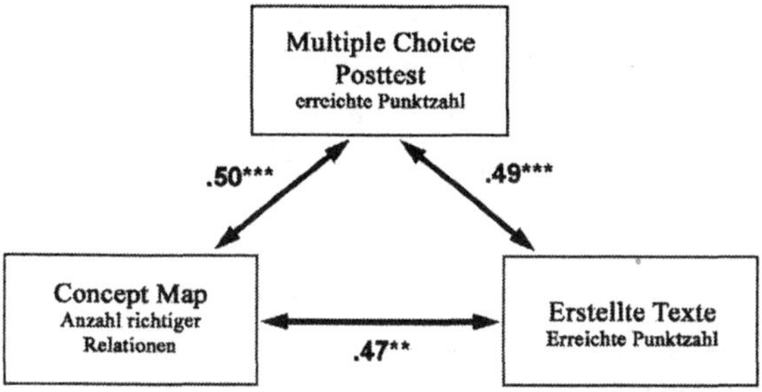


**Abbildung 8.7:** Zusammenhang zwischen den Posttestinstrumenten und dem Text (angegeben sind Korrelationen zwischen verschiedenen Posttest-Variablen und das Signifikanzniveau).

Die Erstellung eines „guten" Textes ist demnach mit intendierten Lernerfolgen verbunden. Folglich erscheint es sinnvoll, bei ausreichenden inhaltlichen und technischen Vorkenntnissen der Schüler, das Internet als Medium zur Erarbeitung fachlicher Themen in Form von zu erstellenden Texten anzuwenden.

Zusammen mit den jeweiligen Ergebnissen der einzelnen Tests, des Multiple-Choice-Tests (Kap. 7.4.1), der Concept Maps (Kap. 7.4.2) und der Auswertung der Texte (Kap. 7.4.3), und der Erkenntnis, dass alle drei unterschiedlichen Verfahren zu vergleichbaren Resultaten führen, kann der Wert des Internets zum Lernen von Physik abschließend eingeschätzt werden. Mit Blick auf den Vortest zum Thema Gezeiten, in dem die Schüler praktisch keine Vorkenntnisse gezeigt haben, kann gefolgert werden, dass sich die Schüler dieser Untersuchung weitreichende Kenntnisse mithilfe des Internets angeeignet haben. Dieses Ergebnis ist an verschiedenen Stellen dieser Arbeit bereits angeführt worden und wird nun nach der abschließenden Betrachtung und als weitreichendes wichtiges Resultat am Ende der Ergebnispräsentation formuliert. (Dabei gehen z. T. Aussagen der Hypothesen 1 bis 10 mit ein.)

*Unter Berücksichtigung von domänenspezifischen Vorkenntnissen, Internetkompetenz, Arbeitsweise und -strategie und Aufgabenstellung ist das Internet nicht nur zur Suche von einzelnen Fakten oder Informationen, sondern ebenfalls zum selbstgesteuerten Lernen von komplexen Themen aus der Physik geeignet.*

Dass dies bei anderen Untersuchungsgruppen auch anders aussehen kann, zeigt Schorr (2003). In einer Studie mit Schülern der 6. Klassenstufe kommt sie zu dem Ergebnis, dass rund 85% der gestellten Aufgaben zur Bearbeitung mit dem Internet von den Schülern falsch gelöst wurden.

## 8.5 Vergleich den Lernerfolg beeinflussender Faktoren

In dieser Untersuchung werden verschiedene maßgebliche Einflüsse auf Lernerfolge betrachtet und diskutiert: domänenspezifische Vorkenntnisse, Verfahren der Textproduktion, Internetkompetenz, Einstellung zur Arbeitsweise, epistemologische Überzeugungen und Strategien. Zum Teil hängen diese Einflüsse mit dem Medium Internet und der Aufgabenstellung zusammen, zum Teil sind sie von übergreifender Bedeutung. Nachdem der Einfluss jeder dieser Faktoren weitgehend einzeln betrachtet wurde, widmet sich dieser Abschnitt einem Vergleich dieser Größen. Anhand von multiplen linearen Regressionen kann geprüft werden, wie „gut“ eine abhängige Variable – z. B. der Lernerfolg – durch ein lineares Modell aus unabhängigen Variablen – z. B. Variablen des Pretests – „vorhergesagt“ wird. Mithilfe einer schrittweisen Regression wurden die Beziehungen zwischen allen oben genannten Variablen und dem Lernerfolg, gemessen durch den Multiple-Choice-Nachtest, analysiert (Tab. 8.10).

Das Abschneiden im Multiple-Choice-Nachtest kann durch die Prädiktoren „Internet Information Skills“, „epistemologische Überzeugungen“, Faktor „positive Arbeitsweise“ und Selbsteinschätzung *Explorer* vorhergesagt

**Tabelle 8.10:** Schrittweise Regression zur Vorhersage von Lernerfolgen ($n = 42$).

| Kriteriumsvariable | Prädiktoren | $B$ | $SE$ $B$ | $\beta$ | $T$ | $Sig$ $of$ $T$ | $adR^2$ |
|---|---|---|---|---|---|---|---|
| Punktzahl im Multiple-Choice-Posttest | Subskala Internet Information Skills | .0338 | .010 | .390 | 3.322 | .002 | |
| | *Explorer* | .754 | .279 | .298 | 2.701 | .010 | |
| | Faktor „positive Arbeitsweise“ | .0883 | .033 | .296 | 2.643 | .012 | |
| | VASS-Score | .0647 | .027 | .281 | 2.393 | .022 | |
| | $adjR^2$ | | | | | | .526 |

($B$ bezeichnet die Regressionskoeffizienten, $SE\ B$ deren Standardfehler, $\beta$ die standardisierten Regressionskoeffizienten, $R^2$ das Bestimmtheitsmaß, $T$ die Prüfgröße und $adjR^2$ das korrigierte $R$-Quadrat)

werden ($n = 42$, $adjR^2 = .53$, $F(4, 38) = 12.63$, $p < .001$). Zusammengenommen erklären diese vier Prädiktoren 53% der Gesamtvarianz. Je stärker also die Ausprägungen in den genannten Variablen, desto bessere Ergebnisse werden erzielt. (Die Variablen „Vorkenntnisse in Physik“, „Prozentualer Eigenanteil am erstellten Text“ und die Selbsteinschätzungen *Browser, Searcher* und *Wanderer* stellen innerhalb dieses Modells keine signifikanten Prädiktoren dar.)

Werden die lernerfolgbeeinflussenden Variablen getrennt nach Vor- und Nachtest analysiert, so bestätigt sich im Wesentlichen das angeführte Ergebnis. Das Abschneiden im Multiple-Choice-Nachtest kann zum einen durch die zwei Prädiktoren des Vortests „Internet Information Skills“ und „epistemologische Überzeugungen“ ($n = 43$, $adjR^2 = .33$, $F(2, 41) = 11.57$, $p < .001$) und zum anderen durch die zwei Prädiktoren des Nachtests, die Selbsteinschätzungen *Explorer* und *Browser*, ($n = 42$, $adjR^2 = .27$, $F(2, 40) = 8.70$, $p < .001$) vorhergesagt werden.

## Diskussion

Aus der Analyse der Variablen, die den Lernerfolg beeinflussen, hat sich ergeben, dass Vorkenntnisse vergleichsweise weniger bedeutend sind als Internetkompetenzen, epistemologische Überzeugungen und „günstige" Arbeitsweisen und -strategien. Der kritische Umgang mit Informationen hat dabei den stärksten Einfluss. Dieser Vergleich zeigt erneut, das „Internet Information Skills" sehr wichtige Fähigkeiten sind, damit „erfolgreich" mit dem Internet gearbeitet und gelernt werden kann. Aus diesem Grund sollte einer Ausschärfung der dahinter liegenden Fähigkeiten verbunden mit Konzepten zu deren Schulung in Zukunft verstärkt Aufmerksamkeit gewidmet werden. Dieses Ziel geht über die Anwendung des Internets hinaus – denn ein kritischer Umgang mit Informationen ist nicht nur dort von Wichtigkeit –, hat aber im Umgang mit dem WWW eine ganz besonders große Bedeutung. Darüber hinaus sind Einstellungen und Ansichten der Schüler über Physik und Lernen von Physik sowie eine positive Einschätzung der eigenen Arbeitsweise ausschlaggebend für Lernerfolge.

Diese durch Selbsteinschätzungen gewonnenen Faktoren scheinen in dieser Untersuchung in ihrer Wirkung bedeutender zu sein, als Vorkenntnisse! Dieses „überraschende" Ergebnis kann zum einen durch die Wahl der Probanden aus Leistungskursen bedingt sein. Diese haben naturgemäß bezüglich physikalischer Inhalte und der Anwendung von Computern eine vergleichsweise hohe Motivation (dies ist allerdings nicht gleichzusetzen mit einem hohen Kenntnisstand), die sich auf die Einstellung zur eigenen Arbeitsweise und -strategie auswirkt. Stark vereinfacht ausgedrückt bedeutet dies, dass Schüler insbesondere dann gute Leistungen erzielen, „wenn sie lernen möchten", relativ unabhängig davon, welche fachlichen Voraussetzungen sie erfüllen (und welche Medien sie nutzen). Zum anderen scheinen Expertenansichten über Physik und der kritische Umgang mit dem WWW dazu zu führen, dass die Schüler sich in angemessener Zeit die wichtigen und notwendigen Grundlagen zur Erarbeitung des Themas im Internet beschaffen können. Das Vorgehen bei der Selektion der Quellen hat offensichtlich einen hohen Stellenwert für ein erfolgreiches Lernen mit dem WWW. Ohne die (in dieser Untersuchung auch nachgewiesene) Bedeutung der Vorkenntnisse zurückdrängen zu wollen, scheinen die aufgezeigten Kompetenzen bei der Untersuchungsgruppe einflussreicher zu sein als Vorkenntnisse.

## 8.6 Geschlechtsspezifische Unterschiede

Nachstehend werden ergänzend geschlechtsspezifische Unterschiede angegeben, da speziell bei der Anwendung des Internets Unterschiede zwischen Mädchen und Jungen, beispielsweise in der Nutzungshäufigkeit (vgl. Feierabend & Klingler, 2002), berichtet werden. Ferner ist bekannt, dass die Leistungen von Schülerinnen und Schülern in den naturwissenschaftlichen Schulfächern differieren. An der vorliegenden Untersuchung haben 8 Mädchen und 37 Jungen teilgenommen. Durch die geringe Anzahl an weiblichen Probanden kann es sich bei den Ausführungen aber nur um eine Deskription der Untersuchungsgruppe handeln, die keinerlei Ansprüche auf Verallgemeinerbarkeit erhebt.

*Computerkenntnisse*

Zur Bestimmung von Unterschieden der Mädchen und Jungen im Umgang mit Computern wurden t-Tests für unabhängige Stichproben berechnet (Tab. 8.11).

Jungen ($M = 242$, $SD = 27$, $n = 37$) erreichen eine marginal signifikant höhere Gesamtpunktzahl im Test TIA als Mädchen ($M = 223$, $SD = 27$, $n = 8$): $t(43) = -1.77$, $p = .08$, $d = .67$. Ein Effekt des Faktors Geschlecht zeigt sich auch, wenn die in wechselseitigen Beziehungen zueinander stehenden Subskalen des Tests TIA in einer multivariaten Varianzanalyse als Messwiederholungen berücksichtigt werden: $F(1, 43) = 3.47$, $p = .07$. Aus diesem Grund werden zwei Subskalen gesondert betrachtet: Jungen ($M = 49$, $SD = 24$) schneiden auf der Subskala „Acquisition of Technological Knowledge“ signifikant besser ab als Mädchen ($M = 26$, $SD = 31$):

**Tabelle 8.11:** Mittelwertvergleiche (t-Tests) zwischen Mädchen und Jungen für den Computerkenntnistest (TIA).

| | | TIA Gesamtscore | TIA Subskala: Acquisition of Technological Knowledge | TIA Subskala: Adapting to Technological Change |
|---|---|---|---|---|
| Mädchen (n=8) | $M$ | 223.00 | 25.75 | 27.00 |
| | $SD$ | 26.66 | 31.10 | 21.36 |
| Jungen ($n = 37$) | $M$ | 241.70 | 49.19 | 55.84 |
| | $SD$ | 27.15 | 23.73 | 28.09 |
| gesamt ($n = 45$) | $M$ | 238.38 | 45.02 | 50.71 |
| | $SD$ | 27.72 | 26.40 | 29.03 |
| t-Test Mädchen/Jungen | $t$ | −1.77 | −2.40 | −2.73 |
| $df(43)$ | $p$ | .083 | .021 | .009 |

$t(43) = -2.40, p < .05, d = .89$. Jungen ($M = 56$, $SD = 28$) erzielen auf der Subskala „Adapting to Technological Change“ signifikant höhere Ergebnisse als Mädchen ($M = 27$, $SD = 21$): $t(43) = -2.73$, $p < .01$, $d = .99$.

Die Ergebnisse zeigen, dass die Jungen der Untersuchung von der Tendenz her höhere Kenntnisse im Umgang mit Computern und dem Internet besitzen als die Mädchen. Insbesondere ist die Fähigkeit der Mädchen, sich technische Fertigkeiten anzueignen und sich auf technische Änderungen einzustellen, schwächer ausgeprägt als die der Jungen.

*Lernerfolg*

Ferner wurde untersucht, ob sich geschlechtsspezifische Unterschiede beim Abschneiden im Multiple-Choice-Nachtest ergeben. Mädchen ($M = 5.5$, $SD = 1.8$, $n = 8$) erreichen eine marginal signifikant höhere Gesamtpunktzahl als Jungen ($M = 4.1$, $SD = 1.9$, $n = 37$): $t(43) = 1.98$, $p = .05$, $d = .75$.

Darüber hinaus konnten keine weiteren signifikanten Unterschiede festgestellt werden, weder im durch Logfiles erfassten Navigationsverhalten noch in den untersuchten Navigationsstrategien.

## Diskussion

Diese Ergebnisse sind ähnlich denen von Studien, die berichten, dass Frauen gegenüber Technik, Computer und Internet insgesamt mehr Skepsis, Unsicherheit und negative Einstellungen zeigen als Männer. Weiterhin weisen Männer eine höhere Vertrautheit im Umgang mit Computern auf und blicken im Mittel auf längere Erfahrung in der Computeranwendung zurück (Berghaus, 1999, 260). Ob diese Aussagen allerdings noch auf künftige Schülergenerationen zutreffen werden, ist aber fraglich. Neuere Untersuchungen sprechen von einem sich verringernden Unterschied zwischen Mädchen und Jungen hinsichtlich der Anwendung des Internets (vgl. Feierabend & Klingler, 2002). Die Mädchen „holen auf".

Die etwas höheren Leistungen der Schülerinnen widersprechen auf den ersten Blick den Ergebnissen verschiedener Studien (z. B. TIMSS III). Danach zeigen Mädchen in Deutschland in allen Schulstufen (insbesondere aber in der gymnasialen Oberstufe) in den Naturwissenschaften schwächere Leistungen als Jungen. Die abweichenden Befunde in dieser Untersuchung können jedoch durch die Selektion der Probanden aus Leistungskursen bedingt sein. So kann den weiblichen Teilnehmern dieser Untersuchung ein hohes Interesse und besondere Leistungen im Fach Physik unterstellt werden (Roeder & Gruehn, 1997). Weiterhin sind die verwendeten Tests zu dem speziellen Themenbereich Gezeiten natürlich nur sehr bedingt mit den Testverfahren der internationalen Studien vergleichbar. Darüber hinaus ist festgestellt worden, dass sich der Unterschied in den Leistungen von Jungen und Mädchen in den letzten Jahren verringert hat (siehe Kessels, 2002, 18). Unter diesen Annahmen und unter Berücksichtigung der relativ kleine Untersuchungsgruppe sind die geringen geschlechtsspezifischen Unterschiede plausibel.

# Teil III

# Abschließende Betrachtungen

Zur besseren Übersicht werden die wichtigsten Befunde der Untersuchung abschließend zusammengefasst und diskutiert (Kap. 9). Auf diese Weise soll ein Überblick über die zentralen Ergebnisse, die Gegenstand der Kapitel 7 und 8 sind, gegeben werden. Darüber hinaus beleuchtet der Ausblick (Kap. 10), in welcher Hinsicht weiterer Forschungsbedarf besteht.

# Kapitel 9

# Zusammenfassung und Diskussion der zentralen Ergebnisse

Die Zusammenfassung erfolgt mit Blick auf die Bedeutung der unabhängigen Variablen (Computerkenntnisse, epistemologische Überzeugungen und domänenspezifische Vorkenntnisse), der Computer- und Internetnutzung (einschließlich der Strategien und Arbeitsweisen) sowie der Textproduktion und dem Lernerfolg. Abbildung 9.1 gibt dazu die untersuchten Zusammenhänge schematisch unter stark verkürzter Angabe der erhaltenen Ergebnisse, der entsprechenden Kapitel und von Literaturquellen wieder.

## Domänenspezifische Vorkenntnisse, epistemologische Überzeugungen und Computerkenntnisse

Die Ergebnisse der Untersuchung zeigen, dass zum Erreichen aufgabenrelevanter Lernerfolge bei der Arbeit mit dem Internet drei Einflüsse von beson-

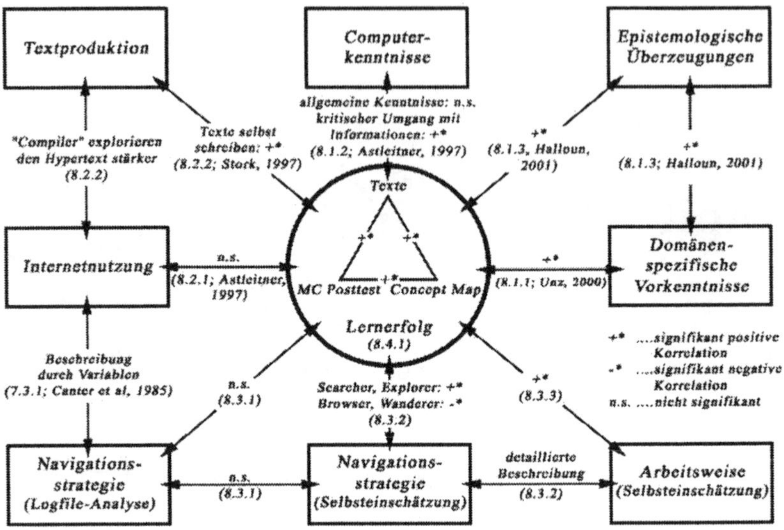


**Abbildung 9.1:** Die zentralen Ergebnisse der Untersuchung unter Angabe der entsprechenden Kapitel und verschiedener Literaturquellen.

ders großer Bedeutung sind: domänenspezifische Vorkenntnisse (Kap. 8.1.1), epistemologische Überzeugungen (Kap. 8.1.3) und Fähigkeiten im kritischen Umgang mit Informationen (Kap. 8.1.2). Zwischen diesen drei unabhängigen Variablen und den Lernergebnissen konnten signifikante Zusammenhänge festgestellt werden. Anders muss jedoch der Einfluss dieser Größen auf die Computernutzung bewertet werden. Für keine der genannten Variablen konnte ein direkter Zusammenhang zu Navigationsstrategien entdeckt werden, weder zu Strategien, die durch Logfiles gewonnen werden konnten, noch zu Strategien, die durch Selbsteinschätzung bestimmt wurden (Kap. 8.3.2).

Während Vorkenntnisse im Fach seit geraumer Zeit unbestritten als Prädiktor von Lernerfolgen gelten (siehe für die Hypermedia-Forschung z. B. Unz, 2000), gibt es hinsichtlich des Einflusses epistemologischer Überzeugungen in dieser Hinsicht im deutschen Sprachraum bislang wenige gesicherte Erkenntnisse. Die Ansichten von Schülern über Physik und Lernen von Physik (welche in dieser Untersuchung mit einer vom Autor ins Deutsche übertragenen Version des Tests „Views about Science Survey“ erhoben wurden; vgl. Halloun, 2001) haben nach den vorliegenden Ergebnissen eine große Bedeutung für die Lernleistung: Je höher der Grad der Expertise bzgl. epistemologischer Überzeugungen, desto besser ist das Abschneiden in Physiktests. Offensichtlich erreichen gerade jene Schüler hohe Lernerfolge, die Expertenähnliche Vorstellungen über die Struktur, die Methoden und die Gültigkeit der Physik haben, die adäquate Vorstellungen über die Lernbarkeit und die persönliche Relevanz naturwissenschaftlicher Inhalte aufweisen und die über Fähigkeiten im reflektierenden Denken verfügen. Denn diese Eigenschaften befähigen zu einem selbstgesteuerten und selbstkritischen Lernen, welches insbesondere in unstrukturierten Hypertexten wie dem Internet wichtig ist.

Wenngleich dies anhand einer speziellen Aufgabenstellung mit dem Medium Internet untersucht wurde, kann mit Verweis auf internationale Quellen (z. B. Halloun, 2001; vgl. Kap. 3.3) davon ausgegangen werden, dass das Ergebnis darüber hinaus gültig ist. Neben inhaltlichen und methodischen Schwerpunkten sollte m. E. deshalb im Unterricht verstärkt Wert auf eine Thematisierung der „Natur der Naturwissenschaften“ (Höttecke, 2001) und der Bedeutung des Lernens von Physik gelegt werden. Gelingt es, Schüler in dieser Hinsicht verstärkt anzusprechen, könnte damit ein Schritt in Richtung größerer Lernerfolge vollzogen und eine Zunahme der Attraktivität der Naturwissenschaften erreicht werden. Verschiedene Ansätze dazu sind in der Vergangenheit entwickelt worden (vgl. Kap. 8.1.3). Diese haben sich jedoch kaum durchgesetzt.

Neue Medien, insbesondere das Internet, können hier wichtige Impulse liefern, da die damit verbundenen Möglichkeiten z. B. den Kontakt bzw. die Zusammenarbeit von Schülern mit Wissenschaftlern vereinfachen oder die Bearbeitung realer und anwendungsorientierter Probleme mit authentischen Daten erleichtern. Auf diese Weise kann z. B. ein adäquater Einblick in die Methoden der Naturwissenschaften geboten bzw. die persönliche Relevanz naturwissenschaftlicher Inhalte gesteigert werden.

Eng mit einem derartigen Bewusstsein hinsichtlich der Bedeutung von Wissen und Informationen ist die Fähigkeit verbunden, kritisch mit Quellen im Internet umzugehen. Dies hat sich in dieser Untersuchung als wichtige Basisqualifikation erwiesen, die sich nachweisbar in den Lernerfolgen widerspiegelt. Deshalb sollte ein zentrales Bildungsziel sein, diesbezügliche Internetkompetenzen zu schulen, um Schüler auf die Ansprüche und Anforderungen einer Informationsgesellschaft vorzubereiten. Dass hier ein Handlungsbedarf besteht, zeigt nicht zuletzt auch die Tatsache, dass viele Schüler einer kritischen Auseinandersetzung bislang wenig Aufmerksamkeit schenken und die Qualität des erhaltenen Materials aus dem Internet nicht hinterfragen bzw. Quellen des WWW den Status von Schulbüchern oder Aussagen von Autoritäten einräumen, deren Richtigkeit nicht angezweifelt wird (siehe Priemer & Schön, 2001; White, 2000; Goldman & Wiley, 2002).

Als ermutigend kann hingegen die Tatsache angesehen werden, dass die rein technischen Anforderungen einer Internetanwendung hinsichtlich der Bedienung von Hard- und Software offensichtlich kein großes Problem mehr darstellen. Derartige Computerkenntnisse haben in der vorliegenden Untersuchung wenig Einfluss gezeigt, notwendige Voraussetzungen liegen auf einem recht geringen Level (Kap. 8.1.2; siehe z. B. Astleitner, 1997). Viele Schüler beherrschen die Handhabung der Computer bereits recht sicher bzw. können diese relativ schnell erlernen. Dies kann darauf zurückgeführt werden, dass zum einen Jugendliche z. T. langjährige Erfahrungen im Umgang mit technischen Produkten aus dem Unterhaltungs- bzw. Spielesektor aufweisen. Zum anderen ist die Anwenderfreundlichkeit des Internets und vieler Software in den letzten Jahren erheblich gestiegen. Langwierige Schulungen, die sich mit dem technischen Umgang beschäftigen, werden zumindest nicht in dem vielfach befürchteten Umfang nötig sein.

Damit nicht auch hier zu Lande eine „Digital Divide", eine Spaltung der jugendlichen Bevölkerung in Computer-erfahrene Schüler mit Zugang zu Rechnern und solchen ohne derartige Möglichkeiten, droht, hat die Institution Schule die Aufgabe zu übernehmen, benachteiligten Schülern sowohl Zugang zu moderner Technologie als auch Instruktion im Umgang mit dieser zu bieten. Mit der Initiative „Schulen ans Netz“ sind in Deutschland die notwendigen infrastrukturellen Maßnahmen weitgehend getroffen worden. Für die Zukunft ist zu hoffen, dass der „Welle“ der Hard- und Software Ausstattung eine ebenso umfangreiche folgt hinsichtlich der Entwicklung von Konzepten des Einsatzes neuer Medien im Unterricht, deren Erprobung, Evaluation und Umsetzung in die Praxis.

## Computer- und Internetnutzung

Die Auswertung der elektronischen Protokolle der Computernutzung (Logfiles) hat gezeigt, dass Schüler das Internet individuell sehr verschieden nutzen. Dies lässt sich z. B. an der Anzahl der besuchten Webseiten und der durchschnittlichen Aufenthaltsdauer auf einem WWW-Dokument erkennen. Diese Parameter haben zwar Einfluss auf die Selbsteinschätzung der Arbeitsweise gezeigt, stehen jedoch in keinem erkennbaren Zusammenhang zu Lernerfolgen (Kap. 8.2.1; siehe z. B. Astleitner, 1997; Niegemann, 2001b). Entscheidend ist demnach nicht, wie viele Quellen aufgerufen werden, sondern, wie es den Schülern gelingt, aus den zur Verfügung stehenden Quellen die gewünschten Informationen zu gewinnen.

Es ist deshalb z. B. wenig erfolgsversprechend, Schülern eine „optimale“ Anzahl an zu besuchenden Seiten im Internet (unabhängig von den Quellen selber) zu empfehlen oder gar vorzugeben. Während nämlich einige Schüler wenige Quellen aufsuchen (in der Untersuchung bei einem Probanden z. B. nur 12), die sie intensiv bearbeiten (wenige redundante Informationen, geringe Variation der Darstellung), wählen andere eine größere Anzahl an Webseiten (z. B. 207) für ihre Arbeit (viele redundante Informationen, große Variation der Darstellung) und kommen ebenfalls zu guten Lernergebnissen. Offensichtlich ist die Computernutzung sehr stark von individuellen Präferenzen abhängig, die sehr unterschiedlich ausfallen können und die der Computer bzw. die verwendete Software durch vielfältige Funktionen und Möglichkeiten je nach Wunsch in der Lage ist, zu berücksichtigen.

Auf diese Weise kann das Medium Internet verschiedenen Lernstilen gerecht werden, vorausgesetzt, der Lernende ist sich der Gestaltung des Lernprozesses zu einem gewissen Grad bewusst. In Bezug auf die Informationsorganisation können sich beispielsweise sequenzielle Lerner (Serialisten) (Felder, 1993) im Internet zunächst auf Details konzentrieren, während sich globale Lerner (Holisten) übergreifenden Zusammenhängen widmen können.

Diese Vielfalt der Unterstützung unterschiedlicher Präferenzen gilt auch für Navigationsstrategien. Unter Verwendung der Daten der Logfiles wird eine empirische Methode vorgeschlagen, mit der auf Basis von graphentheoretischen Maßen *quantitativ* vier typische Navigationsstrategien identifiziert werden können (Kap. 7.3.1): *Exploring* (entdecken), *Searching* (suchen), *Wandering/Browsing* (wandern/durchstöbern) und *Scanning* (überfliegen). Diese Typen besitzen Eigenschaften, die bereits in anderen überwiegend *qualitativen* Klassifikationsschemata vermutet und beschrieben wurden und sind deshalb in Übereinstimmung mit diesen benannt (vgl. Canter, Rivers & Storrs, 1985). Ein direkter Zusammenhang zwischen diesen Navigationsstrategien und erzielten Lernerfolgen wurde indes nicht beobachtet (Kap. 8.3.1). Hier spiegelt sich das bereits berichtete Ergebnis wider, dass unterschiedlichste Vorgehensweisen der Computernutzung gleichermaßen zu guten Ergebnissen führen können. Die Ursache hierfür dürfte nicht zuletzt in den komplexen Zusammenhängen zwischen durchlaufenen Navigationsmustern, gesetzten Zielen und erreichten Lernerfolgen liegen. So können bei identischen Zielen der Nutzer, z. B. der Suche nach einer bestimmten Information, von zwei Probanden sehr unterschiedliche Navigationsmuster im Hypertext durchlaufen werden. Weiterhin gilt ebenfalls, dass von gleichen Navigationsmustern nicht auf gleiche Ziele geschlossen werden kann. Damit wird das Problem deutlich, dass es sehr schwierig ist, Zusammenhänge zwischen Navigation und kognitiven Prozessen herzustellen. Hierin kann auch der Grund dafür gesehen werden, dass zwischen den durch die Logfile-Analyse gefundenen Strategien und denen der Selbsteinschätzungen keinerlei Zusammenhänge gefunden werden konnten (Kap. 8.3.1).

Anders verhält es sich bei Selbsteinschätzungen durch die Probanden und deren Zusammenhang zu den Ergebnissen der Posttests: die Ausprägung angegebener Strategien korreliert signifikant mit Lernerfolgen (Kap. 8.3.2). Es konnten sowohl zwei „günstige" als auch zwei „ungünstige" Strategien erkannt und beschrieben werden: Probanden, die sich selbst als *Searcher* oder *Explorer* bezeichnen, erzielten höhere, *Browser* bzw. *Wanderer* niedrigere Lernerfolge. Die beiden erstgenannten Strategien entsprechen am ehesten den Anforderungen an ein zielgerichtetes und selbstbestimmtes Lernen mit dem WWW. Dies wird ebenfalls durch die Einschätzung des Erfolgs der eigenen Arbeit durch die Schüler bestätigt (Kap. 8.3.3): Den Probanden ist es sehr gut gelungen, ihren Lernerfolg selbst vorherzusagen. Der subjektiven Einschätzung der Schüler ist demnach neben rein kognitiven Aspekten große Bedeutung beizumessen. Für die Schule bedeutet dies im weitesten Sinne, dass affektiven Lernzielen stärkere Aufmerksamkeit geschenkt werden sollte. Diese Folgerung geht mit der bereits diskutierten Bedeutung epistemologischer Überzeugungen konform. Die Ansichten der Schüler sind von erheblicher Bedeutung für Lernleistungen. Insbesondere beim Lernen mit Computern, dem z. B. durch mangelnde Kommunikation eine starke Anonymisierung und Isolierung der Nutzer vorgeworfen wird, erhält dieser Aspekt eine besondere Wichtigkeit.

## Textproduktion

Einen weiteren Schwerpunkt dieser Arbeit bildet die Untersuchung der Textproduktion der Schüler am Computer. Wie aus der Schulerfahrung zu erwarten, stellte sich heraus, dass einige Schüler erhebliche Textteile aus Internetseiten in ihre eigenen Arbeitsprodukte kopieren. Aus der Analyse der Verfahren der Textproduktion ergaben sich zwei Typen mit unterschiedlichen Eigenschaften: *Compiler*, die im Wesentlichen Fremdtexte aus dem World Wide Web verwenden, und *Autoren*, die selber schreiben. Die nahe liegende Vermutung, dass sich das Verfahren der Textproduktion in der erzielten Leistung niederschlägt, konnte direkt nachgewiesen werden (zu epistemischen

Effekten des Schreibens siehe auch Stork, 1993): *Autoren* erzielen signifikant höhere Lernerfolge (Kap. 8.2.2). *Compiler* explorieren hingegen einen größeren Teil des Hypertextes und können einen umfangreicheren Überblick durch den Besuch einer größeren Anzahl verschiedener Quellen im Internet erlangen (Kap. 8.2.2).

Die Möglichkeit der technisch einfachen Übernahme von Texten aus Quellen des WWW in eigene Arbeitsprodukte mithilfe des Computers verleitet einige Schüler zu einer bloßen Sammlung von Informationen, bei der eine inhaltliche Auseinandersetzung mit dem Thema ausbleibt. *Compiler* zeigen deshalb bei der Textproduktion für „Knowledge Telling" (Bereiter & Scardamalia, 1987) typische Verhaltensweisen. Sie reproduzieren gefundene Inhalte und lassen sich bei der Texterstellung von vorgegebenen Strukturen leiten, z. T. sogar auf so einfache Weise, dass von „Knowledge Compiling" gesprochen werden kann. Anders hingegen die *Autoren*. Die Qualität einiger ihrer Texte lässt darauf schließen, dass verschiedenen Probanden ein „Knowledge Transforming" (Bereiter & Scardamalia, 1987) unterstellt werden kann. Sie überdenken das Thema kritisch und entwickeln für den erstellten Text eine eigene Struktur. Für sie ist mit dem Schreibprozess ein Lernen von Physik gekoppelt.

Ziel von Instruktion sollte es deshalb sein, Lernende (mit dem Internet) zu tiefen-orientierten Lernstrategien und darauf aufbauend zu elaborativer Textverarbeitung anzuregen: Der Tätigkeit des Sammelns von Informationen verschiedener Quellen (Organisationsprozess) sollte eine bewusst gesteuerte Phase der Be- und Verarbeitung folgen, damit Wissenserwerb bzw. „Knowledge Transforming" stattfinden kann. Dies ist bei der Arbeit mit dem Computer und dem Internet besonders wichtig, da die technischen Möglichkeiten oberflächen-orientierte Arbeitsweisen verlockend leicht machen.

## Resümee

Den Schülern dieser Untersuchung ist es insgesamt gut gelungen, das komplexe physikalische Thema der Gezeiten mit dem WWW aufzubereiten.

Dieses Ergebnis wird durch das Abschneiden der Probanden in drei sehr unterschiedlichen Verfahren der Leistungserfassung belegt (Text, Concept Map und Multiple-Choice-Test). Insofern kann gefolgert werden, dass sich das Internet zum expliziten Selbstlernen – für Aufgabenstellungen mit nicht allzu großem Umfang – gut eignet. Dabei kann davon ausgegangen werden, dass die Arbeit mit dem Internet sehr hohe Anforderungen an die Schüler stellt (z. B. durch die individuelle Wahl des Lernweges und die dabei vorzunehmende Selektion der verwendeten Quellen). Diese Anforderungen können jene traditioneller Unterrichtssituationen erheblich überschreiten (z. B. weil dort vielfach durch Lehrkräfte vorselektierten Quellen vorliegen). Deshalb besteht grundsätzlich die Gefahr einer Überforderung der Schüler, insbesondere dann, wenn der Umgang mit dem Internet – z. B. bei jüngeren Schülern – weitgehend ungeübt ist.

Dass hier jedoch keine unverhältnismäßig hohen Hürden zu überwinden sind, zeigt die vorliegende Untersuchung. Die Leistungen der Probanden verdeutlichen, dass inhaltliche und didaktische Schwierigkeiten des Themas mithilfe des Mediums selbstständig überwunden werden, obwohl die Probanden der Untersuchung keine spezielle Schulung im Umgang mit dem WWW durchlaufen haben. Dass dies denjenigen Schülern am besten gelingt, die einen hohen Grad an Expertise in der Domäne, im kritischen Umgang mit Informationen und hinsichtlich epistemologischer Überzeugungen zeigen, liegt an den damit verbundenen „günstigen“ Lernvoraussetzungen. Diese sorgen dafür, dass ein erfolgreiches selbstgesteuertes und eigenverantwortliches Arbeiten und Lernen möglich wird.

Das Internet hat sich somit unter den diskutierten Bedingungen zur Lösung der gestellten Aufgabe als ein gut geeignetes Medium erwiesen. Mit ihm können Schüler selbstständig nicht nur Fakten und einzelne Informationen finden, sondern auch komplexe Inhalte erlernen.

# Kapitel 10

# Ausblick

Welche Bedeutung wird das Internet für die Schule in 10 Jahren haben?

**Erstes Szenario.** *„Classrooms are out! No more classrooms! Don't built them!" (Schank in Schulmeister, 2001, 3) Die Schule der Zukunft sollte danach virtuell sein. Schüler loggen sich in individuellen Lernumgebungen ein, kommunizieren asynchron in Diskussionsforen und werden von adaptiven „intelligent agents" durch den Online-Schultag gebracht. Sie chatten in der Pause, lernen auf virtuellen Wandertagen andere WWW-Domänen kennen und versenden per E-Mail ihre Hausaufgaben, die von spezieller Software korrigiert und zensiert werden. Sie reichen schriftliche Arbeiten per upload auf dem Schulserver ein, werden durch standardisierte Online-Testverfahren geprüft und können sich am Schuljahresende ihre Zeugnisse selber ausdrucken.*

**Zweites Szenario.** *„Computer drohen zu schlechten Schulbüchern zu werden, bei denen nicht mehr die Phänomene der Ausgangspunkt des Fragens und Rätselns sind. Vielmehr werden den Schülern die Fragen ins Maul geschmiert und die Antworten gleich hinterhergeschoben. Die Lebendigkeit verschwindet in der pädagogischen Welt in dem Maße, wie wir sie medialisieren" (Drabe & von Hentig, 2001, in Astleitner, 2002, 7). Danach soll-*

*ten in der Schule der Zukunft das Internet und alle Computer den Weg des Sprachlabors in die Bedeutungslosigkeit nehmen. Computerräume und Rechner werden abgeschafft, Aufgaben werden wieder mit einigen wenigen „traditionellen“ Mitteln wie Rechenschieber, Logarithmentafeln und durch Kopfrechnen gelöst.*

In der vorliegenden Arbeit wird die Ansicht und die Hoffnung vertreten, dass keines der beiden extremen Szenarien erstrebenswert ist oder eintreffen wird. Vielmehr muss sich im Laufe der Zeit herausstellen, in welchen Kontexten und in welchen Unterrichtssettings dem Internet ein didaktischer Wert für den Einsatz in der Schule zugeschrieben werden kann. Dazu sind von der interdisziplinären Internet-Forschung (u. a. der Fachgebiete Informatik, Kommunikationswissenschaft, allgemeine Didaktik, Medien- und Fachdidaktik, Erziehungswissenschaft und Psychologie) gut begründete Aussagen und Konzepte aus theoretischer Sicht zu erarbeiten, die in der Praxis erprobt werden. Mit der vorliegenden Arbeit soll hierzu ein Beitrag geleistet werden.

Die beschriebene Untersuchung ist dazu explorativ vorgegangen und hat Ergebnisse gewonnen, die im methodisch strengen Sinne als Hypothesen aufzufassen sind, die es zu überprüfen gilt. Damit ist bereits angedeutet, in welcher Hinsicht diese Arbeit Grundlagen und Ausgangspunkte für weitere vertiefende und ergänzende Studien bieten kann. In diesem Abschnitt werden darüber hinaus verschiedene als besonders bedeutend erachtete Richtungen zukünftiger Forschungstätigkeiten aufgezeigt und diskutiert, die direkte Bezüge zu der vorliegenden Arbeit aufweisen. Die Ausführungen orientieren sich dabei gemäß der für diese Arbeit grundlegenden Struktur an den unabhängigen Variablen (wie Computerkenntnisse und epistemologische Überzeugungen), der Computer- und Internetnutzung sowie der Textproduktion.

## Computerkenntnisse und epistemologische Überzeugungen

Das Internet stellt mehr noch als andere Medien beachtliche Anforderungen an den Nutzer, insbesondere dann, wenn nicht lediglich eine reine Informationssuche im Netz ausgeführt wird, sondern komplexe Themen mit diesem Medium gelernt werden. Diese Kompetenzen, die oft auch als Internet- oder allgemeiner als Medienkompetenzen bezeichnet werden, sind in der vorliegenden Arbeit bereits eingehender beschrieben worden. Allerdings fehlt noch eine detaillierte und vollständige Beschreibung aller wichtigen Internetkompetenzen und deren Interdependenzen, ganz zu schweigen von entsprechenden erprobten Schulungen. „We are still far away from a description of what constitutes literacy; and we are still far away from answering the question of what form training should have for teaching the application of efficient navigation and learning strategies in hypertext" (Unz & Hesse, 1999, 289; vgl. auch Goldman & Wiley, 2002, 2). Mit der vorliegenden Untersuchung konnte aber zumindest ein Schritt in Richtung einer differenzierten Betrachtung notwendiger Fähigkeiten gemacht werden: Insbesondere der kritische Umgang mit Informationen ist nachweislich eine Basisqualifikation und notwendige Voraussetzung zum Lernen (nicht nur) mit dem WWW. Dieses Ergebnis kann als Ansatz für vertiefende Untersuchungen dienen, die zu einer Spezifizierung notwendiger Kompetenzen führen. Das hierin ein wichtiges Ziel besteht, ist weitgehend unumstritten. Langfristig gesehen wäre es wünschenswert, darüber hinaus zu einer vollständigen Beschreibung erforderlicher Fähigkeiten zu gelangen.

Untersuchungen (Feierabend & Klingler, 2002) zeigen darüber hinaus, dass Schüler zumindest z. Zt. noch eine recht hohe Motivation für die Nutzung neuer Medien in der Schule aufbringen. Dabei muss allerdings die Frage unbeantwortet bleiben, ob es sich hier vornehmlich um einen Neuigkeitseffekt handelt oder ob sich diese Motivation langfristig Gewinn bringend für Unterricht nutzen lässt. Auch in der vorliegenden Untersuchung ist der große Einfluss subjektiver Faktoren wie z. B. der epistemologischen Überzeugungen der Schüler, der Einschätzung der eigenen Arbeitsweise oder der Navigationsstrategie auf Lernerfolge deutlich geworden. Damit ist das Potenzial und die Bedeutung der Ansichten der Schüler hinsichtlich des Lernens auf eindrückliche Weise dokumentiert. Werden in der Unterrichtspraxis epistemologische Überzeugungen stärker in den Vordergrund gerückt, so kann es gelingen, die Akzeptanz und das Interesse von Schülern an naturwissenschaftlichen Inhalten zu steigern bzw. zu wecken und zu sichern. Es wäre in diesem Zusammenhang beispielsweise von übergreifendem Interesse, darauf aufbauend zu untersuchen, wie durch die Nutzung neuer Medien adäquatere Vorstellungen bei Schülern über Physik und Lernen von Physik erzeugt werden können. Diese Frage kann die vorliegende Untersuchung nicht beantworten, mit der Bereitstellung der deutschen Version des Tests „Views about Science Survey“ steht aber zumindest nach einer Güteprüfung ein Tool zur Erfassung von Schülervorstellungen zur Verfügung.

## Computer- und Internetnutzung: Logfile-Analyse

In der Hypermedia-Forschung sind Aufzeichnungen, Analysen und Auswertungen elektronischer Protokolle der Computernutzung (Logfiles) zum Standardwerkzeug geworden. Diese dienen der Erfassung, Beschreibung und Klassifizierung von Nutzeraktivitäten und werden darüber hinaus vielfach in Zusammenhang mit weiteren Daten der Nutzer gestellt. Ziel ist die Entwicklung optimierter Lernumgebungen bzw. die Evaluation von Nutzerverhalten in Hypertext. Auch die vorliegende Arbeit verwendet Methoden der Logfile-Analyse und präsentiert ein empirisches Verfahren, mit dessen Hilfe Navigationsstrategien gewonnen werden konnten. Dieser auf Graphentheorie basierende Ansatz generiert auf quantitativem Weg Typen, die unabhängig vom verwendeten Hypertext sind. Damit wird ein neuer Weg der Erkennung und Deutung von Strategietypen vorgeschlagen.

Typisierungen sind allerdings grundsätzlich mit einer Reihe nicht nur methodischer Schwierigkeiten verbunden, die in der vorliegenden Arbeit ausführlich diskutiert werden. Da an der durchgeführten Untersuchung mit 45

Schülern nur eine recht kleine Anzahl an Probanden zur Verfügung stand, ist das beschriebene Verfahren als erster Ansatz zu verstehen. Die Ausführungen zeigen exemplarisch einen Weg auf, der in zukünftigen Studien vielversprechende Resultate wahrscheinlich macht. In einer vertiefenden Untersuchung wäre es deshalb wünschenswert, anhand eines umfangreicheren Datensatzes das entwickelte Verfahren zu präzisieren und die gewonnenen Typen zu untermauern. Darüber hinaus wäre es Gewinn bringend, in Zukunft den Faktor der Zeit, die ein Nutzer auf einem Knoten verbringt, stärker zu berücksichtigen (vgl. Zajonc & Priemer, 2001).

Ein optimiertes Verfahren der Typenidentifizierung würde langfristig einen genaueren Einblick in die Vorgehensweise von Lernenden bei der Computer- und Internetnutzung bieten. Auf dieser Grundlage ist es prinzipiell möglich, zum einen präzisere Instruktionen zu erteilen und zum anderen Software-gestützte Hilfstools (Agents) für die Arbeit mit dem Internet zu entwickeln.

## Textproduktion

Aussichtsreich und für die Praxis relevant wären weiterhin fortführende Untersuchungen hinsichtlich des aufgedeckten Zusammenhangs zwischen Schreibprozessen, Internetrecherchen und Lernerfolgen. Wie kann erreicht werden, dass Schüler effektiv mit Quellen im Netz umgehen und hochwertige Texte selbst produzieren, um den Lerngegenstand umfangreich zu explorieren und gleichzeitig hohe Lernerfolge zu erzielen?

Die Textproduktion der Typen *Compiler* und *Autor* dieser Untersuchung hat auf eindrückliche Weise verdeutlicht, welche Auswirkungen mit der Internet- und Computernutzung verbunden sein können. Die Tatsache, dass Schüler Textpassagen kopieren, ist dabei nicht weiter überraschend, wohl aber die Deutlichkeit der unmittelbaren Folgen, die sich direkt in den Leistungen ablesen lassen: Je geringer der Anteil selbst geschriebener Wörter im Text, desto schwächer fallen die Lernleistungen aus. Zu untersuchen bleibt, ob sich die vorgeschlagene Lernertypologie durch andere Untersuchungen untermauern lässt und ob sich die Art und Weise der Textproduktion z. B. auf Merkmale der Persönlichkeit des Schülers zurückführen lässt. Denn die Vorgehensweisen von *Compiler* und *Autor* passen zu den Lernstilen (genauer: cognitive styles) des Holisten bzw. Serialisten (Felder, 1993, 286) bzw. erinnern an die Wissensreproduktion des „Knowledge Telling“ und „Knowledge Transforming“ (Bereiter & Scardamalia, 1987). Darüber hinaus bleibt offen, ob es sich bei den Verfahren der Textproduktion um stabile „Persönlichkeitsmerkmale“ handelt oder ob beeinflussende Faktoren (z. B. Aufgabenstellung oder Fach) identifiziert werden können. Dies ist insofern für die Praxis relevant, als dass weiterhin zu prüfen wäre, ob *Compiler* zu besseren Leistungen angehalten werden können, wenn ihnen die Funktion des Kopierens nicht zur Verfügung steht.

Die Textproduktion am Computer mit dem Internet als Informationsquelle wird in Zukunft noch stärker als schon heute für den Schulalltag von Bedeutung sein. Aus diesem Grund ist es m. E. besonders wichtig, die Vor- und Nachteile bzw. die Chancen und Risiken, die damit verbunden sind, aufzudecken.

## Absicherung der Ergebnisse

Die vorliegende Untersuchung bietet einen vielseitigen Einblick in die Arbeit von Schülern mit dem Internet zur Lösung einer komplexen Aufgabe an einem Beispiel aus der Physik. Die Arbeit basiert auf wissenschaftlichen Grundlagen und empirischen Methoden, die dazu dienen, die Anwendung des Internets für schulische Aufgaben zu evaluieren. Selbstverständlich folgt z. B. aus der Auswahl der Aufgabenstellung, der Probanden und des Themas nur eine eingeschränkte Gültigkeit der gewonnenen Erkenntnisse, Verallgemeinerungen sind deshalb nur bedingt möglich. In diesem Sinne sind die Ergebnisse als Impulse und Hinweise zu interpretieren.

Verschiedene bekannte Ergebnisse der Hypermedia-Forschung zeigten sich auch in der vorliegenden Untersuchung. Dabei muss betont werden, dass im

Gegensatz zu den meisten anderen Untersuchungen auf diesem Feld weit über das Suchen und Finden einzelner Informationen oder Fakten hinausgegangen wurde. Gegenstand der Untersuchung war die Frage, wie das Lernen komplexer Sachverhalte mit dem Internet erfolgt. Die Reproduktion einzelner Ergebnisse ist daher als eine Verallgemeinerung bzw. als Übertragung von Erkenntnissen auf neue Zusammenhänge zu werten.

Die Physik ist durch die sachlogische Struktur der Domäne besonders geeignet, das Lernen komplexer Inhalte zu untersuchen. Beispielsweise erfordert die Behandlung des Themas Gezeiten von den Schülern zur Erklärung des Phänomens den Umgang mit abstrakten Modellen und mathematischen Formalismen, die unterschiedlich aufbereitet multimedial und multicodal im Internet zur Verfügung stehen. Neben der Komplexität des Themas eignen sich physikalische Inhalte weiterhin aufgrund der relativ leichten objektiven Abprüfbarkeit und Erfassung der Lernergebnisse, der Abschätzbarkeit sowohl der notwendigen inhaltlichen Voraussetzungen als auch des Schwierigkeitsgrades von Aufgaben sowie der Abgrenzbarkeit des Gegenstands. Gezeiten sind in diesem Sinne als exemplarisches Thema für die Physik, und diese wiederum als exemplarische Domäne für die Naturwissenschaften gewählt worden. Wenngleich die Ergebnisse im Fach Physik mit einer bestimmten Lerngruppe erzielt wurden, besitzen die zentralen Aussagen deshalb auch Relevanz über diese Domäne hinaus.

Nichtsdestotrotz wäre es in höchstem Maße Gewinn bringend, vergleichbare Untersuchungen mit anderen Themen, in weiteren Fächern, mit anderen Schülergruppen und ggf. mit zusätzlichen Hilfestellungen durchzuführen. Auf diese Weise kann die Grundthese der vorliegenden Arbeit, dass sich das Internet unter den diskutierten Bedingungen zum Lernen komplexer Inhalte eignet, abgesichert werden. Dies führt letztlich dazu, dass dem Internet in Zukunft ein anerkannter Platz in der Welt der Bildungsmedien zwischen den zwei oben geschilderten Szenarien zugewiesen werden kann.

„Auch 10 Jahre nach gezielter Nutzung des Internets für Aufgaben in der Aus- und Weiterbildung ist vieles noch Spekulation. Auch kann sich niemand anmaßen zu wissen, welche Richtung die Entwicklung in den nächsten 10 Jahren nehmen wird. Nur eines ist sicher: Das Internet und seine Möglichkeiten haben dazu geführt, dass – zumindest gegenwärtig – intensiver und ernsthafter über Bildungsfragen diskutiert wird als das in der Vergangenheit oft der Fall war. In diesem Sinne ist das Internet das Medium, das wie kein anderes Medium dazu führt, dass Bildung stärker in den Mittelpunkt gesellschaftlicher Entwicklung gestellt wird, was in jedem Fall als positiv anzusehen ist“ (Astleitner, 2002,156).

# Literaturverzeichnis


Aebli, H. (1985). *Zwölf Grundformen des Lehrens.* Stuttgart: Klett Cotta

Aikenhead, F. (1987). High-School Graduates' Believes about Science-Technology-Society. III. Characteristics and Limitations of Scientific Knowledge. *Science Education 71 (4).* 459-487

Anderson, M. D. (2000). Individual Characteristics and Web-Based Courses. In: C. Wolfe (Ed.), *Learning and Teaching on the World Wide Web.* San Diego, San Francisco, New York, Boston, London, Sydney, Tokio: Academic Press. 45-72

Astleitner, H. (1997). *Lernen in Informationsnetzen.* Frankfurt am Main, Berlin, Bern, Brüssel, New York, Oxford, Wien: Lang

Astleitner, H. (2002). *Qualität des Lernens im Internet.* Frankfurt am Main, Berlin, Bern, Brüssel, New York, Oxford, Wien: Lang

Backhaus, U., Goessner, S. & Hagemann, H. J. (2002). INGMEDIA: Collaborative eLearning Concepts for University Level Online Laboratory Courses in Engineering. In: ICWE (Ed.), *ONLINE EDUCA Berlin 2002, 8th International Conference on Technology Supported Learning & Training, Book of Abstracts.* Berlin. 62-66

Ballstaedt, S.-P., Mandl, H., Schnotz, W. & Tergan, S.-O. (1981). *Texte verstehen. Texte gestalten.* München: Urban & Schwarzenberg

Barab, S. A., Bowdish, B. E. & Lawless, K. A. (1997). Hypermedia Navigation: Profiles of Hypermedia Users. *Educational Technology Research and Development 45 (3).* 23-41

Barger, V. & Olsson, M. (1995). *Classical Mechanics: A Modern Perspektive.* New York: McGraw-Hill

Bates, M. J. (1990). Where Should the Person Stop and the Information Search Start? *Information Processing and Management 26(5).* 575-591

Baumert, J., Bos, W., Brockmann, J., Gruehn, S., Klieme, E., Köller, O., Lehmann, R., Lehrke, M., Neubrand, J., Schnabel, K. U. & Watermann, R. (2000). *TIMSS III - Deutschland. Der Abschlussbericht. Zusammenfassung ausgewählter Ergebnisse der Dritten Internationalen Mathematik- und Naturwissenschaftsstudie zur mathematischen und naturwissenschaftlichen Bildung am Ende der Schullaufbahn.* Berlin

Baumert, J., Lehmann, R., Lehrke, M., Clausen, M., Hosenfeld, I., Neubrand, J., Patjens, S., Jungclaus, H. & Günther, W. (1998). *Testaufgaben Naturwissenschaften TIMSS 7./8. Klasse (Population 2).* Berlin: Max-Planck-Institut für Bildungsforschung

Beaugrande, R. (1984). *Text Production.* Norwood: Ablex

Bell, E. S. & Bell, R. N. (1985). Writing and Mathematical Problem Solving: Arguments in Favour of Synthesis. *School Science and Mathematics 85(3).* 210-221

Bereiter, C. (1980). Development in Writing. In: L. W. Gregg & E. R. Steinberg (Eds.), *Cognitive Processes in Writing.* Hillsdale, NJ, London: Lawrence Erlbaum. 73-93

Bereiter, C. & Scardamalia, M. (1987). *The Psychology of Written Composition.* Hillsdale, NJ, London: Lawrence Erlbaum

Berghaus, M. (1999). Student und interaktive Medien. Theoretische Überlegungen und empirische Befunde zur „AlphaBITisierung“ der Hochschulen. *Medienpsychologie 11/4.* 260-275

Biffi, C. (2002). *Evaluation von Bildungssoftware im Spannungsfeld von Objektivität und praktischer Anwendung.* http://www.medienpaed.com

Bortz, J. & Döring, N. (2002). *Forschungsmethoden und Evaluation.* Berlin: Springer

Botafogo, R. A., Rivlin, E. & Shneiderman, B. (1992). Structural Analysis of Hypertexts: Identifying Hierarchies and Useful Metrics. *ACM Transactions on Information Systems 10/2.* 142-180

Brauner, R. (1991). Ebbe und Flut – ohne Zentrifugalkräfte. *Naturwissenschaft im Unterricht – Physik, 9.* 10-16

Brink, S. (1997). *Evaluation hypertextbasierter Lernumgebungen: Anforderungsanalyse, theoretisches Modell und exemplarische Umsetzung.* Hamburg: Verlag Dr. Kovac

Britt, M. A. & Gabrys, G. L. (2000). Teaching Advanced Literacy Skills for the World Wide Web. In: C. Wolfe (Ed.), *Learning and Teaching on the World Wide Web.* San Diego, San Francisco, New York, Boston, London, Sydney, Tokio: Academic Press. 73-90

Buck, P. (1992). Didaktik integrierten naturwissenschaftlichen Unterrichts. In: Riquarts et al. (Hrsg.), (vol. viii). 159-189

Bühl, A. & Zöfel, P. (1998). *Professionelle Datenanalyse mit SPSS für Windows.* Bonn: Addison-Wesley

Bünder, W. (1998). Chancen für den fächerübergreifenden naturwissenschaftlichen Unterricht: Das Beispiel „Praxis integrierter naturwissenschaftlicher Grundbildung (PING)". In: H. Behrend (Hrsg.), *Zur Didaktik der Physik und Chemie. Probleme und Perspektiven. Vorträge auf der Tagung für Didaktik der Physik/Chemie in Potsdam 1997.* Alsbach/Bergstraße: Leuchtturm. 51-70

Canter, D., Rivers, R. & Storrs, G. (1985). Characterizing User Navigation Through Complex Data Structures. *Behaviour and Information Technology (vol. 4(2)).* Guildford, Surrey, England. 93-102

Carmines, E. G. & Zeller, R. (1979). *Reliability and Validity Assessment.* Newbury Park, CA: SAGE University Paper

Chen, C. & Rada, R. (1996). Interacting With Hypertext: A Meta-Analysis of Experimental Studies. *Human-Computer-Interaction 11.* 1-15

Chi, M., Glaser, R. & Farr, M. (1988). *The Nature of Expertise.* Hillsdale, NJ, London: Lawrence Erlbaum.

Choo, C. W., Detlor, B. & Turnbull, D. (2000). *Information Seeking on the Web: An Integrated Model of Browsing and Searching.* http://www.firstmonday.dk

Clark, R. E. (1994). Media Will Never Influence Learning. *Educational Technology Research and Development 42 (2).* 21-29

Clinch, J. & Richards, K. (2002). How Can the Internet Be Used to Enhance the Teaching of Physics? *Physics Education 37 (2).* 109-114

Dawkins, K. & Glatthorn, A. A. (1998). Using Historical Case Studies in Biology to Explore the Nature of Science: A Professional Development Program for High School Teachers. In: W. F. McComas (Ed.), *The Nature of Science in Science Education.* Dordrecht, Boston, London: Kluwer Academic Publishers. 163-176

Degenhardt, M. (2001). Möglichkeiten empirischer Erfassung der Computernutzung von Schüler/innen im Unterricht. *MedienPädagogik* www.medienpaed.com

de Leeuwe, M. (2003). http://www.e-learningsite.com/elearning/basics/... ...basics.htm

Demtröder, W. (1994). *Experimentalphysik Band 1. Mechanik und Wärme.* Berlin: Springer

Develaki, M. (1998). *Die Relevanz der Wissenschaftstheorie für das Physikverstehen und Physiklehren.* Berlin: Dissertation

Dichanz, H. & Ernst, A. (2002). E-Learning - begriffliche, psychologische und didaktische Überlegungen. In: U. Scheffer & F. W. Hesse (Hrsg.), *E-Learning. Die Revolution des Lernens gewinnbringend einsetzen.* Stuttgart: Klett-Cotta

Döring, N. (2000). Lernen und Lehren im Internet. In: B. Batinic (Hrsg.), *Internet für Psychologen.* Göttingen: Hogrefe. 443-478

Drabe, M. & von Hentig, H. (2001). Geo-Wissen-Streitgespräch. Sollen schon Grundschüler an die Computer? *Geowissen 27.* 44-48

Driver, R., Leach, J., Millar, R. & Scott, P. (1996). *Young People's Images of Science.* Buckingham, Philadelphia: Open University Press

Dumais, S. T., Furnas, G. W., Landauer, T. K., Deerwester, S. & Harshman, R. (1988). Using Latent Semantic Analysis to Improve Access to Textual Information. In: Association for Computing Machinery ACM (Ed.), *Proceedings of CHI'88.* 281-285

Ealy, M. (2000). *Technology and Internet Assessment (TIA).* Clearwater FL, USA: H&H Publishing Company Inc.

Edmondson, K. M. & Novak, J. D. (1993). The Interplay of Scientific Epistemological Views, Learning Strategies, and Attitudes of College Students. *Journal of Research in Science Teaching 30 (6).* 547-559

Eigler, G. (1988). Wissen und Schreiben. *Freiburger Universitätsblätter Heft 100.* 21-32

Eigler, G., Jechle, T., Kolb, M. & Winter, A. (1995). Textentwicklung und Nutzung externer Informationen. Prozess- und produktorientierte Analysen. In: J. Baurmann & R. Weingarten (Hrsg.), *Schreiben.* Opladen: Westdeutscher Verlag. 147-172

Eigler, G., Jechle, T., Merziger, G. & Winter, A. (1990). *Wissen und Textproduzieren.* Tübingen: Narr

Euler, D. (1989). *Kommunikationsfähigkeit und computerunterstütztes Lernen.* Köln: Müller-Botermann

Feierabend, S. & Klingler, W. (2002). JIM 2001. *Jugend, Information, (Multi-) Media. Basisuntersuchung zum Medienumgang 12- bis 19-Jähriger in Deutschland.* Baden-Baden: Medienpädagogischer Forschungsverband Südwest

Felder, R. (1993). Reaching the Second Tier: Learning and Teaching Styles in College Science Education. *Junior College Science Teaching 23(5).* 286-290

Feynman, R., Leighton, R. B. & Sands, M. (2001). Feynman Vorlesungen über Physik. Band I, Mechanik. München, Wien: Oldenbourg

Fisseni, J. (1990). *Lehrbuch der psychologischen Diagnostik.* Göttingen: Hogrefe

Fitzgerald, G. E. & Semrau, L. P. (1998). The Effects of Learner Differences on Usage Patterns and Learning Outcomes with Hypermedia Case Studies. *Journal of Educational Multimedia and Hypermedia 7(4).* 309-331

Ford, N. & Chen, S. Y. (2000). Individual Differences, Hypermedia Navigation, and Learning: An Empirical Study. *Journal of Educational Multimedia and Hypermedia 9 (4).* 281-311

Freudenreich, M. & Schulte, C. (2002). Von der Evaluation von Lernsoftware zur Gestaltung von Unterricht. *MedienPädagogik* http://www.medienpaed.com

Fricke, R. (2000). Qualitätsbeurteilung durch Kriterienkataloge. Auf der Suche nach validen Vorhersagemodellen. In: P. Schenkel, S.-O. Tergan & A. Lottmann (Hrsg.), *Qualitätsbeurteilung multimedialer Lern- und Informationssysteme. Evaluationsmethoden auf dem Prüfstand.* Nürnberg: Bildung und Wissen

Friege, G. & Lind, G. (2000). Begriffsnetze und Expertise. In: H. Fischler & J. Peuckert (Hrsg.), *Concept Mapping in fachdidaktischen Forschungsprojekten der Physik und Chemie.* Berlin: Logos. 147-178

Frisse, M. E. (1988). Searching for Information in a Hypertext Medical Book. *Communications of the Association for Computing Machinery ACM 31.* 880-886

Fuller, G., Simonson, J., Tiwari, A. & Rebelsky, S. A. (2002). Clio's Assistants. A Tool Suite for Exploring Student Web Usage. In: Association for the Advancement of Computing in Education AACE (Ed.), *Proceedings of ED MEDIA 2002.* Norfolk, VA/USA.

Gallin, P. & Ruf, U. (1995). Singuläre Schülertexte als Basis eines allgemeinbildenden Mathematikunterrichts. In: R. Biehler, H. W. Heymann & B. Winkelmann (Hrsg.), *Mathematik allgemeinbildend unterrichten: Impulse für Lehrerbildung und Schule.* Aulis: Köln. 58-82

Gertsch, C. (1999). *Sprechen Sie Internet?* http://www.cx.unibe.ch/ens/... ...didaktik.html

Gobrecht, H. (1990). *Mechanik - Akustik - Wärme. Bergmann-Schäfer Lehrbuch der Experimentalphysik, Band 1.* Berlin: de Gruyter

Goldkuhle, P. (1999). Die Entstehung der Gezeiten. Alternative Sichtweisen und ihre Modellierung mit dem Computer. *Praxis der Naturwissenschaften Physik 48 (3).* 27-33

Goldman, S. R. & Wiley, J. (2002). *Science Literacy: The Centrality of Critical Reading.* Paper Prepared for the Conference on Ontological, Epistemological, Linguistic and Pedagogical Considerations of Language and Science Literacy: Empowering Research and Informing Instruction, Victoria, BC, Canada

Gronemeier, K.-H. & Steidl, H. (1986). Gezeitenkräfte - Ebbe und Flut. *Praxis der Naturwissenschaften Physik 35 (2).* 6-9

Guthrie, J. T. (1988). Locating Information in Documents. Examination of a Cognitive Model. *Reading Research Quarterly 23.* 179-199

Hadwin, A. F. & Leard, T. (2001). Navigation Profiles: Self-Regulating Learning Examined Through 5 Analytical Representations of Logfile Data. In: A. F. Hadwin (Ed.), *Logfile Navigation Profiles and Analysis: Methods for Tracking and Examining Hypermedia Navigation.* Seattle, WA: Paper prepared for the Annual Meeting 2001 of the AERA

Härtel, H. (2000). Die Entstehung der Gezeiten - Simulation eines Erde/Mond-Systems. *Physik in der Schule 38 (1).* 18-21

Halloun, I. (2001). *Student Views about Science: A Comparative Survey.* Beirut, Libanon

Hammer, D. (1995). Epistemological Considerations in Teaching Introductory Physics. *Science Education 79.* 393-413

Hammond, N. & Trapp, A. (2000). How Can the Web Support the Learning of Psychology? In: C. Wolfe (Ed.), *Learning and Teaching on the World Wide Web.* San Diego, San Francisco, New York, Boston, London, Sydney, Tokio: Academic Press. 153-169

Harter, S. P. (1986). *Online Information Retrieval: Concepts, Principles and Techniques.* Orlando, FL: Academic Press

Hasebrook, J. (1995). *Multimedia-Psychologie.* Heidelberg, Berlin, Oxford: Spektrum Akademischer Verlag

Hawkins, D. T. & Wagers, R. (1982). Online Bibliographic Search Strategy Development. *Online 6(3).* 12-19

Hayes, J. R. & Flower, L. S. (1980). Identifying the Organization of Writing Processes. In: L. W. Gregg & E. R. Steinberg (Eds.), *Cognitive Processes in Writing.* Hillsdale, NJ, London: Lawrence Erlbaum. 3-30

Hestenes, D. & Wells, M. (1992). A Mechanics Baseline Test. *The Physics Teacher 30.* 159-165

Hestenes, D., Wells, M. & Swackhammer, G. (1992). Force Concept Inventory. *The Physics Teacher 30.* 141-158

Heuer, D. (2003). Physikunterricht gestaltet mit Multimedia-Elementen. *Praxis der Naturwissenschaften/Physik in der Schule 52(3).* 2-15

Hoelscher, C. & Strube, G. (1999). *Searching on the Web - Two Types of Expertise.* Berkeley, CA

Höttecke, D. (2001). Die Vorstellung von Schülern und Schülerinnen von der „Natur der Naturwissenschaft“. *Zeitschrift für Didaktik der Naturwissenschaften 7*. 7-23

Horney, M. A. (1993). Case Studies of Navigational Patterns in Constructive Hypertext. *Computers Educational 20(3)*. 257-270

Hucke, L. (2000). *Handlungsregulation und Wissenserwerb in traditionellen und computergestützten Experimenten des physikalischen Praktikums.* Berlin: Logos

Jonassen, D. H. (1992). Evaluating Constructivistic Learning. In: T. M. Duffy & D. H. Jonassen (Eds.), *Constructivism and the Technology of Instruction: A Conversation.* Hillsdale, NJ, London: Lawrence Erlbaum

Kerres, M. (1998). *Multimediale und telemediale Lernumgebungen. Konzeption und Entwicklung.* München, Wien: Oldenbourg

Kertz, W. (1992). *Einführung in die Geophysik I.* Mannheim, Wien, Zürich: B.I.-Wissenschaftsverlag

Kesper, H. & Schön, L.-H. (2002). Physik 2000 - Neue Medien im Universitätsverbund für ein forschungsorientiertes Studium. In: V. Nordmeier (Hrsg.), *Didaktik der Physik. Beiträge zur Frühjahrstagung 2002 der Deutschen Physikalischen Gesellschaft, Leipzig.* CD-ROM Lehmann's

Kessels, U. (2002). *Undoing Gender in der Schule. Eine empirische Studie über Koedukation und Geschlechtsidentität im Physikunterricht.* Weinheim, München: Juventa

Kircher, E. (1995). *Studien zur Physikdidaktik.* Kiel: IPN

Kleining, G. (1999). *Qualitative Sozialforschung. Teil II: Der Forschungsprozess.* Hagen: Fernuniversität

Klippert, H. (2002). *Methoden-Training. Übungsbausteine für den Unterricht*, 12. Auflage. Weinheim, Basel: Beltz

Körber, S. (2000). *Suchmuster erfahrener und unerfahrener Suchmaschinennutzer im deutschsprachigen World Wide Web. Ein Experiment.* Unveröffentlichte Magisterarbeit an der Westfälischen Wilhelms-Universität Münster

Krahmer, P., Winter, R. & Mikelskis, H. (1997). Der Computer - ein multimediales Werkzeug zum Lernen von Physik. Das Projekt „Galileo“ – Videoanalyse von Bewegungsvorgängen. *Physik in der Schule 35(7/8)*. 274-277

Krüger, U.-H. & Schecker, H. (1982). Das Bild von der Wissenschaft Physik - Ergebnisse empirischer Untersuchungen zu wissenschaftstheoretischen Fragestellungen bei Schülern und Lehrern der Sekundarstufe II. *Der Physikunterricht 2.* 78-82

Krug, J. (2001). *Ebbe und Flut. Das Wunder der Gezeiten.* Hohenkirchen: Küstenverlag

Kübler, H.-D. (1999). Medienkompetenz - Dimensionierung eines Schlagwortes. In: F. Schell, E. Stolzenburg & H. Theunert (Hrsg.), *Medienkompetenz: Grundlagen und pädagogisches Handeln.* München: Kopäd. 25-47

Kuhlen, R. (1991). *Hypertext: Ein nichtlineares Medium zwischen Buch und Wissensbank.* Berlin: Springer

Kulik, C. L. C. & Kulik, J. A. (1991). Effectiveness of Computer-Based Instruction: An Updated Analysis. *Computers in Human Behavior 7.* 75-94

Laurillard, D. (1979). The Processes of Student Learning. *Higher Education 8.* 395-409

Lawless, K. A. & Kulikowich, J. M. (1998). Domain Knowledge, Interest and Hypertext Navigation: A Study of Individual Differences. *Journal of Educational Multimedia and Hypermedia 7(1).* 51-69

Leard, T. & Hadwin, A. F. (2001). Logfile Analysis: A Review of the Literature. In: A. F. Hadwin (Ed.), *Logfile Navigation Profiles and Analysis: Methods for Tracking and Examining Hypermedia Navigation.* Seattle, WA: Paper prepared for the Annual Meeting 2001 of the AERA

Lederman, N. & Abd-El-Khalick, F. (1998). Avoiding De-Natured Science: Activities that Promote Understanding of the Nature of Science. In: W. F. McComas (Ed.), *The Nature of Science in Science Education.* Dordrecht, Boston, London: Kluwer Academic Publishers. 83-126

Lederman, N. G. & O'Malley, M. (1992). Students' and Teachers' Conception of the Nature of Science: A Review of Research. *Journal of Research in Science Teaching 29(4).* 331-359

Lederman, N., Wade, P. & Bell, R. L. (1998). Assessing Understanding of the Nature of Science: A Historical Perspective. In: W. F. McComas (Ed.), *The Nature of Science in Science Education.* Dordrecht, Boston, London: Kluwer Academic Publishers. 331-350

Lempel, R. & Moran, S. (2000). The Stochastic Approach for Link-Structure Analysis (SALSA) and the TKC Effect. In: R. More (Ed.), *9th International World Wide Web Conference.*

Leutner, D. (1999). *Förderung der Fähigkeit zur selbstständigen Regulation des zielorientierten Einsatzes von Lernstrategien für den Erwerb von Wissen aus mathematisch-naturwissenschaftlichen Texten.* Erfurt: Pädagogische Hochschule, Institut für Psychologie

Levene, M. & Loizou, G. (2001). Web Interaction and the Navigation Problem in Hypertext. In: A. Kent, J. G. Williams & C. M. Hall (Eds.), *Encyclopedia of Microcomputers.* New York: Marcel Dekker

Lewinsky, H. H., Sperka, M., Stützle, N., Wolf, G., Kalkanis, G., Albert, J., Köhler, W., Sutter, G., Athanasopoulos, C., Sarris, M., Savvas, S., Sotiriou, S., Tolias, V., Eisenbarth, P., Lohr, M. & Artner, M. (2001). Projekte im Physikunterricht der Sekundarstufe I. In: R. Brechel (Hrsg.), *Zur Didaktik der Physik und Chemie. Probleme und Perspektiven. Vorträge auf der Tagung für Didaktik der Physik/Chemie in Berlin 2000.* Alsbach/Bergstraße: Leuchtturm. 137-138

Lienert, G. A. (1989). *Testaufbau und Testanalyse.* München: Psychologie VerlagsUnion

Lienert, G. A. & Raatz, U. (1998). Testaufbau und Testanalyse. Weinheim: Beltz

Lind, G. (1979). Typen des Experiments im naturwissenschaftlichen Unterricht, dargestellt anhand von Th. S. Kuhns Modell der wissenschaftlichen Forschung. *Praxis der Naturwissenschaften 20.* 281-288

Linn, M. C. & Slotta, J. (2000). *WISE: The Web-based Integrated Science Environment.* http://www.wise.berkeley.edu/WISE/welcome.php

Lissmann, U. (2001). *Inhaltsanalyse von Texten.* Landau: Verlag Empirische Pädagogik

Loving, C. (1998). Nature of Science Activities Using the Scientific Profile: From the Hawking-Gould Dichotomy to a Philosophy Checklist. In: W. F. McComas (Ed.), *The Nature of Science in Science Education.* Dordrecht, Boston, London: Kluwer Academic Publishers. 137-150

Mach, E. (1963). *Die Mechanik, historisch kritisch dargestellt.* Darmstadt: Wissenschaftliche Buchgemeinschaft

Mandl, H., Friedrich, H. F. & Hron, A. (1986). Psychologie des Wissenserwerbs. In: B. Weidenmann, A. Krapp, M. Hofer, G. L. Huber & H. Mandl (Hrsg.), *Pädagogische Psychologie: Ein Lehrbuch.* München/Weinheim: Psychologie Verlags Union

Mandl, H., Reinmann-Rothmeier, G. & Gräsel, C. (1998). *Gutachten zur Vorbereitung des Programms „Systematische Einbeziehung von Medien, Informations- und Kommunikationstechnologien in Lehr- und Lernprozesse". Materialien zur Bildungsplanung und zur Forschungsförderung.* Bonn: Bund-Länder-Kommission

Marchionini, G. (1995). *Information Seeking in Electronic Environments.* Cambridge: Cambridge University Press

Markey, K. & Cochrane, P. (1981). *Online Training and Practice Manual for ERIC Database Searchers.* Syracuse, NY: ERIC Clearinghouse on Information Resources

Marton, F. & Saljö, R. (1976a). On Qualitative Differences in Learning: I - Outcome and Process. *British Journal of Educational Psychology 46.* 4-11

Marton, F. & Saljö, R. (1976b). On Qualitative Differences in Learning: II - Outcome as a Function of the Learner's Conception of the Task. *British Journal of Educational Psychology 46.* 115-127

Mayer, R. E. (1997). Multimedia Learning - Are We Asking the Right Questions? *Educational Psychologist 32 (1).* 1-19

McComas, W. F. (1998). The Principal Elements of the Nature of Science: Dispelling the Myths. In: W. F. McComas (Ed.), *The Nature of Science in Science Education.* Dordrecht, Boston, London: Kluwer Academic Publishers. 53-70

McComas, W. F., Clough, M. P. & Almazroa, H. (1998). The Role and Character of the Nature of Science in Science Education. In: W. F. McComas (Ed.), *The Nature of Science in Science Education.* Dordrecht, Boston, London: Kluwer Academic Publishers. 3-39

McComas, W. F. & Olson, J. K. (1998). The Nature of Science in International Science Education Standards Documents. In: W. F. McComas (Ed.), *The Nature of Science in Science Education.* Dordrecht, Boston. London: Kluwer Academic Press. 41-52

Meadow, C. T. & Cochrane, P. A. (1981). *Basics of Online Searching.* New York: Wiley.

Meschede, D. (2002). *Gerthsen Physik.* Berlin: Springer

Meyer, H., Naumann, E., Hahne, K., Heydorn, F., Scheiterle, A., Saadi, B., Varchim, J., Freise, G. & Hameyer, U. (1981). *Unterrichtsbeispiele zu Natur und Technik in der Sekundarstufe I: Ergebnisse aus dem Cuna-Programm.* Kiel/Köln: IPN/Aulis

Meyling, H. (1990). *Wissenschaftstheorie im Physikunterricht der gymnasialen Oberstufe.* Bremen: Dissertation

Micarelli, A. & Sciarrone, F. (1996). A Case-Based Toolbox for Guided Hypermedia Navigation. *Proceedings of the Fifth International Conference on User Modelling, UM-96.* 129-136

Mikelskis, H. (1997a). Der Computer - ein multimediales Werkzeug zum Lernen von Physik. Transzendenz von Realerfahrungen und Visualisierung von Modellvorstellungen zur optischen Brechung durch die Simulationssoftware phenOpt. *Physik in der Schule 35(11).* 394-398

Mikelskis, H. (1997b). Der Computer – ein multimediales Werkzeug zum Lernen von Physik. Multimedia- und Internetlernen im Physikunterricht? *Physik in der Schule 35(12).* 434-437

Mikelskis, H. (1999). Physik lernen mit interaktiver Hypermedia: Eine empirische Pilotstudie. *Zeitschrift für Didaktik der Naturwissenschaften 5/1.* 63-74

Mikelskis, H., Seifert, S. & Winter, R. (1997a). Der Computer - ein multimediales Werkzeug zum Lernen von Physik. Multimedia und Hypermedia im Physikunterricht - Eine einführende Übersicht. *Physik in der Schule 35(6).* 235-241

Mikelskis, H., Seifert, S. & Winter, R. (1997b). Der Computer - ein multimediales Werkzeug zum Lernen von Physik. Videoanalyse von Wurf- und Kreisbewegungen im Alltag mit CUPLE, VIDEOPOINT und EXCEL. *Physik in der Schule 35(9).* 306-311

Mikelskis-Seifert, S. (2002). *Die Entwicklung von Metakonzepten zur Teilchenvorstellung bei Schülern.* Berlin: Logos

Modjeska, D. & Marsh, A. (1997). *Structure and Memorability of Web Sites.* CSRI Technical Report. Toronto: University of Toronto

Mullier, D. J. (2000). Examining How Users Interact with Hypermedia Using a Neural Network. In: H. R. Arabnia (Ed.), *Proceedings of ICAI-00.* Las Vegas

Näpfel, H. & Schneider, W. B. (1990). Die Gezeiten und ihre Behandlung im Physik- und Astronomieunterricht. *Physik und Didaktik 2.* 124-139

Navarro-Prieto, R., Scaife, M. & Rogers, Y. (1999). *Cognitive Strategies in Web Searching.* http://zing.ncsl.nist.gov/hfweb/proceedings/navarro-prieto

Newton, I. (1999). *Die mathematischen Prinzipien der Physik.* Übersetzt und herausgegeben von Volkmar Schüller. Berlin, New York: de Gruyter

Niedderer, H. & Schecker, H. (1982). Ziele und Methodik eines wissenschaftstheoretisch orientierten Physikunterrichts. *Der Physikunterricht 2.* 58-71

Niegemann, H. M. (2001a). *Neue Lernmedien: konzipieren, entwickeln, einsetzen.* Bern, Göttingen, Toronto, Seattle: Huber

Niegemann, H. M. (2001b). Analysing Navigation Patterns of Learning in Hypermedia Learning Environments. In: A. F. Hadwin (Ed.), *Logfile Navigation Profiles and Analysis: Methods for Tracking and Examining Hypermedia Navigation.* Seattle, WA: Paper prepared for the Annual Meeting 2001 of the AERA

Nieswandt, M. (1997). *Verstehendes Lernen im Chemieunterricht: Schreiben als Mittel.* Kiel: IPN

Nix, D. (1990). Should Computers Know What You Can Do With Them? In: D. Nix & R. J. Spiro (Eds.), *Cognition, Education and Multimedia. Exploring Ideas in High Technology.* Hillsdale, NJ, London: Lawrence Erlbaum. 143-162

Noda, T., Seshimo, H., Ura, T., Maruyama, M., Tanaka, A. & Takahashi, T. (2003). Development of WebAngel: Proxy-Based Navigation-Support System for Learning from the Web. In: Association for the Advancement of Computing in Education AACE (Ed.), *Proceedings of ED MEDIA 2003.* Norfolk, VA/USA. 409-414

Noller, S., Naumann, J. & Richter, T. (2001). *LOGPAT - ein webbasiertes Tool zur Analyse von Navigationsverläufen im Hypertext.* http://www.psych.uni-goettingen.de/congress/gor-2001/contrib/contrib/... ...abstracts_oral.html

Nussbaumer, M. (1993). Textbegriff und Textanalyse. In: P. Eisenberg & P. Klotz (Hrsg.), *Sprache gebrauchen - Sprachwissen erwerben.* Stuttgart: Klett. 63-84

Ogborn, J., Dobson, K. & Whitehouse, M. (2001). *Advancing Physics AS/A2.* Bristol, Philadelphia: Institute of Physics Publishing

Perelman, L. J. (1992). *School's Out. A Radical New Formula for the Revitalization of America's Educational System.* New York: Avon Books

Petri, J. & Schecker, H. (2002). Physik multimedial - Lehr- und Lernmodule für das Studium der Physik als Nebenfach: Erhebungen zu den Rahmenbedingungen bei Studierenden und Dozenten. In: V. Nordmeier (Hrsg.), *Didaktik der Physik. Beiträge zur Frühjahrstagung 2002 der Deutschen Physikalischen Gesellschaft, Leipzig.* CD-ROM Lehmann's

Priemer, B. & Schön, L.-H. (2001). Internetnutzung von Schülern und Lehrern - Ergebnisse einer Umfrage. In: R. Brechel (Hrsg.), *Zur Didaktik der Physik und Chemie. Probleme und Perspektiven. Vorträge auf der Tagung für Didaktik der Physik/Chemie in Berlin 2000.* Alsbach/Bergstraße: Leuchtturm. 204-206

Priemer, B. & Schön, L.-H. (2002). Können Schüler Physik mit dem Internet lernen? In: R. Brechel (Hrsg.), *Zur Didaktik der Physik und Chemie. Probleme und Perspektiven. Vorträge auf der Tagung für Didaktik der Physik/Chemie in Dortmund 2001.* Alsbach/Bergstraße: Leuchtturm. 186-188

Priemer, B., Weber, T. & Zajonc, R. (2001). Workshop „Internet und naturwissenschaftliche Fachdidaktik – quo vadis?“. In: R. Brechel (Hrsg.), *Zur Didaktik der Physik und Chemie. Probleme und Perspektiven. Vorträge auf der Tagung für Didaktik der Physik/Chemie in Berlin 2000.* Alsbach/Bergstraße: Leuchtturm. 406-410

Priemer, B. & Zajonc, R. (2002). Das Internet in der Welt der Bildungsmedien - eine aktuelle Einschätzung aus didaktischer Sicht. *Medien + Erziehung 46(3).* 154-163

Qiu, L. (1993). Markov Models of Search State Patterns in a Hypertext Information Retrieval System. *Journal of the American Society for Information Science 44(7).* 413-427

Reed, W. M., Oughton, J. M., Ayersman, D. J., Ervin, J. R. & Giessler, S. F. (2000). Computer Experience, Learning Style, and Hypermedia Navigation. *Computers in Human Behavior 16*. 609-628

Reif, F. & Larkin, J. H. (1991). Cognition in Scientific and Everyday Domains: Comparison and Learning Implications. *Journal of Research in Science Teaching 28 (9)*. 733-760

Reinhold, P. (1996). *Offenes Experimentieren und Physiklernen.* Kiel: IPN

Rigow, M. (2002). *Das Thema „Die Entstehung der Gezeiten" als Inhalt von Internetseiten – eine Analyse und Bewertung von Internetseiten anhand fachlicher und didaktischer Gesichtspunkte.* Berlin: Wissenschaftliche Hausarbeit zur Ersten Staatsprüfung für das Amt des Studienrats

Roeder, P. M. & Gruehn, S. (1997). Geschlecht und Kurswahlverhalten. *Zeitschrift für Pädagogik 42*. 497-518

Roßmanith, T. (2001). *Informationsverhalten und Involvement im Internet. Eine Labor- und Feldstudie zu den Determinanten der Informationsnachfrage im World Wide Web.* Karlsruhe: Dissertation

Roth, W.-M. (1997). From Everyday Science to Science Education: How Science and Technology Studies Inspired Curriculum Design and Classroom Research. *Science and Education 6*. 373-396

Sageder, J. (1993). Didaktische Aspekte des Einsatzes von Computern für Lehren und Lernen. In: C. Seidel (Hrsg.), *Computer Based Training: Erfahrungen mit interaktivem Computerlernen.* Stuttgart: Verlag für angewandte Psychologie. 59-86

Sager, G. (1959). *Ebbe und Flut.* Gotha: Haack

Sarrukai, R. R. (2000). Link Prediction and Path Analysis Using Markov Chains. *Computer Networks 33(1-6)*. 377-386

Schecker, H. (2002). Physikstudium multimedial. Neue Trends in der Hochschullehre aus fachdidaktischer Sicht. In: V. Nordmeier (Hrsg.), *Didaktik der Physik. Beiträge zur Frühjahrstagung 2002 der Deutschen Physikalischen Gesellschaft, Leipzig.* CD-ROM Lehmann's

Schecker, H. & Gerdes, J. (1999). Messung von Konzeptualisierungsfähigkeit in der Mechanik. Zur Aussagekraft des Force Concept Inventory. *Zeitschrift für Didaktik der Naturwissenschaften 5/1*. 75-89

Schenkel, P., Tergan, S.-O. & Lottmann, A. (2000). *Qualitätsbeurteilung multimedialer Lern- und Informationssysteme. Evaluationsmethoden auf dem Prüfstand.* Nürnberg: Bildung und Wissen

Schlichting, H. J. & Farwig, P. (1977). Ebbe und Flut im Unterricht der Sekundarstufe I und II. *Physica Didactica 4.* 197

Schommer, M. (1998). The Influence of Age and Education on Epistemological Beliefs. *British Journal of Educational Psychology 68.* 551-562

Schön, L.-H. & Weber, T. (2001). Fachdidaktische Forschungen am Beispiel eines Curriculums zur Optik. In: H. Bayrhuber, C. Finkbeiner, K. H. Spinner & H. A. Zwergel (Hrsg.), *Lehr- und Lernforschung in den Fachdidaktiken.* Innsbruck, Wien, München, Bozen: Studienverlag. 281-294

Schorr, T. (2003). Informationsrecherchen von Schülern im WWW. *Abstracts der 3. Tagung der Fachgruppe Medienpsychologie in der DGP in Saarbrücken.* 69

Schrage, M. (1994). Beware the Computer Technocrats. Hardware Won't Educate our Kids. In: D. P. Ely & B. B. Minor (Eds.), *Educational Media and Technology Yearbook (vol. 19).* Englewood, CO: Libraries Unlimited. 64-65

Schulmeister, R. (1996). *Grundlagen hypermedialer Lernsysteme: Theorie - Didaktik - Design.* Bonn, Paris: Addison-Wesley

Schulmeister, R. (2001). *Virtuelle Universität - Virtuelles Lernen.* München, Wien: Oldenbourg

Schumacher, D., Theyßen, H. & Sumfleth, E. (2002). Entwicklung und Evaluation einer hypermedialen Lernumgebung „Physik für Mediziner“. In: R. Brechel (Hrsg.), *Zur Didaktik der Physik und Chemie. Probleme und Perspektiven. Vorträge auf der Tagung für Didaktik der Physik/Chemie in Dortmund 2001.* Alsbach/Bergstraße: Leuchtturm. 153-155

Schweickert, F., Roth, D., Menzel, M. & Jodl, H. J. (2000). Physik studieren per Internet. *Physikalische Blätter 56(11).* 63

Seifert, S., Mikelskis, H. & Winter, R. (1997). Der Computer - ein multimediales Werkzeug zum Lernen von Physik. Videoanalyse von Schlag- und Stoßvorgängen im Sport mit VIDEOPOINT und DAVID. *Physik in der Schule 35(10).* 352-356

Senatsverwaltung für Schule, Berufsbildung und Sport (1996). *Vorläufiger Rahmenplan für Unterricht und Erziehung in der Berliner Schule, Gymnasiale Oberstufe, Fach Physik, Kursphase.* Berlin

Sharples, M. & Pemberton, L. (1992). Representing Writing: External Representations and the Writing Process. In: P. O. Holt & N. Williams (Eds.), *Computers and Writing: State of the Art.* Oxford: Intellect. 319-336

Shin, E. C., Schallert, D. L. & Savenye, W. C. (1994). Effects of Learner Control, Advisement, and Prior Knowledge on Young Students' Learning in a Hypertext Environment. *Educational Technology, Research and Development 1 (42).* 33-46

Shneiderman, B., Byrd, D. & Croft, W. B. (1997). *Clarifying Search. A User-Interface Framework for Text Searches.* http://www.dlib.org/dlib/... ...january97/01.shneiderman.html

Solomon, J. (1993). *Teaching Science, Technology and Society.* Buckingham, Philadephia: Open University Press

Songer, N. B. & Linn, M. C. (1991). How do Students' Views of Science Influence Knowledge Integration? *Journal of Research in Science Teaching 28 (9).* 761-784

Spiro, R. L., Coulson, R. L., Feltovich, P. J. & Anderson, D. K. (1988). Cognitive Flexibility Theory: Advanced Knowledge Acquisition in Ill-Structured Domains. In: V. Patel & G. Groen (Eds.), *Tenth Annual Conference of the Cognitive Science Society.* Hillsdale, NJ, London: Lawrence Erlbaum. 375-383

Staes, J. (2002). Learning in the New Economy. In: ICWE (Ed.), *ONLINE EDUCA Berlin 2002, 8th International Conference on Technology Supported Learning & Training, Book of Abstracts.* Berlin. 5-8

Stangl, W. (2000). *Internet@Schule – Insiderwissen für LehrerInnen.* Innsbruck: Studienverlag

Stanton, N. & Baber, C. (1992). An Investigation of Styles and Strategies in Self-Directed Learning. *Journal of Educational Multimedia and Hypermedia 1 (2).* 147-167

Stork, H. (1993). Sprache im naturwissenschaftlichen Unterricht. In: R. Duit &

W. Gräber (Hrsg.), *Kognitive Entwicklung und Lernen der Naturwissenschaften.* Kiel. 63-84

Strittmatter, P. & Niegemann, H. (2000). *Lehren und Lernen mit Medien. Eine Einführung.* Darmstadt: Wissenschaftliche Buchgesellschaft

Tauscher, L. & Greenberg, S. (1997). How People Revisit Web Pages: Empirical Findings and Implications for the Design of History Systems. *International Journal of Human-Computer Studies 47.* 97-137

Theis, W. R. (2003). Gezeiten im Schulunterricht. *Mathematisch Naturwissenschaftlicher Unterricht MNU 56/4.* 196-198

Tulodziecki, G. (1982). Zur Bedeutung von Erhebung, Experiment und Evaluation für die Unterrichtswissenschaft. *Unterrichtswissenschaft 10 (4).* 364-377

Unz, D. (2000). *Lernen mit Hypertext – Informationssuche und Navigation.* Münster, New York, München, Berlin: Waxmann

Unz, D. & Hesse, F. W. (1999). The Use of Hypertext for Learning. *Journal of Educational Computing Research 20(3).* 279-295

Urhahne, D., Prenzel, M., von Davier, M., Senkbeil, M. & Bleschke, M. (2000). Computereinsatz im naturwissenschaftlichen Unterricht - Ein Überblick über die pädagogisch-psychologischen Grundlagen und ihre Anwendung. *Zeitschrift für Didaktik der Naturwissenschaften 6.* 157-186

Valdez, F., Chignell, M. & Glenn, B. (1988). Browsing Models for Hypermedia Databases. *Proceedings of Human Factors Society 32nd Annual Meeting.* 318-322

Viiri, J. (2000). Students' Understanding of Tides. *Physics Education 35(2).* 105-110

von Oy, K. (1982). Von der Beobachtung zur Theorie. Der Weg physikalischer Erkenntnis - dargestellt an einem Unterrichtsbeispiel. *Der Physikunterricht 2.* 47-57

Voss, J. F. & Wiley, J. (1997). Developing Understanding While Writing Essays in History. *International Journal of Educational Research 27.* 255-265

Wang, X., Liebscher, P. & Marchionini, G. (1987). *Physical Format and Search Strategy in Hypertext: Effects on Information Seeking.* (Technical Report: car-tr-353, cs-tr-2006). University of Maryland

Waterworth, J. A. (1992). *Multimedia Interactions with Computers.* New York: Ellis Horwood

Weinert, F. E. & Kluwe, R. H. (1984). *Metakognition, Motivation und Lernen.* Stuttgart: Kohlhammer

Wengenmayr, R. (2001). Multimedia-Lehrmittel im Physikstudium. *Physikalische Blätter 57 (3).* 25-29

Wenzel, O. (2001). *Webdesign, Informationssuche und Flow.* Lohmar, Köln: Joseph Eul Verlag

White, R. T. (2000). The Knowledge Integration Environment: Commentary on Research. *International Journal of Science Education 22.* 8, 873

Wild, K.-P. (1995). Beziehungen zwischen Belohnungsstrukturen der Hochschule, motivationalen Orientierungen der Studierenden und individuellen Lernstrategien beim Wissenserwerb. In: A. Krapp (Hrsg.), *Arbeiten zur Empirischen Pädagogik und Pädagogischen Psychologie (vol. 34).* Institut für Psychologie und Erziehungswissenschaft, Universität der Bundeswehr München

Wilde, K. D., Hippner, H. & Merzenich, M. (2002). Web Usage Mining. *WiSt - Wirtschaftswissenschaftliches Studium 31 (2)*

Winn, W. (1989). Toward a Rationale and Theoretical Basis for Educational Technology. *Educational Technology, Research and Development 1 (37).* 35-46

Winne, P. H; Gupta, L. & Nesbit, J. C. (1994). Exploring Individual Differences in Studying Strategies Using Graph Theoretic Statistics. *The Alberta Journal of Educational Research XL, 2.* 177-193

Winnenburg, W. & Schmidkunz, H. (1970). Gezeitenkräfte. *Der mathematische und naturwissenschaftliche Unterricht, 23. Band, Heft 7.* 411-413

Winterhoff-Spurk, P. (1997). Medienkompetenz: Schlüsselqualifikation der Informationsgesellschaft? *Medienpsychologie 3.* 182-190

Wolfe, C. R. (2000). *Learning and Teaching on the World Wide Web.* San Diego, San Francisco, New York, Boston, London, Sydney, Tokio: Academic Press

Woolsey, J. M. (1994). Satellites and Tides. *Physics Education 29.* 177-179

Zajonc, R. (2002). *Physikmodule für eine hypermediale Lernumgebung. Konzeption und Realisierung eines Fernlernkurses und Untersuchung des Nutzerverhaltens anhand der Pilotenausbildung.* Frankfurt am Main, Berlin, Bern, Brüssel, New York, Oxford, Wien: Lang

Zajonc, R. & Priemer, B. (2001). Time – Logfiles' Neglected Data. In: A. F. Hadwin (Ed.), *Logfile Navigation Profiles and Analysis: Methods for Tracking and Examining Hypermedia Navigation.* Seattle, WA: Paper prepared for the Annual Meeting 2001 of the AERA

Zajonc, R. & Schön, L. (2000). Physikalische Lerneinheiten in einer hypermedialen Ausbildung. In: V. Nordmeier (Hrsg.), *Didaktik der Physik. Beiträge zur Frühjahrstagung 2000 der Deutschen Physikalischen Gesellschaft, Dresden.* CD-ROM Lehmann's

Zastrow, M. U. (2001). *Interaktive Experimentieranleitungen.* Berlin: Logos

Ziman, J. (1980). *Teaching and Learning About Science and Technology.* Cambridge, London, New York, New Rochelle, Melbourne, Sydney: Cambridge University Press

# Anhang

## Verzeichnis der Anhänge

## Anhang 1: Fragebogen. Allgemeine Kenntnisse in Physik und Vorkenntnisse zum Thema Gezeiten

**1.** Ein Stein wird aus dem Ruhezustand in einen tiefen Schacht fallen gelassen. Nach 2 s schlägt er auf den Boden auf. Wie tief ist der Schacht? Der Einfluss des Luftwiderstands auf den fallenden Stein kann vernachlässigt werden. Rechnen Sie mit der Fallbeschleunigung $g = 9,81\ \mathrm{ms}^{-2}$.
*4,9 m / 9,8 m / 19,6 m / 39,2 m / 78,4 m*

**2.** Zwei Kugeln mit der Masse $m$ bzw. $2m$ sind durch einen dünnen Faden verbunden und aufgehängt. Das System wird gelöst und fällt frei, wie in der Abbildung gezeigt. Wie groß ist die Zugkraft im Faden beim Fall, wenn $g$ die Fallbeschleunigung ist?
*0 / mg / 2mg / 3mg*

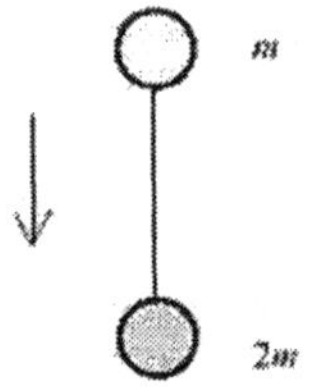


**3.** Die Abbildung zeigt die Bewegung eines Balls, der bei vernachlässigtem Luftwiderstand auf dem Boden springt. Geben Sie die Richtung der Beschleunigung des Balls in den Punkten P, Q und R an (siehe Abbildung).
*je eine der abgebildeten Auswahlmöglichkeiten für jeden der Punkte P, Q und R*

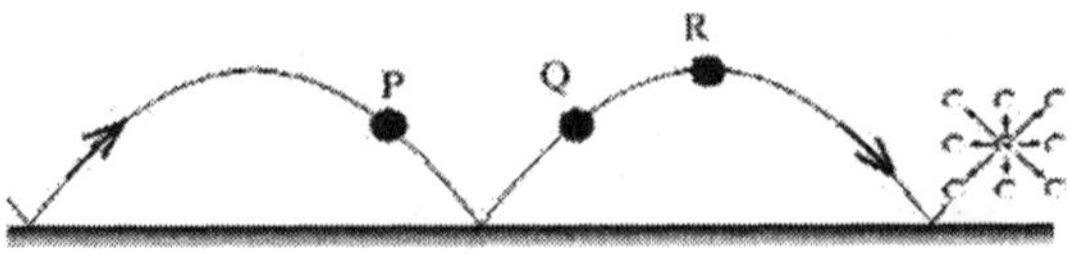

**4.** In der nebenstehenden Abbildung ist ein Rohr abgebildet, in dem sich eine Kugel reibungsfrei auf einem Abschnitt einer Kreisbahn mit dem Mittelpunkt O bewegen kann. Das Rohr ist waagerecht auf einem Tisch verankert, auf dem sich die Kugel ebenfalls reibungsfrei bewegen kann. Die Abbildung stellt den Sachverhalt in Aufsicht dar. Effekte der Luftreibung können vernachlässigt werden. Eine Kugel wird mit hoher Geschwindigkeit bei p in das Rohr geschossen und verlässt dieses wieder bei r. Betrachte folgende Kräfte:

a. Eine vertikal nach unten gerichtete Gravitationskraft

b. Eine Kraft, die das Rohr in Richtung von q nach O ausübt

c. Eine Kraft in Bewegungsrichtung

d. Eine Kraft in Richtung von O nach q

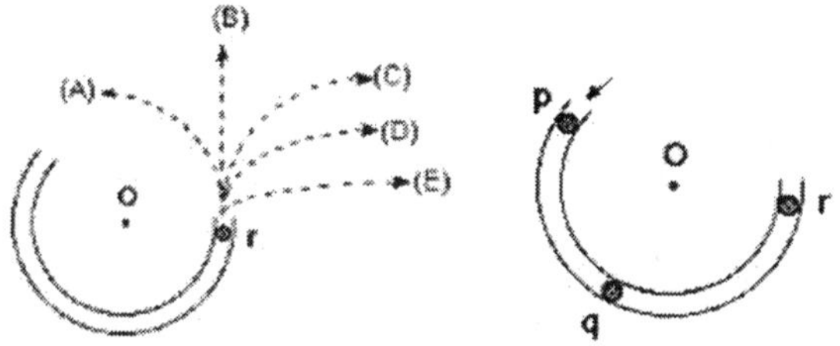


**4.1** Welche Kräfte wirken auf die Kugel im Punkt q?
*nur 1 / 1 und 2 / 1 und 3 / 1,2 und 3 / 1,3 und 4*

**4.2** Welche Bahn beschreibt die Kugel ungefähr, wenn sie die Bahn bei r verlässt?
*A / B / C / D / E*

5. Die Abbildung rechts zeigt eine Attraktion eines Vergnügungsparks. Wenn sich die Trommel um die senkrechte Achse dreht, wird der Boden langsam abgesenkt. Die Person bewegt sich dabei jedoch nicht nach unten. Sie wird gegen die Innenseite der Trommel gepresst und bleibt bezüglich der Wand in Ruhe. Die Füße der Person haben keinen Bodenkontakt. Welche der folgenden Abbildungen gibt am besten die real auf die Person wirkenden Kräfte wieder?

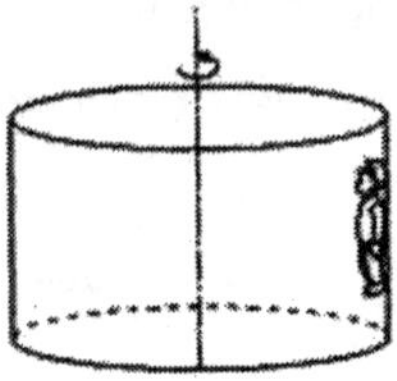

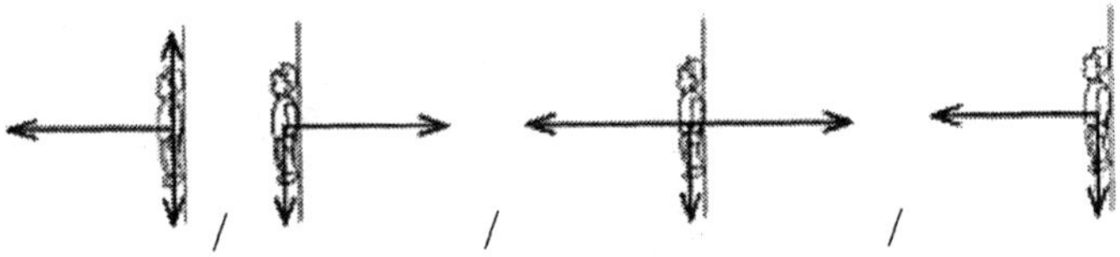

**6.** Ein kleiner Metallzylinder steht auf einer Scheibe, die sich mit konstanter Geschwindigkeit dreht (siehe Abbildung). Welche der folgenden Darstellungen von Vektoren beschreibt am besten die Geschwindigkeit v, die Beschleunigung a und die resultierende Kraft F?

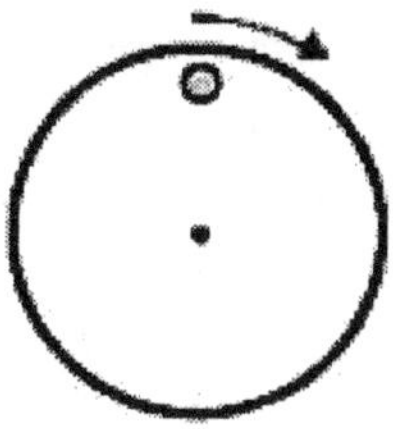

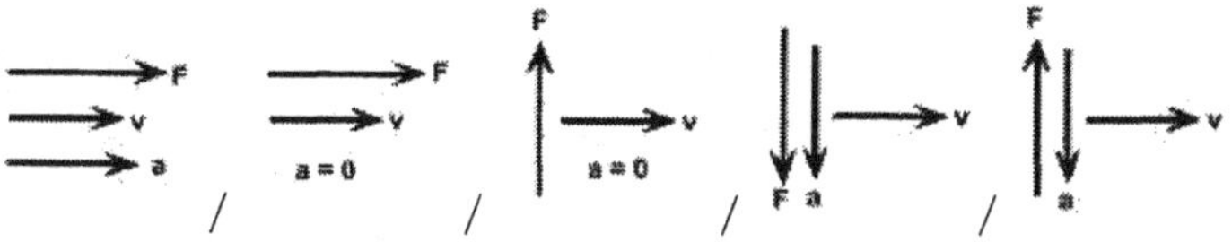


**7.** Eine Person zieht einen Block über eine unebene horizontale Fläche mit konstanter Geschwindigkeit durch Ausüben einer Kraft F. Die Pfeile in der Abbildung geben die Richtungen verschiedener Kräfte, die auf den Block wirken, korrekt wieder. Die Längen der Pfeile repräsentieren aber nicht unbedingt die Beträge der Kräfte!
Welche der folgenden Aussagen über die Beträge der Kräfte W, k, N und F ist richtig?
$F = k$, $N = W$ / $F = k$, $N > W$ / $F > k$, $N < W$ / $F > k$, $N = W$ / *keine der Beziehungen*

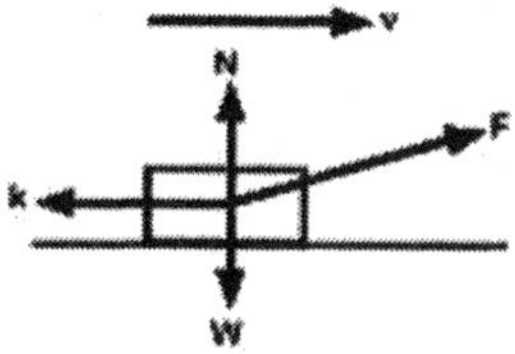

**8.** Ein Buch liegt auf einem Tisch. Welche Kraft bzw. welche Kräfte aus der folgenden Liste wirken auf das Buch?

1. eine nach unten gerichtete Kraft durch die Gravitation
2. eine nach oben gerichtete Kraft durch den Tisch
3. eine nach unten gerichtete Gesamtkraft durch den Luftdruck
4. eine nach oben gerichtete Gesamtkraft durch den Luftdruck

*nur 1 / 1 und 2 / 1,2 und 3 / 1,2 und 4 / Keine. Da sich das Buch in Ruhe befindet, wirkt keine Kraft*

**9.** Zwei Personen, ein großer Mann und ein kleiner Junge, ziehen so stark sie können an zwei Seilen, die an einer Kiste befestigt sind (siehe Abbildung, Sicht von oben). Welche der Bahnen A bis E beschreibt den Weg der Kiste am besten, während die beiden ziehen?
*A / B / C / D / E*

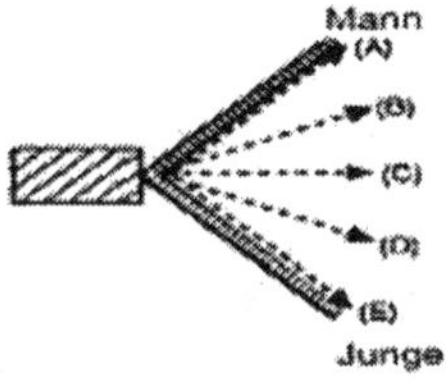


**10.** Erläutern Sie in einigen Sätzen und gegebenenfalls mithilfe einer Skizze das Prinzip der Entstehung von Gezeiten (Ebbe und Flut). Aus technischen Gründen ist eine etwaige Skizze auf Papier anzufertigen und mit Ihrem oben angegebenen Pseudonym zu versehen.
*Textfeld für Antwort*

## Anhang 2: Fragebogen. Ansichten über Physik und Lernen von Physik (deutsche Fassung des Tests „Views about Science Survey") mit Hinweisen zur Auswertung

*Diese Erhebung wurde von Prof. I. A. Halloun in Zusammenarbeit mit Forschern aus Libanon und den USA entwickelt (deutsche Übersetzung von Burkhard Priemer). Weitere Informationen unter http://www.inco.lb/halloun bzw. unter http://didaktik.physik.hu-berlin.de.*

*Alle Angaben* **werden vertraulich behandelt**, *Ihre persönlichen Daten werden nicht an Dritte weitergegeben.*

*Bitte:*

*Schreiben Sie* **nicht** *auf dem Fragebogen.*
*Beantworten Sie alle Fragen auf dem Antwortbogen.*
*Folgen Sie den Anweisungen auf dem Antwortbogen.*
*Wählen Sie zu jeder Frage nur* **eine** *Antwort.*
*Lassen Sie* **keine** *der Fragen aus.*
*Raten Sie nicht. Die Antworten sollten* **Ihre** *tatsächliche und ehrliche Meinung widerspiegeln.*
*Versuchen Sie, die Fragen innerhalb von 30 Minuten zu beantworten.*

***Teil I***

*Bitte beantworten Sie jede der folgenden 5 Fragen, indem Sie eine der angegebenen Antworten auswählen.*

1. Wenn Sie selbständig in Ihrem derzeitigen Physik-Lehrbuch lesen, wie gut verstehen Sie im Vergleich zu den anderen in der Klasse den behandelten Stoff?
   **A**: sehr gut; **B**: gut; **C**: durchschnittlich; **D**: schlecht; **E**: sehr schlecht
2. Wie gut sind Sie im Vergleich zu den anderen in der Klasse im selbstständigen Lösen von physikalischen Problemen in Hausaufgaben?
   **A**: sehr gut; **B**: gut; **C**: durchschnittlich; **D**: schlecht; **E**: sehr schlecht
3. Wie gut schneiden Sie normalerweise im Vergleich zu den anderen in der Klasse zur Zeit in Physikarbeiten oder Tests ab?
   **A**: sehr gut; **B**: gut; **C**: durchschnittlich; **D**: schlecht; **E**: sehr schlecht

4. Wie oft lesen Sie etwas über naturwissenschaftliche Themen in Zeitungen, Zeitschriften oder Büchern (ausgenommen ihre derzeitigen Lehrbücher)?
   **A**: öfter als ein Mal in der Woche; **B**: etwa ein Mal in der Woche; **C**: twa ein Mal im Monat; **D**: selten; **E**: nie
5. Wie oft sehen Sie Fernsehsendungen über naturwissenschaftliche Themen?
   **A**: öfter als ein Mal in der Woche; **B**: etwa ein Mal in der Woche; **C**: twa ein Mal im Monat; **D**: selten; **E**: nie

### *Teil II*

*In jeder der folgenden 10 Fragen sind zwei sich gegeneinander ausschließende Antworten (a) und (b) angegeben. Bitte beantworten Sie die Fragen, indem Sie* ***eine*** *der beiden Optionen (a) oder (b) wählen.*

6. Lesen in meinem Physik-Lehrbuch ist für mich oft:
   (a) eine Erfahrung, die Spaß macht.
   (b) eine Erfahrung, die frustrierend ist.

7. Wenn ich die Wahl hätte:
   (a) würde ich keinen Physikunterricht besuchen.
   (b) würde ich weiterhin Physikunterricht zu meinem eigenen Nutzen besuchen.

8. Wenn man eine Methode, mit der ein physikalisches Problem gelöst wurde, auf ein anderes Problem anwenden will, dann müssen die Gegebenheiten in beiden Aufgaben:
   (a) in jeder Hinsicht identisch sein.
   (b) in mancher Hinsicht ähnlich sein.

9. Verschiedene Teilgebiete der Physik, z.B. Mechanik und Elektrizitätslehre:
   (a) sind miteinander durch gemeinsame Prinzipien verwandt.
   (b) sind voneinander verschieden und unabhängig.

10. Wissen in Chemie ist:

    (a) verwandt mit Wissen in Physik.

    (b) unabhängig von Wissen in Physik.

11. Physiker sprechen von der Existenz von Elektronen und Protonen in einem Atom, weil:

    (a) sie diese Teilchen mit Versuchsapparaturen in ihrer tatsächlichen Gestalt gesehen haben.

    (b) sie Beobachtungen gemacht haben, die mithilfe solcher Teilchen erklärt werden können.

12. Die derzeitigen Vorstellungen der Physiker über die Teilchen, aus denen das Atom besteht, gelten für:

    (a) Körper, die sich irgendwo im Universum befinden können.

    (b) einige Körper im Universum, andere aber nicht.

13. Newtons Axiome (z.B. das zweite Newtonsche Axiom in der Form $\mathbf{F} = m\mathbf{a}$) gelten für:

    (a) Körper, die sich irgendwo im Universum befinden können.

    (b) einige Körper im Universum, andere aber nicht.

14. Die derzeitigen Vorstellungen der Physiker über die Teilchen, aus denen das Atom besteht:

    (a) werden immer so beibehalten, wie sie sind.

    (b) werden gegebenenfalls in verschiedener Hinsicht geändert.

15. Newtons Axiome:

    (a) werden immer in der derzeitigen Form verwendet werden.

    (b) werden gegebenenfalls in verschiedener Hinsicht geändert.

### *Teil III*

Die folgenden 24 Fragen bestehen aus jeweils zwei Aussagen zu einem Sachverhalt, zu denen fünf unterschiedliche Meinungen angeführt sind. Bitte beantworten Sie jede der Fragen, indem Sie ***eine*** der fünf Alternativen auswählen. Das folgende Beispiel beschreibt die fünf Auswahlmöglichkeiten für Frage 16.

**Beispiel**

Physik-Lernen erfordert:

(a) ein ernsthaftes Bemühen.

(b) ein besonderes Talent.

**1.** größenteils (a), selten (b)
**2.** eher (a) als (b)
**3.** (a) und (b) in gleichem Maße
**4.** eher (b) als (a)
**5.** größenteils (b), selten (a)

*Was bedeuten die fünf verschiedenen Auswahlmöglichkeiten?*

| | |
|---|---|
| **1.** Größtenteils (a), selten (b): | Physik-Lernen erfordert größtenteils ein ernsthaftes Bemühen und selten ein besonderes Talent (oder im Wesentlichen ersteres und kaum letzteres). |
| **2.** Eher (a) als (b): | Physik-Lernen erfordert eher ein ernsthaftes Bemühen als ein besonderes Talent. |
| **3.** (a) und (b) in gleichem Maße: | (a) und (b) in gleichem Maße: Physik-Lernen erfordert ein ernsthaftes Bemühen in gleichem Maße wie ein besonderes Talent. |
| **4.** Eher (b) als (a): | Eher (b) als (a): Physik-Lernen erfordert eher ein besonderes Talent als ein ernsthaftes Bemühen. |
| **5.** Größtenteils (b), selten (a): | Größtenteils (b), selten (a): Physik-Lernen erfordert größtenteils ein besonderes Talent und selten ein ernsthaftes Bemühen (oder im Wesentlichen ersteres und kaum letzteres). |

16. Physik-Lernen erfordert:

    (a) ein ernsthaftes Bemühen.

    (b) ein besonderes Talent.

17. Ich lerne Physik:

    (a) um den vorgeschriebenen Pflichtunterricht zu absolvieren.

    (b) um nützliches Wissen zu lernen.

18. Denkfähigkeiten, die im Physikunterricht gelehrt werden, können hilfreich für mich sein:

    (a) in meinem täglichen Leben.

    (b) wenn ich Naturwissenschaftler werden will.

19. Das Abschneiden in Physikarbeiten oder Tests ist ein Maß dafür, wie gut ich:

    (a) den behandelten Stoff verstehe.

    (b) mich daran erinnern kann, wie der Lehrer den Inhalt behandelt hat oder wie dieser in Kursmaterialien dargestellt wurde.

20. Erfolgreich ich im Physikunterricht zu sein, hängt für mich davon ab:

    (a) wie sehr ich mich darum bemühe.

    (b) wie gut der Lehrer im Unterricht erklärt.

21. Meiner Meinung nach sollte ein guter Physiklehrer zu allen Fragen, die im Unterricht gestellt werden:

    (a) die richtige Antwort wissen.

    (b) aufzeigen können, wie oder wo man die Antwort erhalten kann.

22. Wenn ich beim Physik-Lernen auf Schwierigkeiten stoße:

    (a) suche ich Hilfe oder gebe auf.

    (b) versuche ich selbstständig, diese zu überwinden.

23. Beim Lernen mit dem Physik-Lehrbuch oder mit anderen Kursmaterialien:
    (a) finde ich die wichtigen Informationen und merke sie mir in der Weise, wie sie dargestellt sind.
    (b) strukturiere ich den Stoff so für mich, dass ich ihn verstehen kann.

24. Ein Zusammenhang zwischen Physikunterricht und täglichem Leben ist für mich:
    (a) leicht zu erkennen.
    (b) schwer zu erkennen.

25. In der Physik ist es für mich wichtig:
    (a) technische Begriffe und mathematische Formeln auswendig zu können.
    (b) zu lernen, Informationen zu strukturieren und sie anzuwenden.

26. In der Physik dienen mathematische Formeln dazu:
    (a) bedeutungsvolle Beziehungen zwischen Variablen zu beschreiben.
    (b) ein Verfahren zu haben, um numerische Lösungen für Probleme zu berechnen.

27. Nachdem ich einen Text mit physikalischen Inhalten gelesen habe und glaube, diesen zu verstehen:
    (a) kann ich ähnliche Probleme selbstständig lösen.
    (b) habe ich Schwierigkeiten, ähnliche Probleme zu lösen.

28. Das erste, was ich mache, wenn ich ein physikalisches Problem löse, ist:
    (a) mir eine Skizze von dem Sachverhalt anzufertigen.
    (b) mir die Formeln zu suchen, mit denen die gesuchten Größen aus den gegebenen berechnet werden können.

29. Um ein physikalisches Problem lösen zu können, muss ich:
    (a) die Lösung eines ähnlichen Problems vorher gesehen haben.
    (b) allgemeine Problemlösestrategien anwenden können.

30. Ein physikalisches Problem auf mehr als einem Weg zu lösen:
    (a) ist für mich Zeitverschwendung.
    (b) hilft mir, Denkfähigkeiten zu entwickeln.

31. Nachdem ich alle Fragen in Physik-Hausaufgaben beantwortet habe:
    (a) beende ich die Beschäftigung mit diesen Problemen.
    (b) überprüfe ich meine Antworten und den Lösungsweg.

32. Wenn der Lehrer ein physikalisches Problem löst, für das ich eine falsche Lösung hatte:
    (a) verwerfe ich meine eigene Lösung und lerne die vom Lehrer präsentierte.
    (b) versuche ich herauszufinden, worin sich die Lösung des Lehrers von meiner unterscheidet.

33. Wie gut ich bei Physikarbeiten und Tests abschneide, hängt davon ab, wie gut ich:
    (a) mich daran erinnern kann, wie das Thema im Unterricht behandelt wurde.
    (b) Probleme lösen kann, die sich von denen, die ich schon mal gesehen habe, etwas unterscheiden.

34. Physik ist für mich eine wichtige Quelle:
    (a) von Fakten über die Natur.
    (b) von Vorstellungen über die Natur.

35. Die Gesetze der Physik sind:
    (a) Eigenschaften der Natur und unabhängig davon, was die Menschen denken.
    (b) von Physikern erfunden worden, um das Wissen über die Natur zu ordnen.

36. Die Gesetze der Physik spiegeln die reale Welt:
    (a) genau wie diese ist wider.
    (b) in Annäherung wider.

37. Physiker nutzen die Mathematik als:
    (a) Werkzeug, um Ideen zu analysieren und um diese miteinander auszutauschen.
    (b) Quelle für Fakten über die Natur.

38. Naturwissenschaftliche Erkenntnisse über die Welt sind:
    (a) abhängig vom gegenwärtigen Forschungsstand.
    (b) zufällig und hängen vom Glück der Wissenschaftler ab.

39. Ich habe die Fragen der Untersuchung:
    (a) nach bestem Wissen beantwortet.
    (b) ohne ernsthaft darüber nachzudenken beantwortet.

### Hinweise zur Auswertung des Tests

Zur Bearbeitung des Tests werden die Probanden gebeten, gemäß der Anleitung alle Antworten auf einem Antwortbogen zu kennzeichnen. Die individuellen Punktzahlen werden folgendermaßen bestimmt:

1. Ein Student erhält 1 Punkt, falls er die Expertenantwort zu einem der dichotomen Items wählt (Frage 6 bis Frage 15), anderenfalls 0 Punkte.

2. Ein Student erhält 5 Punkte, falls er die Expertenantwort zu einem der CAD

Items wählt (Frage 16 bis 39). Dies ist die Antwort 1, falls (a) die Expertenantwort ist (z. B. bei Item 16) bzw. Antwort 5, falls (b) die Expertenantwort ist (z. B. bei Item 17). Ein Student erhält 1 Punkt, falls er die Novizenantwort wählt (Antwort 5 zu Item 16 bzw. Antwort 1 zu Item 17). In den anderen Fällen erhält der Student 4, 3 oder 2 Punkte (für die Antwort 2, 3 oder 4 zu Item 16 bzw. 4, 3 oder 2 zu Item 17).

3. Die Gesamtpunktzahl $x$ eines Probanden errechnet sich aus der Summe der Teilpunktzahlen der Items 6 bis 38. Für die verschiedenen VASS Typen gelten die folgenden Intervalle. Expert: $x \geq 93$; oberer Übergangstyp: $92 \geq x \geq 83$; unterer Übergangstyp: $82 \geq x \geq 73$; Laie: $72 \geq x$.

Die Expertenantworten für die verschiedenen Items sind folgende (angegeben ist jeweils die Nummer des Items mit der entsprechenden Antwort): 6-a, 7-b, 8-b, 9-a, 10-a, 11-b, 12-a, 13-a, 14-b, 15-b, 16-a, 17-b, 18-a, 19-a, 20-a, 21-b, 22-b, 23-b, 24-a, 25-b, 26-a, 27-a, 28-a, 29-b, 30-b, 31-b, 32-b, 33-b, 34-b, 35-b, 36-b, 37-a und 38-a.

## Anhang 3: Fragebogen. Kenntnisse und Fähigkeiten im Umgang mit Computern und Internet (deutsche Fassung des Tests „Technology and Internet Assessment")

Bitte beantworten Sie die folgenden Fragen, indem Sie einschätzen, in welchem Umfang die beschriebenen Aussagen auf Sie zutreffen. Entscheiden Sie sich bitte ehrlich und unabhängig davon, was Sie glauben, antworten zu müssen um, möglichst „gut " abzuschneiden oder was andere antworten würden. Es gibt keine „richtigen" oder „falschen" Antworten. Beantworten Sie bitte alle Fragen vollständig und zügig, ohne jedoch nachlässig zu werden.[1]

1. Ich kann Dateien von einem Ordner (Verzeichnis) in einen anderen verschieben.
2. Ich verbringe Zeit mit dem Ausprobieren von Programmen, die ich nicht gut kenne, um dadurch zu lernen.
3. Ich hätte Schwierigkeiten, eine Datei an eine E-Mail anzuhängen.
4. Ich kann in einer Situation einschätzen und entscheiden, ob und welche Technik zur Lösung eines Problems am hilfreichsten ist.
5. Manchmal kann ich das Fachwissen eines Autors einer Arbeit nicht einschätzen – unabhängig davon, ob dieses in gedruckter oder elektronischer Form (z.B. im Internet) veröffentlicht wurde.
6. Ich komme ohne große Schwierigkeiten mit neuen Technologien zurecht.
7. Ich glaube, dass in Zukunft die meisten Berufe, in denen Computer genutzt werden, auch viel „Denkarbeit" erfordern werden.
8. Wenn ich einen anderen Computer als meinen eigenen verwende, hinterlasse ich ihn einsatzbereit für den nächsten Benutzer.
9. Ich kenne den Unterschied zwischen dem Beenden eines Programms und dem Minimieren des Programmfensters.
10. Ich kann mit Suchmaschinen Informationen zu einem gegebenen Thema finden.

[1] Soweit nicht anders angegeben, gab es folgende Antwortmöglichkeiten: *Trifft... überhaupt nicht / eher nicht / zum Teil / eher / sehr... zu.*

11. Ich kann mit einem Textverarbeitungsprogramm Daten zu einem druckfertigen Bericht zusammenstellen.
12. Ich hätte Schwierigkeiten, einige der mit dem Internet verbundenen ethischen Probleme zu verstehen.
13. Ich hätte Schwierigkeiten damit, Papier in einen Drucker einzulegen.
14. Ich würde mich unwohl fühlen, wenn mein Chef oder Lehrer von mir verlangt, dass ich ein neues Textverarbeitungsprogramm lernen muss.
15. Wenn ich im Internet recherchiere, kann ich zwischen Werbung, Schul- oder akademischen Seiten und Propaganda unterscheiden.
16. Ich denke, die meisten gutbezahlten Technologie-Berufe erfordern hochqualifizierte Fachkräfte.
17. Ich respektiere das Urheberrecht, wenn ich Daten aus elektronischen Quellen nutze.
18. Ich bin mit der Bedienung einer „Maus" (Mouse) vertraut.
19. Ich kann ein Grafikprogramm anwenden, um Trends in Daten darzustellen.
20. Aufgrund meiner Technologiekenntnisse kann ich schnelle Veränderungen in meiner Schul- bzw. Arbeitsumgebung erkennen und darauf reagieren.
21. Ich hätte Schwierigkeiten, Dateien elektronisch zu übertragen.
22. Ich fühle mich sicher in der Benutzung einer CD-ROM.
23. Ich hätte Schwierigkeiten, Internetseiten hinsichtlich der Korrektheit der enthaltenen Informationen zu beurteilen.
24. Ich kann andere über den verantwortlichen Umgang mit Computerausrüstung unterrichten.
25. Ich glaube, dass mit dem Anfang des 21. Jahrhunderts fast die gesamte Geschäftswelt „computerisiert" sein wird.
26. Ich verstehe und befolge die Regeln zum Umgang mit Passwörtern.
27. Ich hätte Schwierigkeiten, eine Diskette zu formatieren.
28. Ich kann meine bislang erworbenen Fähigkeiten nutzen, um ein neues Programm zu erlernen.
29. Ich nutze jede Gelegenheit, um mehr über Computer, das Internet und andere Informationstechnologien zu lernen.

30. Ich weiß, wie man Online-Mailinglisten abonniert und sich daran beteiligt.
31. Ich glaube nicht, dass es wichtig ist, Regeln für eine angemessene verbale Kommunikation mit Informationstechnologien zu befolgen.
32. Ich kann auf meinem Computer einen neuen Ordner/ein neues Verzeichnis anlegen.
33. Ich hätte Schwierigkeiten mit dem Wechsel von einem PC auf einen Laptop-Computer.
34. In Zeitungen und Zeitschriften überspringe ich Artikel, die sich mit Computern und anderen Technologien beschäftigen.
35. Ich weiß, wie ich einen Drucker auswähle, um ein Dokument zu drucken.
36. Mir sind die ethischen Probleme bewusst, wenn ich „sichere" Bereiche in Netzwerken nutze.
37. Ich verstehe, dass ich alle im Internet gefundenen Informationen überprüfen muss.
38. Ich kann eine E-Mail schreiben und absenden.
39. Mein Lehrer/Betreuer hält mich über die neuesten Technologien auf dem Laufenden.
40. Ich verstehe den Einfluss von Technologie auf Umwelt, Gesellschaft und Personen gut.
41. Ich verstehe die Regeln zum Urheberrecht der Nutzung von Informationen aus elektronischen Quellen gut.
42. Ich weiß, wie man elektronische „Schwarze Bretter" (bulletin boards) benutzt.
43. Ich kann mit einem Datenbankprogramm Daten zu einem druckfertigen Bericht zusammenstellen.
44. Wenn ich eine Datei auf meinem Computer „verlegt" habe oder vergessen habe, wo sie sich befindet, weiß ich, wie ich sie wiederfinden kann.
45. Ich kann zwischen Information, die der Unterrichtung und Bildung der Öffentlichkeit dient, und solcher, die mich zu einer bestimmten Meinung oder einem Standpunkt beeinflussen soll, unterscheiden.

46. Ich würde mich nach einem anderen Job umsehen, wenn mein derzeitiger Arbeitgeber die Nutzung von Computern erwartet.
47. Ich hätte nichts gegen den Gedanken, zu Hause mit einem Computer zu arbeiten.
48. Ich kann meine (Computer-)Dateien in bedeutungsvollen/sinnvollen Ordnern/Verzeichnissen verwalten.
49. Ich würde lieber eine Schreibmaschine als einen Computer zur Erstellung eines Dokuments nutzen.
50. Wenn ich Schwierigkeiten mit dem Computer, Drucker, Fax usw. habe, weiß ich, wo ich Hilfe bekomme.
51. Ich nutze das Internet, um Informationen für Arbeit, Schule oder Privatleben zu sammeln.
52. Ich verstehe, warum es wichtig ist, urheberrechtlich geschützte Dateien und Programme nicht zu kopieren.
53. Ich hätte Schwierigkeiten, Dateien auf eine Diskette zu kopieren.
54. Ich kann den Einfluss des Autors in einem Text erkennen - unabhängig davon, ob er in gedruckter oder elektronischer Form (z.B. im Internet) veröffentlicht wurde.
55. Ich habe Sorge, meinen Job zu verlieren oder in einem Kurs durchzufallen, weil ich beim Erlernen neuer Technologien nicht gut bin.
56. Ich glaube, dass ich immer Arbeit mit Computern finden werde, auch wenn ich nicht an der Verbesserung meiner Computerfähigkeiten arbeite.
57. Ich nutze die von Programmen angebotene Hilfefunktion, um die Bedienung zu erlernen.
58. Ich weiß, wie man Web-Browser wie Netscape und Internet Explorer benutzt.
59. Ich hätte Schwierigkeiten, mit einem Tabellenkalkulationsprogramm Daten zu einem druckfertigen Bericht zusammenzustellen.
60. Ich kenne den Unterschied zwischen „Speichern" und „Speichern unter...".

Bitte beantworten Sie die folgenden Fragen zu Ihrem persönlichen Hintergrund:
Was ist Ihr Geschlecht?

*Darauf möchte ich nicht antworten / männlich / weiblich*

Wie ist ihr ungefähres Alter?

*Darauf möchte ich nicht antworten / 16 oder jünger / 17-18 / 19-20 / 21-22 / 23-24 / 24 oder älter*

Welche Noten erreichen Sie im Durchschnitt?

*Darauf möchte ich nicht antworten / 1 / 2 / 3 / 4 oder schlechter*

Welches Betriebssystem ist Ihnen am vertrautesten?

*Windows Me / Windows 95/98 / NT/Windows 2000 / Windows 3.1 (oder frühere Version) / Mac OS / DOS / keines / anderes*

Besitzen Sie selbst einen Computer?

*ja / nein*

Haben Sie Zugriff auf einen Computer, wenn Sie nicht arbeiten/in der Schule sind?

*ja / nein*

Haben Sie jemals einen Computerkurs besucht?

*ja / nein*

Wie viel Computererfahrung haben Sie?

*weniger als 1 Jahr / 1-2 Jahre / 3-4 Jahre / über 4 Jahre*

## Anhang 4: Fragebogen. Selbsteinschätzung der Arbeitsweise und der Navigationsstrategie

Bitte geben Sie eine globale Einschätzung Ihrer heutigen Arbeitsweise!

Meine heutige Arbeitsweise war...

- effizient.
- unüberlegt.
- geplant.
- desinteressiert.
- optimal.
- unzufriedenstellend.
- gezielt.
- chaotisch.
- gründlich.
- verbesserungswürdig.
- Gewinn bringend.
- flüchtig.
- detailgenau.
- ohne viel Aufwand.
- so, wie ich sonst auch vorgehe.
- erfolglos.
- pedantisch.
- oberflächlich.
- ausdauernd.
- von meiner heutigen Stimmung abhängig.
- darauf ausgerichtet, einen groben Überblick zu gewinnen, ohne zu sehr ins Detail zu gehen.
- davon geprägt, solange Links zu folgen, bis ich auf interessante Quellen stoße.

- im Wesentlichen gezieltes Suchen nach bestimmten Informationen.
- darauf ausgelegt, einen möglichst umfassenden und vollständigen Überblick zu gewinnen.
- davon geprägt, spontan und eher unstrukturiert Links zwischen interessanten Quellen zu folgen.

Antwortmöglichkeiten für jeden Punkt:

*Stimmt gar nicht / Stimmt wenig / Stimmt teils/teils / Stimmt ziemlich / Stimmt völlig*

## Anhang 5: Fragebogen. Multiple-Choice-Nachtest zum Thema Gezeiten

Frage 1: Der Mond übt auf Massen auf der Erde eine Gravitationskraft aus.

1.1 Für den Betrag der Gravitationskraft des Mondes an verschiedenen Orten auf der Erde gilt:

*Der Betrag hängt ab vom Abstand eines Ortes auf der Erde zur Achse der Eigendrehung der Erde. /*
*Der Betrag ist an allen Orten auf der Erde gleich groß. /*
*Der Betrag hängt ab vom Abstand eines Ortes auf der Erde zum Schwerpunkt des Systems Erde-Mond. /*
*Der Betrag hängt ab vom Abstand eines Ortes auf der Erde zum Erdmittelpunkt. / Der Betrag hängt ab vom Abstand eines Ortes auf der Erde zum Mondmittelpunkt. /*
*Der Betrag hängt ab vom Abstand eines Ortes auf der Erde zum Sonnenmittelpunkt.*

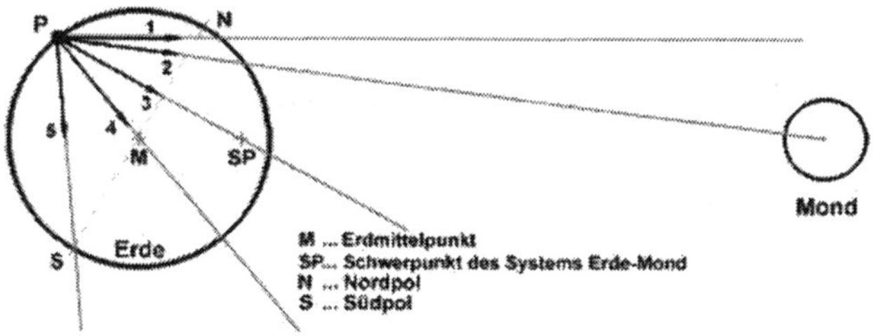


1.2 In der (nicht maßstabsgetreuen) Zeichnung bewege sich die Erde senkrecht zur Zeichenebene. Die Richtung der Gravitationskraft des Mondes auf einen Körper am Ort P wird durch folgenden Vektor am besten beschrieben:

*1 / 2 / 3 / 4 / 5*

Frage 2: Bei der Drehung der Erde um den Schwerpunkt des Systems Erde-Mond erfahren Massen eine Zentrifugalkraft.

2.1 Für den Betrag dieser Zentrifugalkraft auf Körper an verschiedenen Orten auf der Erde gilt:
*Der Betrag ist an allen Orten der Erde gleich groß. /*
*Der Betrag ändert sich in Abhängigkeit des Abstands eines Ortes der Erde zum Schwerpunkt des Systems Erde-Mond. /*
*Der Betrag ändert sich in Abhängigkeit des Abstands eines Ortes der Erde zum Erdmittelpunkt. /*
*Der Betrag ändert sich in Abhängigkeit des Abstands eines Ortes der Erde zum Mondmittelpunkt. /*
*Der Betrag ändert sich in Abhängigkeit des Abstands eines Ortes der Erde zur Achse der Eigendrehung der Erde. /*
*Der Betrag ändert sich in Abhängigkeit des Abstands eines Ortes der Erde zum Sonnenmittelpunkt.*

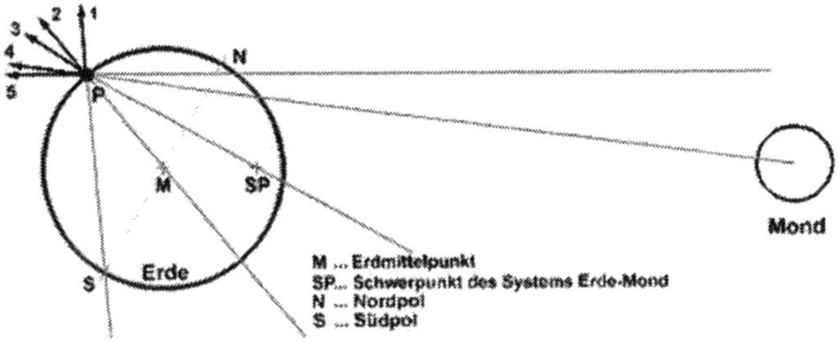


2.2 In der (nicht maßstabsgetreuen) Zeichnung bewege sich die Erde senkrecht zur Zeichenebene. Die Richtung dieser Zentrifugalkraft auf einen Körper am Ort P wird durch folgenden Vektor (siehe Skizze) am besten beschrieben:
*1 / 2 / 3 / 4 / 5*

Frage 3: Wenn sich die Erde um den Schwerpunkt des Systems Erde-Mond dreht und von der Eigenrotation der Erde abgesehen wird, dann...
*drehen sich alle Orte der Erde auf gleich großen Kreisen um den Schwerpunkt des Systems Erde-Mond. /*
*drehen sich alle Orte der Erde auf unterschiedlich großen Kreisen um den Schwerpunkt des Systems Erde-Mond. /*
*drehen sich alle Orte der Erde auf gleich großen Kreisen um verschiedene Punkte. /*
*drehen sich alle Orte der Erde auf unterschiedlich großen Kreisen um verschiedene Punkte. /*
*drehen sich alle Orte der Erde auf gleich großen Kreisen um einen Punkt, der nicht der Schwerpunkt des Systems Erde-Mond ist. /*
*drehen sich alle Orte der Erde auf unterschiedlich großen Kreisen um einen Punkt, der nicht der Schwerpunkt des Systems Erde-Mond ist.*

Frage 4: Betrachte folgende Kräfte:

- Die Gravitationskraft der Erde
- Die Gravitationskraft des Mondes
- Die Zentrifugalkraft der Drehung der Erde um sich selbst
- Die Zentrifugalkraft der Drehung der Erde um das System Erde-Mond

Die Gezeiten erzeugende Kraft ist die Resultierende aus folgenden maßgeblich beteiligten Kräften:
*1 und 2 / 1 und 3 / 1 und 4 / 2 und 3 / 2 und 4 / 3 und 4*

Frage 5: Warum entsteht nicht nur auf der mondzugewandten, sondern auch auf der mondabgewandten Seite der Erde ein Flutberg?

*Da man Erde und Mond als unbeschleunigt und in Ruhe zueinander annehmen kann, werden die Wassermassen auf der mondabgewandten Seite weniger stark vom Mond angezogen und bilden deshalb einen Flutberg. /*

*Aufgrund der Drehung der Erde um den Schwerpunkt des Systems Erde-Mond ist die Zentrifugalkraft auf Körper auf der mondabgewandten Seite größer als die Gravitationskraft des Mondes, sodass ein Flutberg entsteht. /*

*Aufgrund der Drehung der Erde um den Schwerpunkt des Systems Erde-Mond werden ortsabhängige Zentrifugalkräfte erzeugt, die an den mondabgewandten Orten maximal sind und einen Flutberg erzeugen. /*

*Aufgrund der Drehung der Erde um die eigene Achse werden Zentrifugalkräfte erzeugt, die auf der mondabgewandten Seite schwächer durch die Gravitationskraft des Mondes ausgeglichen werden, sodass ein Flutberg entsteht. /*

*Auf der mondabgewandten Seite wirkt nur die Zentrifugalkraft der Bewegung der Erde um den Schwerpunkt des Systems Erde-Mond und sorgt so für einen Flutberg. /*

*Auf der mondzugewandten Seite entstehen alle Flutberge. Diese wandern bedingt durch die Erdrotation in 12 Stunden auf die mondabgewandten Seite und kommen dort an, wenn der Mond gerade einen neuen Flutberg erzeugt.*

Frage 6: Wenn zwei Flutberge entstehen und sich die Erde in 24 Stunden einmal um sich selbst dreht, dann müsste an Orten der Erde alle 12 Stunden Hochwasser sein. Man misst aber alle 12 Stunden und 25 Minuten Wasserhöchststände. Warum?

*Durch Reibungseffekte der Wasserbewegung wird die Flut jeweils um ca. 25 Minuten verzögert. /*

*Auch die Sonne erzeugt auf der Erde Gezeiten, die sich mit denen des Mondes überlagern und so diese Verzögerung bewirken. /*

*Der Mond bewegt sich im Laufe eines Tages auf seiner Bahn weiter und verzögert so das Eintreffen der Flut. /*

*Die geringe Abweichung der Ebenen von Mond- und Erdbahn verursacht diese Verzögerung des Eintreffens der Flut. /*

*Durch die zusätzliche Drehung des Mondes um seine eigene Achse wird eine Verzögerung um 25 Minuten erzeugt.*

*Die Erddrehung verlangsamt sich um täglich 50 Minuten und verzögert so das Eintreffen der Flut um jeweils 25 Minuten.*

Frage 7: Bei der Bildung und der Bewegung der Flutberge durch Gezeitenkräfte wird durch Reibung (z.B. innerhalb der Wasserströmungen, zwischen Wasser und Meeresboden bzw. Küstenabschnitten) Energie verzehrt. Woher stammt die Energie?

*Aus der Bewegungsenergie der Rotation der Erde um sich selbst. /*

*Aus der Bewegungsenergie der Rotation der Erde um die Sonne. /*

*Aus der Bewegungsenergie der Rotation der Erde um den Schwerpunkt des Systems Erde-Mond. /*

*Aus der Bewegungsenergie der Rotation des Mondes um den Schwerpunkt des Systems Erde-Mond. /*

*Aus der Bewegungsenergie der Rotation des Mondes um sich selbst. /*

*Aus der Bewegungsenergie der Rotation der Sonne um sich selbst.*

Frage 8: Welchen Einfluss hat die Sonne auf die Entstehung der Gezeiten auf der Erde?
*Sie schwächt die Gezeitenwirkung des Mondes grundsätzlich. /*
*Sie stärkt die Gezeitenwirkung des Mondes grundsätzlich. /*
*Sie hat keinen messbaren Einfluss. /*
*Sie hat einen zwar messbaren, aber nicht beobachtbar kleinen Einfluss. /*
*Sie schwächt und stärkt die Gezeitenwirkung des Mondes mindestens so stark wie dieser. /*
*Sie schwächt und stärkt die Gezeitenwirkung des Mondes weniger stark als dieser.*

## Anhang 6: Concept-Map des Probanden „Charlie Brown“

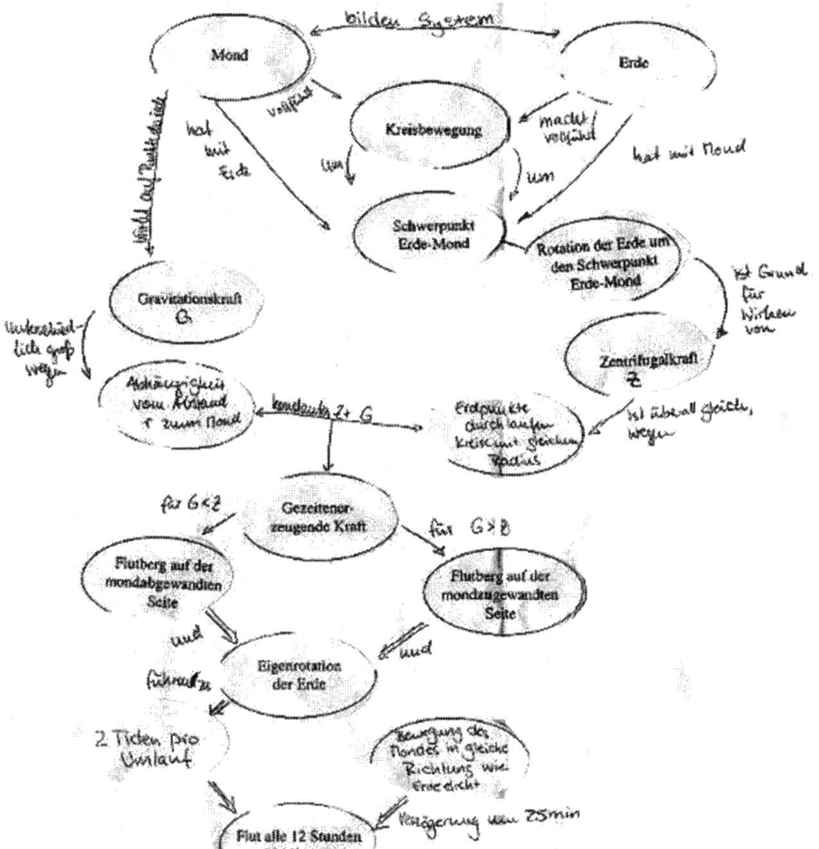

## Anhang 7: Concept-Map des Probanden „Felski"

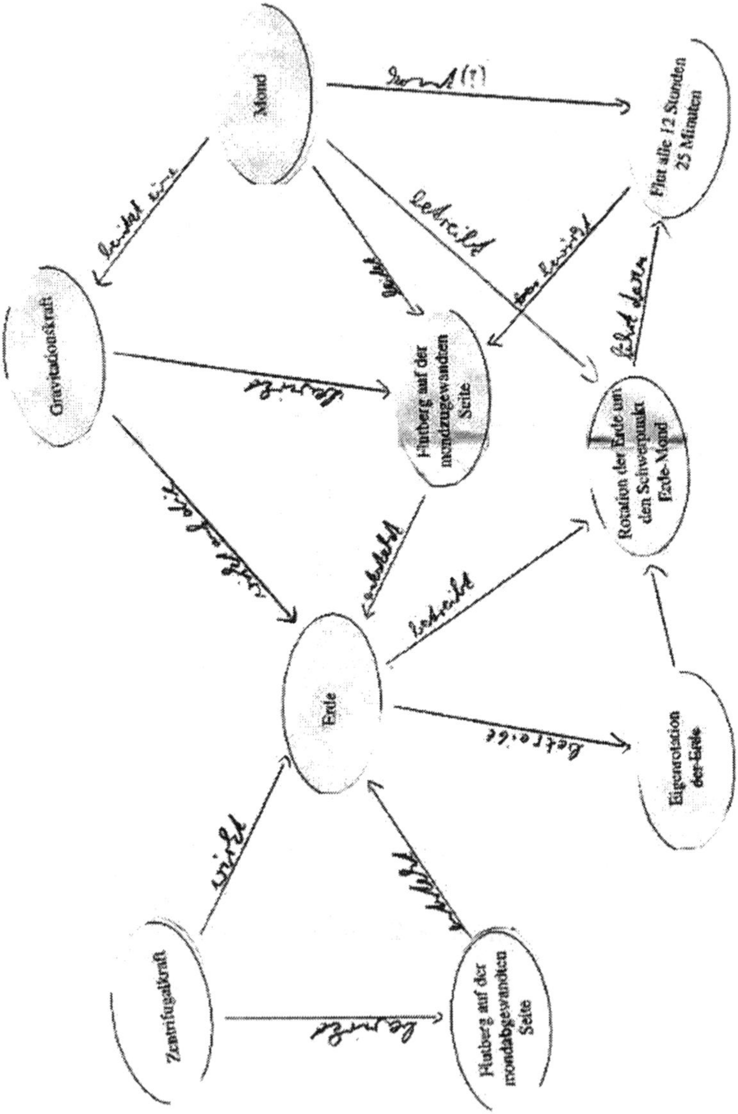

## Anhang 8: Text des Probanden „Charlie Brown“

### Entstehung von Gezeiten

Erde und Mond rotieren um einen gemeinsamen Schwerpunkt, der innerhalb der Erde liegt (Grund :81fache Masse der Erde im Vergleich zum Mond). Der Mond führt dabei eine gebundene Rotation aus, d.h. es ist stets die gleiche Seite der Erde (bzw. dem Schwerpunkt) zugewendet, er macht während eines Umlaufs um die Erde genau eine Drehung um die eigene Achse.

Die Erde führt keine Rotation um den Schwerpunkt, sondern einen rein translatorischen Umlauf aus, d.h. sie umläuft lediglich den gemeinsamen Schwerpunkt (Ursache : Massen sind zwar aneinander gekoppelt, nicht jedoch ihre geometrische Form – bewegen sich nicht wie eine Hantel).

Daraus folgt alle Punkte der Erde vollführen eine Umlaufbewegung mit gleichem Radius , daraus folgt: gleiche Zentrifugalkraft.(der einzelne Punkt der Erde hat jeweils ein anderes Umlaufzentrum). $Z = mv^2/r$. Die Zentrifugalkraft ist immer vom Mond weggerichtet.

Die Eigenrotation der Erde führt zwar zur Abplattung der Erde hat jedoch keinen Einfluss auf die Entstehung der Gezeiten( da die Eigenrotation eine symmetrische, nach außen zeigende Kraft hervorruft, spielt sie bei der Entstehung der Gezeiten keine Rolle, wohl aber bei der Errechnung der Fluthöhen). Die gebundene Rotation des Mondes hat ebenfalls keinen Einfluss auf die Gezeitenentstehung.

Neben der Fliehkraft tritt noch die Anziehungskraft des Mondes (die Anziehungskraft der Sonne kann vernachlässigt werden, ist nur 3/7 mal so groß wie die des Mondes) auf. Die Gravitationskraft berechnet sich über $G = \gamma mM/r^2$. An der mondabgewandten Seite ist sie wegen des größeren Abstandes zum Mond kleiner als an der mondzugewandten Seite. Die Zentrifugalkraft ist stets zum Mond hingerichtet.

Im Mittelpunkt der Erde gleichen sich Zentrifugalkraft und Gravitationskraft aus.

Man betrachte nun zwei Punkte A und B, die auf dem Äquator und A auf der mondabgewandten Seite, B auf der mondzugewandten Seite der Erde liegen. Nimmt man nun vereinfacht an, das die Bahn des Mondes gegenüber der Erde nicht gekippt wäre, so ergäben sich die resultierenden Kräfte als Summe der Zentrifugal- und Gravitationskraft.

Im Punkt A wirkt als resultierende Kraft ein Teil der Fliehkraft, so dass das Wasser auf dieser Seite vom Mond ?weggedrückt? wird (1.Flutberg) . Im Punkt B wirkt ein Teil der Gravitationskraft des Mondes als resultierende Kraft, so dass die Wassermassen auf dieser Seite zum Mond hin gezogen werden (2.Flutberg).

Damit befindet sich auf der mondabgewandten und ?zugewandten Seite stets ein Flutberg, dessen Höhe zu den Polen hin abnimmt (hier summieren sich G und Z nicht einfach, denn man muss den Winkel zwischen beiden beachten).

Die Erde bewegt sich nun durch ihre Eigenrotation unter diesen Flutbergen hinweg, so das bei einem Umlauf an einem Punkt der Erde zweimal Flut und Ebbe herrscht.

Die Zeit zwischen zwei Tiden beträgt trotzdem nicht genau 12h sondern 12h25min, da erst nach 24h 50min, der Mond wieder in der Ausgangsposition über dem Äquator steht. Grund hierfür ist, das sich der Mond in die gleiche Richtung bewegt, wie die Erde sich dreht; hat die Erde sich einmal um sich selbst gedreht, so ist der Mond bereits ein Stück voraus ?gewandert?, so dass er erst nach 24h50min wieder über dem Äquatorpunkt B steht.

Auf Abbildungen verzichte ich hier , weil die Seite 1) recht gut war.

## Anhang 9 : Text des Probandes „Felski"

### Gezeiten (Ebbe und Flut):

Die Gezeiten bestehen im wesentlichen aus Ebbe und Flut. Ursache für dieses wechselspielschen ist die Gravitationskraft des Mondes, welches eine Kraft auf die Meere ausübt und einen Wasserberg auf der mondzugewandten Seite bildet. Jedoch bildet sich auch auf der gegenüberliegenden Seite der Erde sich ein Flutberg, der jedoch auf der mondabgwandten Seite ist. Dieser ist auf die Zentrifugalkraft des rotierenden Erde-Mond-Systems zurückzuführen. Da die Erde sich um ihr eigene Axe im System dreht, entsteht am äußersten Punkt, d.h. an der Gegenüberliegenden Seite wo der Mond der Erde nahe ist.

Dadurch wird also auch ein Ansteigen des Wasser ausgelöst.

Durch die Eigenrotation wird zudem das auslösen von Ebbe und Flut genau bestimmt. Der Mond braucht nämlich exakt 24 Stunden und 50 Minuten für eine Erdumrundung. Innerhalb von 12 Stunden und 25 Minuten schafft der Mond dann also genau die Hälfte der Strecke für eine Erdumrunden. Schließlich kommt es dann wiederum auf der einen Seite zu einer Gravitationskraft auf der mondzugewandten Seite der Erde um auf der anderen Seite, tritt wieder dadurch bezuglich der Zentrifugalkraft auch ein Flutberg auf.

Dieses lässt uns dann noch Schlussfolgern, das immer zu 2 Gebiete gleichzeit Flut haben.

Ebbe wird an den Orten dann ausgelöst, die grad zwischen den beiden Flutbergen sind und somit entsteht ein wechselspielschen zwischen den Gezeiten.

Die höhe der jeweiligen Flutberge ist dabei die resultierende Kraft zwischer den Zentripedalkräften und den Gravitationskräften. Zum ein wirkt ja wie schon erwähnt die Zentripedalkraft weg vom Mond. Wiederum der Mond zieht mit der Gravitationskraft von der anderen Seite entgegen der Zentripedalkraft.

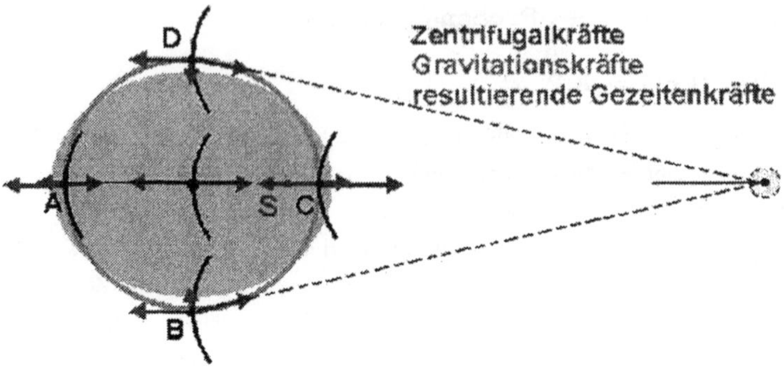


Aus diesen beiden kräften sieht man nun eindeutig auf der Abbildung, dass sich daraus die resultierende Kraft der Gezeiten errechnen lässt, d.h. wie dolle sich der Flutberg auf der Seite sich erhebt.

## Anhang 10: Bereinigter Logfile des Probanden „Nummer 1"

| | | |
|---|---|---|
| | 26 | *- lokal -* |
| http://didaktik.physik.hu-berlin.de/ | 19 | diffserver |
| http://www.google.de/ | 7 | searchin |
| http://www.google.de/search?q=Gezeiten&hl=de&btnG =Google-Suche&meta= | 13 | searchout |
| http://www.bsh.de/Meereskunde/Gezeiten/809.htm | 139 | diffserver |
| http://www.bsh.de/Meereskunde/Gezeiten/809.htm#Wie | 15 | sameserver |
| http://www.bsh.de/Meereskunde/Gezeiten/807.htm | 5 | sameserver |
| http://www.bsh.de/Meereskunde/Gezeiten/809.htm | 57 | sameserver |
| http://www.bsh.de/Meereskunde/Gezeiten/809.htm | 47 | sameserver |
| | 69 | *- lokal -* |
| http://www.bsh.de/Meereskunde/Gezeiten/809.htm | 11 | sameserver |
| http://www.bsh.de/Meereskunde/Gezeiten/807.htm | 7 | sameserver |
| http://www.bsh.de/Meereskunde/Gezeiten/808.htm | 31 | sameserver |
| http://www.bsh.de/Meereskunde/Gezeiten/807.htm | 5 | sameserver |
| http://www.bsh.de/Meereskunde/Gezeiten/810.htm | 5 | sameserver |
| http://www.bsh.de/Meereskunde/Gezeiten/807.htm | 14 | sameserver |
| | 57 | *- lokal -* |
| http://www.bsh.de/Meereskunde/Gezeiten/809.htm | 1 | sameserver |
| http://www.bsh.de/Meereskunde/Gezeiten/807.htm | 0 | sameserver |
| http://www.bsh.de/Meereskunde/Gezeiten/809.htm#Wie | 0 | sameserver |
| http://www.bsh.de/Meereskunde/Gezeiten/809.htm | 0 | sameserver |
| http://www.google.de/search?q=Gezeiten&hl=de&btnG =Google-Suche&meta= | 0 | searchout |
| http://www.google.de/ | 0 | searchin |
| http://www.google.de/search?q=Gezeiten&hl=de&btnG =Google-Suche&meta= | 25 | searchout |
| http://www.rainerstumpe.de/Hobbies/Gezeiten/gezeiten.html | 236 | diffserver |
| | 48 | *- lokal -* |
| http://www.google.de/search?q=Gezeiten&hl=de&btnG =Google-Suche&meta= | 28 | searchout |
| http://www.google.de/search?q=Gezeiten&hl=de&start=10 &sa=N | 12 | searchout |
| http://www.kle.nw.schule.de/gymgoch/faecher/fahrten/ segeln91/tide.htm | 104 | diffserver |
| | 77 | *- lokal -* |
| http://www.google.de/search?q=Gezeiten&hl=de&start=10 &sa=N | 22 | searchout |

| | | |
|---|---|---|
| http://www.google.de/search?hl=de&q=%22Entstehung+der +Gezeiten%22&meta= | 35 | searchout |
| http://home.arcor.de/utersum/Natur/gezeiten.htm | 60 | diffserver |
| http://www.google.de/search?hl=de&q=%22Entstehung+der +Gezeiten%22&meta= | 4 | searchout |
| http://www.geo.uni-jena.de/geophysik/gw_thur/kapitel5.htm | 59 | diffserver |
| | 3323 | *– lokal –* |
| http://www.google.de/search?hl=de&q=%22Entstehung+der +Gezeiten%22&meta= | 0 | searchout |
| http://www.google.de/search?q=Gezeiten&hl=de&start=10 &sa=N | 2 | searchout |
| http://www.google.de/search?hl=de&q=%22Entstehung+der +Gezeiten%22&meta= | 1 | searchout |
| http://home.arcor.de/utersum/Natur/gezeiten.htm | 22 | diffserver |
| | 493 | *– lokal –* |
| http://www.bsh.de/Meereskunde/Gezeiten/809.htm | 16 | diffserver |
| | 405 | *– lokal –* |
| http://www.bsh.de/Meereskunde/Gezeiten/809.htm | 22 | sameserver |
| | 0 | *– lokal –* |
| http://www.bsh.de/Meereskunde/Gezeiten/809.htm | 2 | sameserver |
| http://home.arcor.de/utersum/Natur/gezeiten.htm | 11 | diffserver |
| | 73 | *– lokal –* |
| http://www.google.de/search?hl=de&q=%22Entstehung+der +Gezeiten%22&meta= | 3 | searchout |
| http://www.google.de/search?q=Gezeiten&hl=de&start=10 &sa=N | 4 | searchout |
| http://www.google.de/search?hl=de&q=%22Entstehung+der +Gezeiten%22&meta= | 10 | searchout |
| http://www.google.de/search?hl=de&q=%22Entstehung+der +Gezeiten%22&meta= | 13 | searchout |
| http://www.google.de/search?hl=de&q=%22Entstehung+der +Gezeiten%22&meta= | 20 | searchout |
| http://www.google.de/search?hl=de&q=%22Entstehung+der +Gezeiten%22&meta= | 12 | searchout |
| http://www.google.de/search?q=Gezeiten&hl=de&start=10 &sa=N | 12 | searchout |
| http://www.kle.nw.schule.de/gymgoch/faecher/fahrten/ segeln91/tide.htm | 17 | diffserver |
| http://www.google.de/search?q=Gezeiten&hl=de&start=10 &sa=N | 1 | searchout |

| | | |
|---|---|---|
| http://www.kle.nw.schule.de/gymgoch/faecher/fahrten/segeln91/tide.htm | 1 | diffserver |
| http://www.google.de/search?q=Gezeiten&hl=de&start=10&sa=N | 1 | searchout |
| http://www.google.de/search?q=Gezeiten&hl=de&btnG=Google-Suche&meta= | 32 | searchout |
| http://www.google.de/search?hl=de&q=%22Entstehung+der+Gezeiten%22&meta=lr%3Dlang_de | 38 | searchout |
| http://www.google.de/search?q=cache:DOmjOoE6pTY:www.schroedel.de/Download/Werkservice/abs/10405a03-w.pdf+%22Entstehung+der+Gezeiten%22&hl=de&lr=lang_de | 50 | searchout |
| http://www.google.de/search?hl=de&q=%22Entstehung+der+Gezeiten%22&meta=lr%3Dlang_de | 13 | searchout |
| http://www.google.de/search?q=%22Entstehung+der+Gezeiten%22&hl=de&lr=lang_de&start=10&sa=N | 9 | searchout |
| http://www.rs-bw.rv.schule-bw.de/gezeiten.htm | 103 | diffserver |
| | 130 | *– lokal –* |
| http://www.google.de/search?q=%22Entstehung+der+Gezeiten%22&hl=de&lr=lang_de&start=10&sa=N | 13 | searchout |
| http://cthulhu.hsd.de/pzv/pzv_ph.html | 9 | diffserver |
| http://www.google.de/search?q=%22Entstehung+der+Gezeiten%22&hl=de&lr=lang_de&start=10&sa=N | 29 | searchout |
| http://www.kkos.de/ | 3 | diffserver |
| http://www.487th.de/ | 1 | diffserver |
| http://members.aol.com/jesuswb/487th/index.html | 13 | diffserver |
| http://www.gezeiten.de/ | 13 | diffserver |
| http://de.altavista.com/ | 7 | searchin |
| http://de.altavista.com/searchadv | 22 | searchin |
| http://de.altavista.com/q?pg=aq&q=Entstehung+von+Gezeiten&r=&what=de&dt=tmperiod&d2=0&d0=&d1=&kl=XX&lh=http%3A%2F%2F&nbq=10&search.x=51&search.y=14 | 4 | searchout |
| http://de.altavista.com/default?src=tab | 24 | searchout |
| http://de.altavista.com/q?pg=q&q=%22Entstehung+von+Gezeiten%22&kl=de&what=de&search.x=53&search.y=2 | 12 | searchout |
| http://de.altavista.com/q?pg=q&q=%22Entstehung+der+Gezeiten%22&kl=de&what=de&mm=1 | 0 | searchout |
| | 14 | *– lokal –* |
| http://home.arcor.de/utersum/Natur/gezeiten.htm | 3 | diffserver |
| http://de.altavista.com/q?pg=q&q=%22Entstehung+der+Gezeiten%22&kl=de&what=de&mm=1 | 13 | searchout |

| | | |
|---|---|---|
| http://www.dsm.de/DSM/2gezg.htm | 5 | diffserver |
| http://de.altavista.com/q?pg=q&q=%22Entstehung+der +Gezeiten%22&kl=de&what=de&mm=1 | 16 | searchout |
| http://de.altavista.com/q?q=%22Entstehung+der +Gezeiten%22&what=de&kl=de&stq=10&nbq=10 | 10 | searchout |
| http://www.asamnet.de/ kist-nerm/technik/physik/index.htm | 8 | diffserver |
| http://www.asamnet.de/ kistnerm/technik/physik/3.htm | 8 | sameserver |
| http://www.asamnet.de/ kist-nerm/technik/physik/index.htm | 1 | sameserver |
| http://de.altavista.com/q?q=%22Entstehung+der +Gezeiten%22&what=de&kl=de&stq=10&nbq=10 | 16 | searchout |
| http://de.altavista.com/q?pg=q&q=%22Entstehung+der +Gezeiten%22&kl=de&what=de&mm=1 | 8 | searchout |
| http://www.bsh.de/Meereskunde/Gezeiten/809.htm | 13 | diffserver |
| http://de.altavista.com/q?pg=q&q=%22Entstehung+der +Gezeiten%22&kl=de&what=de&mm=1 | 13 | searchout |
| http://home.arcor.de/utersum/Natur/gezeiten.htm | 20 | diffserver |
| | 524 | *– lokal –* |
| http://home.arcor.de/utersum/Natur/gezeiten.htm | 3 | sameserver |
| http://home.arcor.de/utersum/Natur/gezeiten.htm | 1 | sameserver |

## Anhang 11: Programmquelltext. unit LOG.TPU

```
{Diese Unit enthält einige Routinen, die für die Bearbeitung der Logfiles
 benötigt werden. Um diese Bearbeitung übersichtlicher zu gestalten, wurden
 sie in eine unit ausgelagert, die das Programm später einbindet. }


unit log;


INTERFACE

uses crt,dos;

  procedure ReadALine(var f: text; var Line: string);
{liest eine Zeile aus der Datei f und speichert sie in Line}

  function IsURL(a:string):boolean;
{prüft, ob die URL eine Suchmaschinenseite ist}

  function IsLocal(a:string):boolean;
{prüft, ob sich der Logfile-Eintrag auf ein lokale Aktivität bezieht}

  function IsTimeStamp(a: string):boolean;
{prüft, ob der Logfile-Eintrag ein Zeitstempel ist}

  function Maximum(a,b: longint):longint;
{liefert die größere der Zahlen a,b zurück}

  function IsIn(a,b: string):boolean;
{prüft, ob die Zeichenkette a in b vorkommt}

  function IsEmpty (a:string):boolean;
{prüft, ob eine Zeichenkette nur Leerzeichen und Tabs enthält }

  function StringToUpper(a: string):string;
{gibt die Zeichenkette in Großbuchstaben zurück}

  function removeCharsFromString(a:string; ch: char):string;
{entfernt das Zeichen ch vollständig aus der Zeichenkette a}
```

```
  function IsAlNum(ch : char):boolean;
{prüft, ob ch alphanumerisch (Buchstabe oder Ziffer) ist}

  function ExtractTime(a: string):longint;
{ermittelt aus einem Zeitstempel die Zeit in Sekunden von 0:00 an}

  function ExtractServer(url:string):string;
{ermittelt den server aus einer URL}

  function FindShortName(LongName:string;DirFileName:string):string;
{Die Funktion ordnet den langen Windows-Dateinamen kurze DOS-Dateinamen zu}

  function ModifyDirectoryFile(DirFileName : string): boolean;
{Turbo Pascal kann mit langen Dateinamen nicht umgehen. Diese Funktion
 erzeugt eine Datei, mit der sich die Namen zuordnen lassen. Dazu wird eine
 Directory-Datei benötigt, die sich mit dir > dir.txt in der DOS-
 Eingabeaufforderung erstellen lässt.}


IMPLEMENTATION

procedure ReadALine(var f: text; var Line: string);
var ch: char;
begin
 line:='';
 repeat
  Read(f,ch);
  if (ch>=' ') then Line:=Line+ch;

 until ((ch=chr(10)) or (ch=chr(13)) or (EOF(f)));
 read(f,ch);

end;

function IsURL(a:string):boolean;
begin
 isURL:=IsIn('URL',a);
end;
```

```
function IsLocal(a:string):boolean;
var helpvar: boolean;
begin
 helpvar:=not(IsURL(a)) AND not(IsTimeStamp(a));
 helpvar:=helpvar AND not(IsIn('Title',a));
 helpvar:=helpvar AND IsIn('Path',a);
 IsLocal:=helpvar;
end;

function IsTimeStamp(a: string):boolean;
begin
 IsTimeStamp:=IsIn('Time Stamp',a);
end;

function Maximum(a,b: longint):longint;
begin
  if a>b then Maximum:=a
         else Maximum:=b;
end;

function IsIn(a,b: string):boolean;
begin
 IsIn:=pos(a,b)>0;
end;

function IsEmpty(a:string):boolean;
var i: byte;
begin
 for i:=1 to length(a) do
     if ord(a[i])>32 then IsEmpty:=false;
 IsEmpty:=true;
end;

function StringToUpper(a: string):string;
var i : byte;
begin
 for i:=1 to length(a) do a[i]:=UpCase(a[i]);
 StringToUpper:=a;
end;
```

```
function removeCharsFromString(a:string; ch: char):string;
var b: string;
    i: byte;
begin
 while pos(ch,a)>0 do delete(a,pos(ch,a),1);
 removeCharsFromString:=a;
end;

function IsAlNum(ch : char):boolean;
{succeeds if ch is alphanumeric}
var ItIs : boolean;
begin
 ch:=upCase(ch);

 {parameter is upcase!}
 ItIs:=((ch>='0') AND (ch<='Z'));
 if ((ch>'9') AND (ch<'A')) then ItIs:=false;

 IsAlNum:=ItIs;
end;

function ExtractTime(a: string):longint;
var h,m,s : word;
    code  : integer;

begin
 delete(a,1,12);delete(a,9,length(a)-8);
 val(copy(a,1,2),h,code);
 val(copy(a,4,2),m,code);
 val(copy(a,7,2),s,code);
 ExtractTime:=(h*3600+m*60+s);
end;

function ExtractServer(url:string):string;
var ctr,i : byte;
begin
 ctr:=0;
 for i:=1 to length(url) do begin
     if (url[i]='/') then inc(ctr);
```

```
     if (ctr=3) then begin
                     ExtractServer:=copy(url,1,i-1);
                     exit;
                   end;
 end;
 if(ctr=2) then ExtractServer:=url;
end;


function FindShortName(LongName:String;DirFileName:string):string;
var DirFile : text;
    Rline   : string;
    found   : boolean;
begin
 assign(DirFile,DirFileName);
 reset(DirFile);
 found:=false;

 repeat
  Readln(DirFile,Rline);
  if Rline=LongName then begin {file found}
                         found:=true;
                         readln(DirFile,Rline);
                         FindShortName:=Rline;
                         end
                         else readln(DirFile,Rline);
  until ((EOF(dirFile)) or (found));
  close(DirFile);
end;


function ModifyDirectoryFile(DirFileName : string): boolean;

var dirFile : text;
    d2      : text;

    ReadLine : string;
    ShortFName,
    LongFname : string;
    ch         : char;
```

```
begin;
 {$I-}
 assign(dirFile,DirFileName);
 reset(dirFile);
 {$I+}

 if not (IOResult=0) then
    begin
    writeln('Keine Directory-Datei! Bitte immer über die Batch-Datei starten.');
    halt(0);
    end;

 assign(d2,'dir2.txt');
 rewrite(d2);


 repeat
  readln(DirFile,ReadLine);
   ReadLine:=StringToUpper(ReadLine);
   if IsIn('.HTM',ReadLine) then begin
     ShortFName:=copy(ReadLine,1,8)+'.'+copy(ReadLine,9,4);
     ShortFname:=removeCharsFromString(ShortFname,' ');
     delete(ReadLine,1,44);
     LongFName:=ReadLine;
     writeln(d2,LongFName);
     writeln(d2,ShortFName);
     end;
 until EOF(dirFile);

 close(dirFile);
 close(d2);

end;


begin
end.
```

## Anhang 12: Programmquelltext. unit LOG2.TPU

```
unit log2;
{ Die unit enthält zwei aus log.pas ausgegliederte Funktionen. Sinn der Sache
ist Übersichtlichkeit und Ergänzbarkeit. Alle Funktionen in log.pas und
logfiles.pas sind im Prinzip fertig. Einen signifikanten Einfluss auf den
Programmablauf haben aber noch IsSearchEngine und ScanHTMLFile.
In ersterer ist jede erkannte Suchmaschine eingetragen. Daher steht sie hier
und kann nach Bedarf ergaenzt werden. Es genügt dann, diese Datei (und
logfiles.pas) neu zu komplilieren, logfiles.pas muss aber nicht geändert
werden. Es geht lediglich um die Übernahme des veränderten Verhaltens.
Das Gesagte triff im Prinzip auch auf die erkannten Tags in ScanHTMLFile
zu. Es genügt, hier die Liste zu erweitern und neu zu kompilieren.}

INTERFACE

uses crt,dos,log;

type prop=record
     URL,p    : string;  {Name der HTML-Datei}
     t,w,f,l  : word;    {Aufenthaltszeit, Wort-, Bild- und Linkanzahl}
     k        : real;    {k-Faktor}
     end;

  function IsSearchEngine(server: string):boolean;
{prüft, ob der server der einer Suchmaschine ist}

  function ScanHTMLFile(HTMLFileName : string; var props: prop) : boolean;
{Die Funktion prüft eine HTML-Datei und ermittelt die geforderten Parameter.}

IMPLEMENTATION

function IsSearchEngine(server: string):boolean;
begin
 {erleichtert die Prüfung}
 server:=StringToUpper(server);

 {Die Suche erfolgt durch sukzessives Vergleichen. Die Reihenfolge bestimmt
die Effektivität: Häufige Treffer nach oben.}
 if IsIn('GOOGLE',server) then begin
```

```
                                 IsSearchEngine:=true;
                                 exit;
                                 end;
if IsIn('YAHOO',server) then begin
                                 IsSearchEngine:=true;
                                 exit;
                                 end;
if IsIn('ALTAVISTA',server) then begin
                                 IsSearchEngine:=true;
                                 exit;
                                 end;
if IsIn('LYCOS',server) then begin
                                 IsSearchEngine:=true;
                                 exit;
                                 end;
if IsIn('META',server) then begin
                                 IsSearchEngine:=true;
                                 exit;
                                 end;
if IsIn('CRAWLER',server) then begin
                                 IsSearchEngine:=true;
                                 exit;
                                 end;
if IsIn('SEARCH',server) then begin
                                 IsSearchEngine:=true;
                                 exit;
                                 end;
if IsIn('BRITANNICA.COM',server) then begin
                                 IsSearchEngine:=true;
                                 exit;
                                 end;
if IsIn('FIREBALL',server) then begin
                                 IsSearchEngine:=true;
                                 exit;
                                 end;
if IsIn('ABACHO',server) then begin
                                 IsSearchEngine:=true;
                                 exit;
                                 end;
```

```
 {Wenn nichts dabei war, wird falsch zurück gegeben.}
 IsSearchEngine:=false;

end;


function ScanHTMLFile(HTMLFileName : string; var props: prop) : boolean;
{Die Idee ist, jede Datei zweimal zu untersuchen. Beim ersten Durchlauf
 werden alle HTML-Tags und andere überflüssige Zeichen wie Zeilenumbrüche
 usw. herausgefiltert und eine neue Datei (TempFile) angelegt. Diese wird
 dann auf die Wortzahl hin untersucht.


var ReadString  : string;         {Eine gelesene Zeile           }
    ReadChar    : char;           {letztes gelesenes Zeichen     }
     InFile     : file of char;   {zu analysierende Datei        }
     TempFile   : text;           {Temporäre Datei               }
     HTMLDir    : string;         {Pfad zu den HTML-Dateien      }
    NumLinks    : word;           {Linkanzahl                    }
    NumImgs     : word;           {Bildanzahl                    }
    NumWords    : word;           {Wortanzahl                    }

procedure TagFound;
{wird immer aufgerufen, wenn ein HTML-TAG gefunden wurde}
begin
 {Dieses Zeichen wurde schon gelesen (und daran der TAG erkannt).}
 ReadString:='<';

 repeat                         {Zeichen lesen}
   read(InFile,ReadChar);
   ReadChar:=upCase(ReadChar);  {Großbuchstaben}
   ReadString:=ReadString+ReadChar;
 until ReadChar='>';            {bis zum TAG-Ende}

 {Suche nach Schlüsselwörtern im TAG, Zähler erhöhen. Jedes wird nur
  einmal gezählt.}
 if ((pos('IMG'    ,ReadString)>0) and (pos('SRC'    ,ReadString)>0))
    then inc(NumImgs);
 if ((pos('HREF'   ,ReadString)>0) and (pos('MAILTO:',ReadString)=0))
    then inc(NumLinks);
```

```
 if ((pos('APPLET',ReadString)>0) and (pos('/APPLET',ReadString)=0))
    then inc(NumImgs);

 ReadChar:=' '; {Die Variable ReadChar auf zurücksetzen}
end;


begin
  {$I-}                            {Fehlermeldungen abschalten}
  chdir('html');
  assign(InFile,HTMLFileName);     {Datei zuweisen}
  reset(InFile);                   {und öffnen}
  chdir('..');
  {$I+}                            {Fehlermeldungen wieder aktivieren}
  {Im Falle eines Dateizugriffsfehlers:}
  if not(IOResult=0) then begin
                      ScanHTMLFile:=false;
                      props.k:=9999;
                      props.w:=9999;
                      props.l:=9999;
                      props.f:=9999;
                      exit;
                      end;
  {else go on}
  assign(TempFile,'file000.tmp');   {Datei zuweisen}
  rewrite(TempFile);                {und öffnen    }

  NumLinks:=0;
  NumWords:=0;
  NumImgs :=0;

  {Es wird zeichenweise gelesen. Alphanumerische Zeichen können ohne
   weitere Umschweife in die Ausgabedatei geschrieben werden. Alles andere,
   wie TAGs, Zeilenumbrüche, Tabs... wird als Leerzeichen weitergereicht.
   So lassen sich später die Worte identifizieren.}
  while not(EOF(InFile)) do begin
       read(InFile,ReadChar);
       if (ReadChar='<') then TagFound;  {probably beginning of a tag}
       if ((IsAlNum(ReadChar)) or (ReadChar='-') or (ReadChar=chr(45)))
          then write (TempFile,ReadChar)
```

```
        else write (TempFile,' ');
  end;
  reset (TempFile);                 {TempFile analysieren}

  while not(EOF(TempFile)) do begin
   read (TempFile,ReadChar);
   if IsAlNum(ReadChar) then
      begin
      inc(NumWords);
      repeat
         read(TempFile,ReadChar);
      until ((ReadChar=' ') or (EOF(TempFile)));
      end;
  end;

  rewrite(TempFile);               {TempFile leeren}
  close(InFile);
  close(TempFile);                 {offene Dateien schließen}

  {Werte zuweisen und erfolgreiche Analyse melden.}
  props.w:=NumWords;
  props.f:=NumImgs;
  props.l:=NumLinks;
  props.k:=NumWords+100*NumImgs;
  props.p:='';
  ScanHTMLFile:=true;
end;

begin
end.
```

## Anhang 13: Programmquelltext. LOGFILES.EXE

```
program LogFiles;
{ Dieses Programm durchsucht von STARR angelegte Logfiles nach den
gesuchten Daten}

{Funktionen und Prozeduren

  function SearchAndModifyLogFile(LogFileName : string):boolean;
  Durchsucht und reformatiert das Logfile. Insbesondere werden alle
überflüssigen TimeStamps herausgefiltert und die lokalen Zugriffe durch
Schlüsselbegriffe markiert.

  function ScanModifiedLogFile (LogFileName : string):boolean;
  Nach der manuellen Fehlerkorrektur analysiert diese Funktion das
modifizierte Logfile.

  function ExtractTextFromLogFile(LogFileName : string):boolean;
Diese Funktion filtert den vom Benutzer eingegebenen Text aus dem Logfile.
}

uses crt, dos, log, log2;

const a          = 100;     { }

var returnValue : boolean; { }
    strings     : string;  {ein String,                     }
    chars       : char;    {ein character und               }
    numbers     : longint; {ein integer für verschieden Zwecke}

function SearchAndModifyLogFile(LogFileName : string):boolean;
{ Diese Funktion modifiziert das STARR-Logfile. Sie entfernt alles, was
  nicht TimeStamp oder URL ist. Es entfernt zunächst alles, was weder URL noch
  Time Stamp ist und markiert lokale Aktionen. Außerdem werden überflüssige
  Zeitstempel entfernt, so dass nur noch Start- und Endzeit jeder URL
  verbleiben. Das reduziert die Größe der Logdatei erheblich. Allerdings
  entgeht der Funktion gelegentlich ein Zeitstempel, daher muss das Ergebnis
  von Hand korrigiert werden.}

var logFile      : text;
```

```
    OutFile       : text;
    OutFileName   : string;

    ReadLine,
    LastLine,
    NextLine      : string;
    charRead      : char;

    position      : byte;
    i             : word;
begin

 {$I-}
 assign(logFile,logFileName);
 reset(logFile);
 {$I+}
 if not(IOResult=0) then begin
                         writeln('Fehler beim Öffnen von : ',logFileName);
                         halt(0);
                         end;

 OutFileName:=logFileName;
 delete(OutFileName,Pos('.txt',OutFileName),4);
 OutFileName:=OutFileName+'.tmp';

 {$I-}
 assign(OutFile,OutFileName);
 rewrite(OutFile);
 {$I+}
 if not(IOResult=0) then
    begin
    writeln('Fehler beim Anlegen von : (',OutFileName,')');
    halt(0);
    end;

 LastLine:=''; while LastLine='' do ReadALine(logFile,LastLine);
 ReadLine:=''; while ReadLine='' do ReadALine(logFile,ReadLine);
 NextLine:=''; while NextLine='' do ReadALine(logFile,NextLine);

 writeln(OutFile,'< Local Action >');
```

```
repeat
  while not((IsLocal(ReadLine)) or (IsURL(ReadLine)) or (IsTimeStamp(Readline)))
  do begin
     ReadLine:=NextLine;
     NextLine:=''; while NextLine='' do readALine(LogFile,NextLine);
     end;
 if not(IsTimeStamp(ReadLine))
    then
      if IsURL(ReadLine)
         then begin
              writeln(OutFile,ReadLine);
              end
         else
           if IsLocal(Readline)
              then if not ((IsLocal(LastLine)) or
                           (IsLocal(NextLine)) or
                           (IsURL(NextLine)))
                      then writeln(OutFile,'< Local Action >');

 if IsTimeStamp(ReadLine)
    then begin
         if not((IsTimeStamp(LastLine)) and  (IsTimeStamp(NextLine)))
            then writeln(OutFile,ReadLine);

         {create double TimeStamp for zero times}
         if not(IsTimeStamp(NextLine) or IsTimeStamp(LastLine))
            then writeln(OutFile,ReadLine);
         end;

 LastLine:=ReadLine;
 ReadLine:=NextLine;
 NextLine:=''; while ((NextLine='') and (NOT(EOF(logFile)))) do
   ReadALine(logFile,NextLine);
 until EOF(logFile);
 writeln(OutFile,NextLine);
 close(logFile);
 close(OutFile);
end;
```

```
function ScanModifiedLogFile(LogFileName : string) : boolean;

{Diese Funktion filtert aus dem modifizierten Logfile die gesuchten Daten.}

var props       : prop;       {ein Feld mit den Daten}

    LogFile,                  {Ein-}
    OutFile     : text;       {und Ausgabedatei }

    ReadLine,                 {gelesene Zeile}
    OutFileName,              {Name der Ausgabedatei}
    HTMLFileName,             {Name der zu scannenden HTML-Datei}
    URL,                      {die URL der Datei}
    Extension,                {Endung der HTML-Datei}
    server,                   {domain in der URL}
    lastserver  : string;     {vorige domain}

    Zeit1,Zeit2,              {Start- und Endzeitpunkt}
    t,                        {(zeit2-zeit1)}
    StartTime,                {Gesamzeit}
    EndTime,                  {s.o.}
    OnlineTime  : longint;    {online verbrachte Zeit}

    grossT,                   {mittlere Klickzeit}
    sitectr     : word;       {Anzahl der Seiten im Logfile}
    i           : byte;       {Allzweckzähler}
    SitesOK     : word;       {Anzahl korrekt analysierter HTML-Dateien}
    lastlocal   : boolean;    {letzte Aktion lokal?}
    localtime   : longint;    {Gesamtzeit-Onlinezeit }

begin
 {Sicherheitsmaßnahme: Directoryfile bearbeiten}
 if not(ModifyDirectoryFile('dir.txt')) then
    begin
    {die Batch-Datei generiert ein Directory-File, das stets aktuell ist.}
    writeln('ERROR: Bitte stets über die Batch starten');
    halt(0);
    end;

 {LOGFILE ÖFFNEN}
```

```
{$I-}
assign(LogFile,LogFileName);
reset(LogFile);
{$I+}
if not (IOResult=0) then
   begin
   writeln('Fehler: Datei ',LogFileName,' nicht gefunden');
   halt(0);
   end;

{NAME DER AUSGABEDATEI GENERIEREN}
OutFileName:=LogFileName;
delete(OutFileName,pos('.',OutFileName),4);
OutFileName:=OutFileName+'.log';

{AUSGABEDATEI ÖFFNEN}
assign(OutFile,OutFileName);
rewrite(OutFile);

{INITIALISIERUNGEN}
ReadLine:='';
StartTime:=0;
EndTime:=0;
sitectr:=0;
SitesOK:=0;
OnlineTime:=0;
lastServer:='';

{MITTLERE KLICKZEIT BERECHNEN}
repeat
 while not((IsURL(ReadLine)) or (EOF(LogFile))) do
       begin
       readln(LogFile,ReadLine);
       if IsTimeStamp(ReadLine) then
          begin
          EndTime:=maximum(EndTime,ExtractTime(ReadLine));
          if StartTime=0 then StartTime:=ExtractTime(ReadLine);
          end;
       end;
 inc(sitectr);
```

```
 readln(LogFile,ReadLine);
 OnlineTime:=OnlineTime-ExtractTime(ReadLine);
 readln(LogFile,ReadLine);
 OnlineTime:=OnlineTime+ExtractTime(ReadLine);
 EndTime:=maximum(EndTime,ExtractTime(ReadLine));
until EOF(LogFile);
grossT:=(OnlineTime) div sitectr;

{INFORMATIONEN FÜR DEN ZUSCHAUER}
write  ('Zugriff auf ',sitectr,' URLs in ',OnlineTime,' Sekunden ');
write  ('(',OnlineTime div 3600,':');
if     (OnlineTime mod 3600) div 60 < 10 then write ('0');
write  ((OnlineTime mod 3600) div 60,':');
if     (OnlineTime mod 60 < 10) then write ('0');
write  (OnlineTime mod 60,'), ');
writeln('T = ',grossT,'.');

{AUF GEHT'S: LOGFILE UNTERSUCHEN}
reset(LogFile);
ReadLine:='';
lastlocal:=false;
localtime:=0;

repeat
 {Die Eingabedatei ist vorformatiert. Es kommt stets eine URL oder ein
  <LOCAL> gefolgt von zwei TimeStamps.}

 while NOT((IsURL(ReadLine) OR
          (IsIn('Local Action',ReadLine)) OR
          (EOF(LogFile)))
       do readln(LogFile,ReadLine);
 if IsURL(ReadLine) then begin
    if (lastlocal) then
       writeln (OutFile, chr(9),localtime,chr(9),chr(9),'lokal');
    lastlocal:=false;
    localtime:=0;

   {URL und domain ermitteln}
    HTMLFileName:=ReadLine;
    delete(HTMLFileName,1,7);
```

```
delete(HTMLFileName,length(HTMLFileName),1);
URL:=HTMLFileName;
for i:=1 to length(URL) do begin
    if URL[i]=',' then URL[i]:='*';
    end;
server:=extractServer(URL);

{Dateinamen ermitteln}
Extension:='.HTM';
HTMLFileName:=StringToUpper(HTMLFileName);
{Alle '/' entfernen, am Ende steht gelegentlich eines, dass jetzt stört.}
HTMLFileName:=removeCharsFromString(HTMLFileName,'/');

{Dateiendung entfernen und merken.}
if pos('.HTML',HTMLFileName)=length(HTMLFileName)-4 then
   begin
   Extension:='.HTML';
   delete(HTMLFileName,length(HTMLFileName)-4,5);
   end;
if pos('.HTM',HTMLFileName)=length(HTMLFileName)-3 then
   begin
   delete(HTMLFileName,length(HTMLFileName)-3,4);
   end;

{ALLES, WAS NICHT BUCHSTABE ODER ZIFFER IST, AUS DEM DATEINAMEN
 ENTFERNEN.}
for i:=1 to length(HTMLFileName) do
    if not(IsAlNum(HTMLFileName[i])) then HTMLFileName[i]:='/';
HTMLFileName:=removeCharsFromString(HTMLFileName,'/');

{ENDUNG ANHÄNGEN}
HTMLFileName:=HTMLFileName+Extension;

{DOS-NAME DER DATEI BESTIMMEN}
HTMLFileName:=FindShortName(HTMLFileName,'dir2.txt');


{ZEIT BERECHNEN}
readln(LogFile,ReadLine);
Zeit1:=ExtractTime(ReadLine);
```

```
readln(LogFile,ReadLine);
Zeit2:=extractTime(ReadLine);
t:=Zeit2-Zeit1;


{HTML-DATEI UNTERSUCHEN UND VARIABLEN BERECHNEN, s. UNIT LOG2}
if (ScanHTMLFile(HTMLFileName,props))
   then begin
        textcolor(green);
        inc(SitesOK);
        write('.');
        end
   else begin
        textcolor(red);
        write('.');
        end;
normvideo;

props.t   :=t;
props.url :=url;

if server=lastServer
   then props.p:='sameserver'
   else props.p:='diffserver';

if IsSearchEngine(server) then
   if ((IsIn('?',url)) and (IsIn('=',url)))
      then props.p:='searchout'
      else props.p:='searchin';

{IN AUSGABEDATEI SCHREIBEN}
write  (OutFile,props.url,chr(9));
write  (outFile,props.t,chr(9));
write  (OutFile,props.w,chr(9));
write  (OutFile,props.f,chr(9));
write  (OutFile,props.l,chr(9));
if (props.k<>9999) then write (OutFile,props.k:10:0);
write  (OutFile,chr(9));
writeln(OutFile,props.p);
```

```
    lastServer:=server;

  end                          {VON IF(IsURL(...))}
  else begin                   {LOKALE AKTION}
    {ZEIT BERECHNEN}
    readln(LogFile,ReadLine);
    Zeit1:=ExtractTime(ReadLine);
    readln(LogFile,ReadLine);
    Zeit2:=extractTime(ReadLine);
    t:=Zeit2-Zeit1;
    localtime:=localtime+t;
    lastlocal:=true;
   end;


 until EOF(LogFile);
 close(LogFile);
 close(OutFile);
end;

function GetTotalTime(LogFileName : string) : boolean;

{Die Funktion sucht den ersten und den letzten TimeStamp}

var LogFile      : text;        { }
    ReadLine     : string;      { }
    StartTime,                  { }
    EndTime      : longint;     { }

begin
 {OPEN LOG FILE}
 {$I-}
 assign(LogFile,LogFileName);
 reset(LogFile);
 {$I+}
 if not (IOResult=0) then
    begin
    writeln('Fehler: ',LogFileName,' nicht gefunden.');
    halt(0);
    end;
```

```
 repeat Readln(LogFile,ReadLine) until IsTimeStamp(ReadLine);
 StartTime:=ExtractTime(ReadLine);
 while not EOF(LogFile) do begin
   readln(LogFile,ReadLine);
   if IsTimeStamp(ReadLine) then EndTime:=ExtractTime(ReadLine);
 end;
 Writeln('Gesamtarbeitszeit: ',EndTime-StartTime,'s.');
 GetTotalTime:=true;
end;



function ExtractParametersFromLogFile(LogFileName: String):boolean;
var sites, onlineZeit : word;
    t                 : word;
    grossT            : real;
    ReadLine          : string;
    logFile           : text;
    code              : integer;
begin
 {$I-}
 assign(logFile,logFileName);
 reset(logFile);
 {$I+}
 if not(IOResult=0) then begin
                         writeln('Fehler beim Öffnen von ',logFileName);
                         halt(0);
                         end;
 sites:=0; OnlineZeit:=0;
 repeat
  readln(logFile,Readline);
  inc(sites);
  delete(ReadLine,1,Pos(',',ReadLine));
  delete(ReadLine,Pos(',',ReadLine),length(ReadLine));
  val(ReadLine,t,code);
  OnlineZeit:=OnlineZeit+t;
 until EOF(LogFile);
 grossT:=OnlineZeit/sites;
 writeln('Extrahierte Parameter: ');
```

```
 writeln('Online verbrachte Zeit : ',OnlineZeit,' s');
 writeln('Aufgesuchte URLs       : ',sites);
 writeln('Threshold Time         : ',grossT:1:2,' s/URL');
 close(logFile);
end;



function ExtractTextFromLogFile(LogFileName : string):boolean;
{Diese Funktion filtert aus dem Original-Logfile den vom Benutzer
 eingegebenen Text.}

function IsImeStamp(a: string):boolean;
begin
 IsImeStamp:=IsIn('ime Stamp',a);
end;

var logFile     : text;
    OutFile     : text;
    OutFileName : string;
    ReadLine    : string;
    ToWrite     : String;
    actLength   : byte;

begin

 {$I-}
 assign(logFile,logFileName);
 reset(logFile);
 {$I+}
 if not(IOResult=0) then begin
                         writeln('Fehler beim Öffnen von ',logFileName);
                         halt(0);
                         end;

 OutFileName:=logFileName;
 delete(OutFileName,Pos('.txt',OutFileName),4);
 OutFileName:=OutFileName+'.doc';

 assign(OutFile,OutFileName);
```

```
rewrite(OutFile);

ToWrite:='';
repeat
 ReadALine(logFile,ReadLine);
 if (ReadLine='--') then begin
    repeat ReadALine(logFile,ReadLine) until ReadLine='--';
    ReadALine(logFile,ReadLine);
    end;
 if IsTimeStamp(ReadLine) then
    delete(ReadLine,1,33);
 if IsImeStamp(ReadLine) then
    delete(ReadLine,1,32);
 if IsURL(ReadLine) then
    delete(Readline,pos('<',ReadLine),pos('>',ReadLine)-pos('<',ReadLine)+1);
 if IsLocal(ReadLine) then
    delete(Readline,pos('<[',ReadLine),pos('>',ReadLine)-
           pos('<[',ReadLine)+1);
 if IsIn('[',ReadLine) then
    delete(Readline,pos('[',ReadLine),pos(']',ReadLine)-pos('[',ReadLine)+1);
 if IsIn('{',ReadLine) then
    delete(Readline,pos('{',ReadLine),pos('}',ReadLine)-pos('{',ReadLine)+1);

 if length(ReadLine)+length(ToWrite)>80 then begin
    writeln(OutFile,ToWrite);
    ToWrite:=ReadLine;
    end
    else ToWrite:=ToWrite+ReadLine;
until EOF(logFile);
close(LogFile);
close(OutFile);

end;


{Eigentliches Programm:}
begin
 clrscr;
 writeln; writeln ('Logfile-Analyse');  writeln; writeln ('Optionen:');
 write ('- STARR Datenfile (');textcolor(green);write('m');
```

```
  textcolor(lightgray);writeln(')odifizieren');
write ('- Modifizertes Datenfile (');textcolor(green);write('s');
  textcolor(lightgray);writeln(')cannen');
write ('- Text aus STARR Datenfile (');textcolor(green);write('e');
  textcolor(lightgray);writeln(')xtrahieren');
write ('- (');textcolor(green);write('P');textcolor(lightgray);
  writeln(')aramter aus .log-file extrahieren');
write ('- (');textcolor(green);write('A');textcolor(lightgray);
  writeln(')bbruch');

writeln;
repeat
 write ('Auswahl : ');
 repeat chars:=readkey until chars<>'';
 case upCase(chars) of
   'M' : begin
         writeln ('Log-File modifizieren'); writeln;
         write   ('von Benutzer : ');readln(strings);
         writeln ('modifiziere Log File - bitte warten');
         returnValue:=SearchAndModifyLogFile(strings+'.txt'); writeln;
         writeln ('Modifikation beendet.');
         write   ('Nach manueller Fehlerkorrektur neu starten und mit (s)');
         writeln (' fortsetzen');
         halt(0); end;
   'S' : begin
         writeln ('Modifziertes Log-File auswerten'); writeln;
         write   ('von Benutzer : ');readln(strings);
         returnValue:=ScanModifiedLogFile(strings+'.tmp');
         writeln;
         halt(0); end;
   'E' : begin
         writeln ('Text aus Log-File extrahieren');
         writeln;
         write   ('von Benutzer : ');readln(strings);
         returnValue:=ExtractTextFromLogFile(strings+'.txt');
         writeln;
         halt(0); end;
   'P' : begin
         writeln ('Parameter aus .log-File extrahieren');
         writeln;
```

```
        write   ('von Benutzer : ');readln(strings);
        returnValue:=ExtractParametersFromLogFile(strings+'.log');
        writeln;
  halt(0); end;
   'G' : begin
        writeln ('Gesamtarbeitszeit ermitteln');
        writeln;
        write   ('von Benutzer : ');readln(strings);
        returnValue:=GetTotalTime(strings+'.tmp');
        writeln;
        halt(0); end;
   'A' : begin
        writeln('Abbruch');
        writeln;
        halt(0); end;
  else gotoxy(1,WhereY)
  end; {of case}

 until ((upCase(chars)='M') or (upCase(chars)='S'));
 writeln;
 writeln;
end.
```

## Anhang 14: Programmquelltext. SLR.EXE

```
program slr;
{Das Programm sucht nach Mustern (spikes, loops und rings) in den Logfiles.
 Das Prinzip ist Folgendes: Sämtliche Webseiten werden indiziert, damit sie
 sich leichter handhaben lassen. Aus dem Logfile wird ein "Clickstream"
 extrahiert, der aus den Indizes der besuchten Seiten besteht. In diesem
 Clickstream werden die Muster gesucht.}

uses crt, dos, log;

type TWeg= Array[1..400] of integer;
     path= record
         start  : integer;
         Laenge : integer;
         end;

const NT=1000;

var RelList                : TWeg;    {enthaelt alle relevanten Seiten}
    NumSpikes,
    NumLoops,
    NumRings,
    DiffNodesVisited       : word;
    NodesVisited           : word;
    NumPaths               : word;
    maxNodes               : word;
    wegLaenge              : word;    {weglaenge nach der reduktion}
    spikes                 : array[1..400] of Path;
    weg                    : TWeg;    {Weg}
    logFileName            : string; {Name des LogFiles = Name(!)}
    streamFile             : text;    {Datei mit den Wegen}
    Name                   : string; {Name des Weges}
    i                      : word;    {counter}
    Datenausgabe           : text;

    PQ                     : word;
    RQ                     : word;
    LQ                     : word;
    SQ                     : word;
```

```
    NV                        : word;
    NS                        : word;
    IR                        : word;
    RN                        : word;



procedure InitRelList;
{ Liste der relevanten Knoten }
var i : word;
begin
 RelList[01]:=  31; RelList[02]:=  38; RelList[03]:=  39; RelList[04]:=  40;
 RelList[05]:=  42; RelList[06]:=  43; RelList[07]:=  50; RelList[08]:=  54;
 RelList[09]:= 127; RelList[10]:= 128; RelList[11]:= 132; RelList[12]:= 136;
 RelList[13]:= 139; RelList[14]:= 146; RelList[15]:= 147; RelList[16]:= 148;
 RelList[17]:= 149; RelList[18]:= 150; RelList[19]:= 153; RelList[20]:= 192;
 RelList[21]:= 193; RelList[22]:= 194; RelList[23]:= 324; RelList[24]:= 396;
 RelList[25]:= 415; RelList[26]:= 416; RelList[27]:= 417; RelList[28]:= 418;
 RelList[29]:= 419; RelList[30]:= 420; RelList[31]:= 421; RelList[32]:= 422;
 RelList[33]:= 423; RelList[34]:= 424; RelList[35]:= 439; RelList[36]:= 440;
 RelList[37]:= 441; RelList[38]:= 442; RelList[39]:= 443; RelList[40]:= 447;
 RelList[41]:= 448; RelList[42]:= 449; RelList[43]:= 450; RelList[44]:= 468;
 RelList[45]:= 497; RelList[46]:= 501; RelList[47]:= 503; RelList[48]:= 535;
 RelList[49]:= 536; RelList[50]:= 683; RelList[51]:= 711; RelList[52]:= 712;
 RelList[53]:= 714; RelList[54]:= 732; RelList[55]:= 735; RelList[56]:= 736;
 RelList[57]:= 749; RelList[58]:= 758; RelList[59]:= 760; RelList[60]:= 764;
 RelList[61]:= 766; RelList[62]:= 768; RelList[63]:= 834; RelList[64]:= 837;
 RelList[65]:= 838; RelList[66]:= 842; RelList[67]:= 843; RelList[68]:= 873;
 RelList[69]:= 874; RelList[70]:= 885; RelList[71]:= 889; RelList[72]:= 892;
 RelList[73]:= 894; RelList[74]:= 906; RelList[75]:= 914; RelList[76]:= 950;
 RelList[77]:= 972; RelList[78]:= 973; RelList[79]:= 997; RelList[80]:= 998;
 RelList[81]:=1009; RelList[82]:=1010; RelList[83]:=1011; RelList[84]:=1012;
 RelList[85]:=1013; RelList[86]:=1022; RelList[87]:=1024; RelList[88]:=1027;
 RelList[89]:=1033; RelList[90]:=1035;
 for i:=91 to 400 do RelList[i]:=-1;
end;


function ReadAField(var f:text; sep: char): string;
```

```
{liest aus file f solange, bis das Zeichen sep gelesen wird und
 Gibt den gelesenen String zurueck.}
var ch:char;
    s :string;
begin
 s:='';
 read(f,ch);
 while not((ch=sep) or (EOF(f))) do begin
   if not(ch<#32) then s:=s+ch;
   read(f,ch);
 end;
 ReadAField:=s;
end;


procedure GenerateClickStream(var weg: TWeg; logFileName:string);
var s1,s2,s3  : string;  {Strings zum lesen aus der Datei }
    Extension : string[4];
    f         : text;    {htmldir.txt }
    index,
    lastIndex : word;    {Index der HTML-Seite}
    logFile   : text;    {aktuelles LogFile}
    i,j       : word;    {Vielzweckzähler}
    errorCode : integer;
    saveFile  : text;
    streamFile: text;

begin
assign(f,'dateien\htmldir.txt');
assign(streamFile,'dateien\streams.txt');
assign(logFile,'dateien\'+logFileName);
assign(saveFile,'dateien\saves.txt');
{$I-}
rewrite(saveFile);
reset(f);
reset(logFile);
if IOResult<>0 then exit;
append(streamFile);
if (IOResult<>0) then rewrite(streamFile);
{$I+}
```

```
j:=0;
lastIndex:=0;
write(streamFile,logFileName,' ');
while not eof(logFile) do begin
 s1:=readAField(logFile,#9);
 if IsIn('http', s1)
    then begin
      inc(j);          {neuer wegpunkt}
      reset(f);

      {ALLES NICHT ALPHANUMERISCHE ENTFERNEN}
      for i:=1 to length(s1) do
          if not(IsAlNum(s1[i])) then s1[i]:='/';
      s1:=StringToUpper(removeCharsFromString(s1,'/'));
      repeat
       s2:=StringToUpper(removeCharsFromString(readAField(f,#9),'.'));
       readln(f,s3);
       val(s3,index,errorCode);
     until ( ((IsIn(s1,s2)) and (length(s2)-length(s1)<5) ) or (EOF(f) ));
      if EOF(f) then write (j,' ');
       if (index=lastIndex)
         then dec(j)
         else begin
              writeln(saveFile,j,#9,index,#9,'(',s1,')');
              write (streamFile,index,' ');
              end;
      lastIndex:=Index;
      weg[j]:=index;
      readln(logFile,s1);

    end
    else readln(logFile,s1);
end;
close(saveFile);
close(logFile);
close(f);
writeln(streamFile,'');
close(streamFile);
end;
```

```
function IsInArray(var Feld: TWeg; Key: integer; Start,Ende: word): boolean;
var      i: word;
  Gefunden: boolean;
begin
  Gefunden:=false;
  i:=Start;
  while (i<Ende) do
     begin
      Gefunden:= (Feld[i]=Key);
      inc(i);
     end;
  IsInArray:=Gefunden;
end;


function countVisitedNodes(weg: TWeg):word;
{gibt die Anzahl verschiedener Nodes in Weg zurück}

var visited, i, j: word;
    gesehen: array[1..400] of word;
    NodeInGesehen : boolean;
begin
i:=1; visited:=0;
while weg[i]<>-1 do begin   {ende des weges?}
 NodeInGesehen:=false;        {kennen wir den schon?}
 for j:=1 to visited do if weg[i]=Gesehen[j] then NodeInGesehen:=true;
 if not(NodeInGesehen)        {wenn nicht:}
 then begin
    if IsInArray(RelList,weg[i],1,90) then inc(RN);
    inc(visited);             {einer mehr...}
    gesehen[visited]:=weg[i]; {...und in die Bekannt-Liste damit}
 end;
 inc(i);                      {naechster Wegpunkt}
end;
countVisitedNodes:=visited;
end;

function ReadClickStream: word;
var i    : word;
```

```
    node : string[5];
    err  : integer;
begin
 for i:=1 to 400 do weg[i]:=-1;
 Name:=ReadAField(StreamFile,#32);
 i:=1;
 while not (EOLN(StreamFile)) do begin
   node:=ReadAField(StreamFile,#32);
   val(node,weg[i],err);
   inc(i);
  end;
  NodesVisited:=i-2;
  wegLaenge:=i-2;
  ReadClickStream:=i-2;
end;

function AnalysePaths(Weg:TWeg):word;
var i,j        : word;
    pathStart : word;
    pathEnd   : word;
    gesehen   : TWeg;
begin
 for i:=1 to 400 do gesehen[i]:=-1;
 j:=0;
 i:=1;
 while (i<=wegLaenge) do
   begin
     pathStart:=i;
     inc(j);

     {debug information}
     {writeln('PathStarting at ',PathStart);}

     while not(IsInArray(Gesehen,Weg[i],PathStart,i+1)) do
        begin
        Gesehen[i]:=Weg[i];
        inc(i);
        end;
   end;
 AnalysePaths:=j;
```

```
end;


function CountSpikes: word;
var i,j        : word;
    backstep   : word;
    Spike      : boolean;

function OutOfRange(i,backstep,wegLaenge : integer):boolean;
begin
 OutOfRange:=((backstep>=i) OR (backstep>wegLaenge-i));
end;


begin
 for i:=1 to wegLaenge do
     with spikes[i] do begin
          start :=-1;
          Laenge:=-1;
          end;
 i:=1; j:=1;
 repeat
   backstep:=1;
   Spike:=false;
   repeat
     if not(OutOfRange(i,backstep,wegLaenge))
        then begin
           Spike:=(weg[i-backstep]=weg[i+backstep]);
           if (Spike) then begin
              spikes[j].Laenge:=backstep*2+1;
              spikes[j].start :=i-backstep;
              inc(backstep);
              end;
           end;
   until ((not(Spike)) or (OutOfRange(i, backstep, wegLaenge)));

   if (spikes[j].Laenge>0) then
     begin
       i:=spikes[j].start+spikes[j].laenge-1;
       inc(j);
```

```
    end;

   inc(i);
 until i>=wegLaenge;
 i:=1;
 while not(spikes[i].start<0) do inc(i);
 CountSpikes:=i-1;
end;

procedure RemoveSpikes(var weg: TWeg);
var i,j:word;
begin
 for i:=1 to NumSpikes do
     for j:=spikes[i].start
        to spikes[i].start+spikes[i].laenge-1 do weg[j]:=0;
 weglaenge:=0;
 for i:=1 to NodesVisited do if weg[i]>0 then inc(wegLaenge);
 j:=1;
 for i:=1 to wegLaenge do begin
    while weg[j]=0 do inc(j);
    weg[i]:=weg[j];
    inc(j);
 end;
 for i:=wegLaenge+1 to NodesVisited do weg[i]:=-1;
end;

function CountLoopsAndRings(weg: TWeg; var Rings: word):word;
var SeenList        : TWeg;
    SeenListLength : word;
    Ring          : Tweg;
    LoopStart     : word;
    Loops         : word;
    i             : word;
    ActNode       : word;
    NoLoop        : word;
    EndRepeat     : boolean;

function IsInSeenList(ActNode:word):boolean;
begin
 IsInSeenList:=((SeenListLength>0) AND
```

```
               (IsInArray(SeenList,ActNode,1,SeenListLength)));
end;

procedure AddToSeenList(ActNode: word);
begin
 inc(SeenListLength);
 SeenList[SeenListLength]:=ActNode;
end;

procedure RemoveFromSeenList(ActNode: word);
var k: word;
begin
 if IsInSeenList(ActNode) then
   begin
    k:=1;
    while not(SeenList[k]=ActNode) do inc(k);
    while (k<SeenListLength) do
       begin
        SeenList[k]:=SeenList[k+1];
        inc(k);
       end;
       SeenList[SeenListLength]:=-1;
       dec(SeenListLength);
    end;
 end;


begin
 SeenListLength:=0;
 for i:=1 to 400 do begin
     ring[i]:=0;
     SeenList[i]:=-1;
     end;
 Rings:=0;
 Loops:=0;

 for i:=1 to wegLaenge do begin
     ActNode:=weg[i];
     if (i>1) then
        if ((not(IsInSeenList(ActNode))) or (ActNode=weg[i-1]))
```

```
          then AddToSeenList(ActNode)
          else begin
               LoopStart:=i;
               ring[i]:=1;
               NoLoop:=0;
               EndRepeat:=false;
               repeat
                 deC(LoopStart);
                 if ring[LoopStart]=0 then ring[LoopStart]:=1
                                      else NoLoop:=1;
                 if ActNode=weg[LoopStart]
                                      then begin
                                           Loops:=Loops+1-NoLoop;
                                           inc(Rings);
                                           EndRepeat:=true;
                                           end
                                      else RemoveFromSeenList
                                                  (weg[LoopStart]);
               until EndRepeat;

               end;
     end;

  CountLoopsAndRings:=Loops;
end;


{ Beginn Hauptprogramm }
begin
clrscr;
writeln ('Suche nach Paths, Spikes, Loops und Rings');
writeln ('----------------------------------------');
writeln;

{$I-}
assign(StreamFile,'dateien\streams.txt');
reset(streamFile);
{$I+}
if (IOResult<>0) then
   begin
```

```
   writeln('Error Opening File');
   exit;
   end;
{$I-}
assign(Datenausgabe,'dateien\strmdata.txt');
rewrite(Datenausgabe);
{$I+}
if (IOResult<>0) then
   begin
   writeln('Error Opening File');
   exit;
   end;

{Kopf in der Datei erzeugen}
write   (Datenausgabe,'Name',#9,#9,'PQ',#9,'RQ',#9,'LQ',#9,'SQ',#9);
writeln (Datenausgabe,'NV',#9,'NT',#9,'NS',#9,'I',#9,'RN');
InitRelList;

while not(EOF(StreamFile)) do begin

  IR:=0;
  RN:=0;

  NS:=ReadClickStream;
  if (name<>'') then begin
    delete(Name,length(Name)-3,4);
    NV:=CountVisitedNodes(weg);

    NumPaths:=AnalysePaths(weg);
    PQ:=NumPaths;

    NumSpikes:=CountSpikes;
    SQ:=NumSpikes;
    {Spikes würden auch als Loops oder Rings durchgehen, daher müssen sie
     entfernt werden}
    if (NumSpikes>0) then RemoveSpikes(Weg);

    NumLoops     :=countLoopsAndRings(weg,NumRings);
    LQ:=NumLoops;
    RQ:=NumRings;
```

```
    {Fortschrittsanzeige & Dateiausgabe}
    writeln ('Name    : ',Name);
    write   (Datenausgabe,Name,#9);
    if length(Name)<8 then
    write (Datenausgabe,#9);
    write   (Datenausgabe,PQ,#9,RQ,#9,LQ,#9,SQ,#9);
    writeln (Datenausgabe,NV,#9,NT,#9,NS,#9,IR,#9,RN);
  end;
end;


close(Datenausgabe);
close(StreamFile);
readln;
end.
```

Kolibri 360 GmbH
Ferdinand-Jühlke-Straße 7
99095 Erfurt, Deutschland
produktsicherheit@kolibri360.de

Druck:
CPI Druckdienstleistungen GmbH
im Auftrag der
Kolibri 360 GmbH
Ferdinand-Jühlke-Str. 7
99095 Erfurt